面向对象程序设计与 Visual C++ 6.0 教程

主 编 邹金安

参 编 王小峰 赵少卡

厦门大学出版社

前　言

面向对象程序设计(Object-Oriented Programming,OOP),指的是一种程序开发的方法论。它将对象作为程序的基本单元,将操作和数据封装其中,以提高软件的重用性、灵活性和扩展性。

目前已经证实面向对象程序设计加强了程序的灵活性、重用性和可维护性,并且在大型项目设计中广为应用。面向对象程序设计能够让人们更简单地设计并维护程序,使得程序更加便于分析、设计和理解。

OOP有三个特性:一是封装性。定义了类,封装了数据和操作的抽象数据类型。在OOP语言中,类是模块、封装和数据抽象的基础。二是继承性。从已存在的类型中继承元素(属性和方法),改变或扩展旧类型的方法。三是多态性。它允许使用相同的方法操作不同类型的对象(通常是子类对象),使得类的可用性进一步提高,程序也因此更容易维护和扩展。

C++是最典型的面向对象程序设计语言,能全面反映OOP的特点,而且C++和Java是目前和今后相当长的一段时间里被最为广泛使用的语言,又因为掌握了C++,再自学Java比较容易,所以本书借助C++来介绍OOP方法。

但是,仅学C++是不够的,不能很好地进行应用编程,而且Visual C++ 6.0是一个全面的应用程序开发环境,它为程序开发人员提供了使用面向对象的C++语言来开发Windows应用程序的强大平台,目前应用相当广泛,所以本书用一定的篇幅介绍VC++ 6.0的应用编程。

本书由教学经验丰富的一线教师编写,其中第1至16章由莆田学院邹金安副教授编写,第17章由福建师范大学福清分校王小峰老师、赵少卡老师编写。本书适合应用型本科的教学使用。莆田学院杨剑炉老师、王明昊老师和厦门大学出版社眭蔚编辑对本书提出了许多宝贵意见,莆田学院计算机专业2006级学生程锋和武红飞两位同学参与了资料整理和书中全部实例程序的调试验证,程锋同学和2007级学生蓝玉燕等多位同学帮助本书的录入与排版,在此表示衷心的感谢!

编　者
2009年5月

目 录

第 1 章 Visual C++集成开发环境

Visual C++是 Microsoft 公司于 1993 年推出的一个可视化集成开发环境（Integrated Development Environment，IDE）。自 1998 年 Microsoft 公司推出功能完善的 Visual C++ 6.0 后，越来越多的程序员选择 Visual C++作为软件开发工具。本章以 Visual C++为平台，简单介绍 Visual C++集成开发环境的一般特点、安装要求、界面风格、编辑器、常用命令和工具。

1.1　Visual C++概述

Visual C++是一个功能强大的可视化编程软件开发工具，它不仅是一个 C++编译器，还是一个基于 Windows 操作系统的集成开发环境。Visual C++由许多组件组成，包括编辑器、编译器、调试器以及程序向导 AppWizard、类向导 ClassWizard 等。它通过一个名为 Development Studio 的组件组成一个和谐的开发环境。

1.1.1　Visual C++介绍

Visual C++中源程序采用 C/C++语言编写，它支持面向对象程序设计，并能够使用功能强大的微软基础类库 MFC（Microsoft foundation class），充分体现了 Microsoft 公司的技术精华。由于 Windows 操作系统的市场垄断地位，利用 Visual C++开发出来的软件具有稳定性好、可移植性强的特点。

利用 Visual C++可以编制各种类型的 Windows 应用程序，从简单的单文档、多文档和对话框程序到复杂的组合界面程序。并且，Visual C++作为 Visual Studio 可视化家族中最重要的一个成员，它与其他可视化开发工具如 Visual J++、Visual Basic 及 Visual C#紧密集成，可进行不同类型及综合软件项目的开发，适用于开发非常专业的 Windows、Web 和企业级应用程序。

Visual C++ 6.0 源代码编辑器功能强大，使用方便。它提供了语句自动完成功能，编辑输入源程序时能自动显示当前对象的成员变量和成员函数，并表明函数的参数类型。Visual C++ 6.0 的编译器增加了新的编译参数，改进了对 ANSI C++标准的支持，并采用 Microsoft 的代码优化技术，使生成的目标代码更精炼，程序运行的速度更快。相比其他程序测试工具，Visual C++ 6.0 程序调试器 Debug 功能更强大，它提供了诊断映射机制、无须重编译的调试、远程调试和实时调试等功能。

Visual C++ 6.0 的联机帮助系统 MSDN Library（Microsoft development network library)可以称得上是一本内容非常丰富的电子参考书。它既能与集成开发环境有机地结合在一起,使程序员在编程时可以随时查询需要的帮助信息和技术文档,又能脱离集成开发环境而独立运行,用户还可以通过因特网获取实时的帮助信息和实例。

Visual C++ 6.0 通过 Visual Studio 为用户提供了很多实用工具,如 Spy++查看器、ActiveX Control Test Container 控件测试容器及 Register Control 控件注册程序等,扩展了 Visual C++的功能,有利于专业程序的开发。

当然,由于 Windows 编程的困难和 MFC 类库的庞大,加上应用程序向导生成的程序框架复杂,使得学习 Visual C++比学习其他软件开发工具更困难。但当熟练掌握 Visual C++编程方法后,就会感受到作为 Visual C++程序员的优越性。

1.1.2 Visual C++安装流程

安装 Visual C++ 6.0 的配置一般要求 CPU 为 Pentium 以上系列,内存 64 MB 以上,所需硬盘空间约为 500 MB,操作系统为 Windows 98 以上系列。

安装 Visual C++ 6.0 时把光盘放入光驱中,或解压下载安装包,运行目录中的 Setup.exe 程序即启动安装程序。然后,用户根据安装向导程序给出的提示输入相关信息或选择需要的选项,如输入产品序列号和用户信息,选择安装选项(Custom、Products 和 Server Applications)、安装路径和需要安装的组件等。

系统给出的安装选项和组件取决于产品版本,如果是 Visual Studio 6 企业版,则安装程序会列出 Visual Studio 6 的所有组件,包括开发环境和工具。除了选择 Visual C++ 6.0 外,建议选择 ActiveX、Data Access、Graphics 及 Tools 等组件和工具。

系统安装结束时安装程序会提示用户安装 MSDN 并重新启动系统。如果要安装 MSDN,选择 Install MSDN,插入 Visual Studio 6.0 的 MSDN 光盘或解压下载的安装包进行安装。MSDN 是一个非常有用的包罗 Visual C++编程内容的联机帮助文件,应该随系统一起安装。

Visual C++安装成功后,在 Windows 的"程序"栏中便添加了 Microsoft Visual Studio 6.0 菜单和 Microsoft Visual C++ 6.0 菜单项。

1.1.3 集成环境窗口介绍

启动 Visual C++集成开发环境,出现集成开发环境的主窗口 Developer Studio。Visual C++通过 Developer Studio 将所有组件集成在开发环境中,用户可以利用 Developer Studio 编写应用程序。下面通过一个例子说明 Developer Studio 的组成。

例 1-1 利用 Visual C++ 6.0 创建一个 Windows 应用程序 Mysdi。

(1)启动 Visual C++ 6.0,执行"文件|新建"命令,打开 New 对话框,如图 1-1 所示。在"工程"选项卡中选择 MFC AppWizard[exe]选项,在"工程名称"文本框中输入项目名称 Mysdi(工程名是任意取的),在"位置"文本框中输入保存项目的路径。单击"确定"按钮,进入

MFC AppWizard 操作向导的第一步。

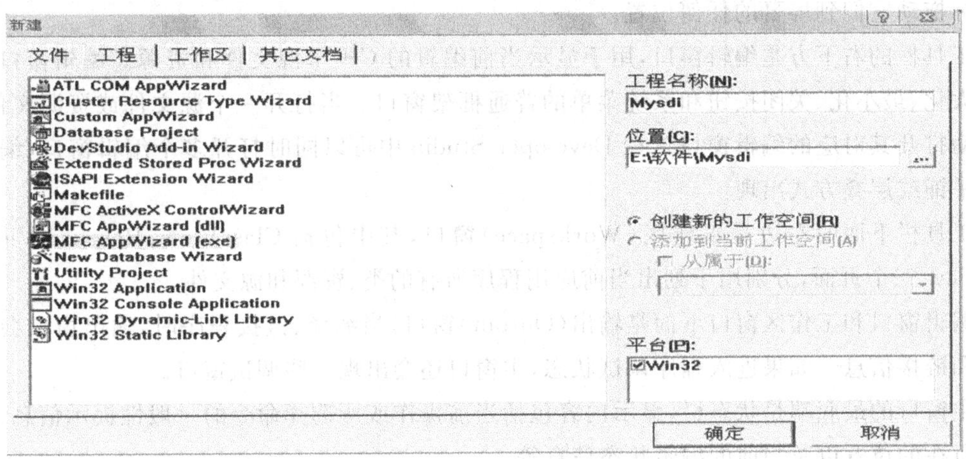

图 1-1　创建一个应用程序

(2)在 MFC AppWizard 第一步对话框设置应用程序类型。本例要创建一个单文档程序，依次选择点击"单文档"，单击"完成"按钮，出现"新建工程信息"对话框，单击"确定"按钮将生成应用程序的框架文件，并在工作区窗口打开生成的应用程序项目。

图 1-2 是开发应用程序时一般的 Developer Studio（即 Visual C++ IDE）窗口示意图。Developer Studio 窗口由标题栏、菜单栏、工具栏、工作区窗口、源代码编辑窗口、输出窗口和状态栏组成。当打开一个项目或建立一个新项目以及进行具体的操作时，Developer Studio 中的窗口将显示相应的信息。

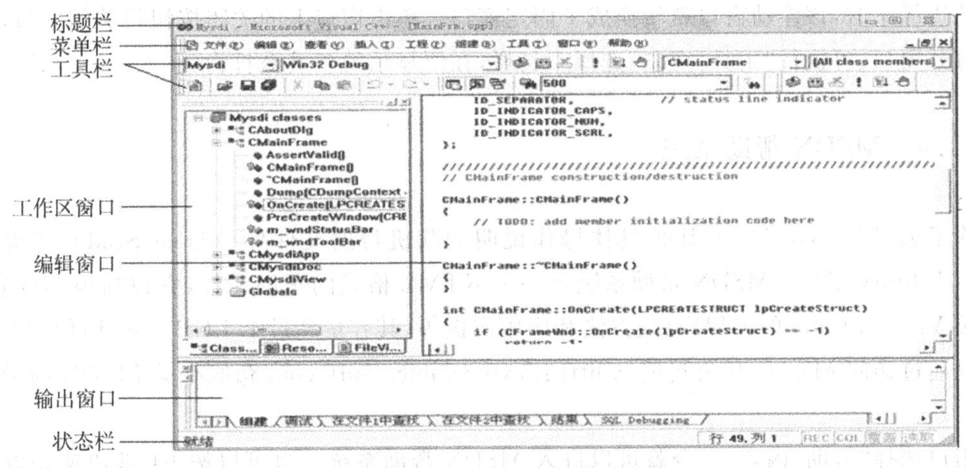

图 1-2　Visual C++ 6.0 集成开发环境

Developer Studio 主窗口由几个部分组成，窗口最顶端为标题栏，指明当前项目的名称和当前编辑文档的名称，如"Mysdi-Microsoft Visual C++-[MainFrm.cpp]"。名称的后面有时会显示一个星号（*），表示当前文档在修改后还没有保存。

标题栏下面是菜单栏和工具栏，菜单栏中的菜单项包括了 Visual C++的全部操作命令，工具栏以位图的形式列出了常用的操作命令。一些不常用的工具栏一般不出现在主窗口中，

只有在使用时它们才会自动弹出。Developer Studio 中的菜单栏和工具栏均为停靠式,可以用鼠标拖动它们到屏幕的任何位置。

工具栏的右下方是编辑窗口,用于显示当前编辑的 C++源文件和资源。编辑窗口是含有最大化、最小化、关闭按钮和系统菜单的普通框架窗口。当打开一个源文件或资源文件时,就自动打开其对应的编辑窗口。在 Developer Studio 中可以同时打开多个编辑窗口,编辑窗口以平铺或层叠方式出现。

工具栏下面的左边是工作区(Workspace)窗口,其中包括 ClassView、ResourceView 和 FileView 三个页面,分别用于列出当前应用程序所有的类、资源和源文件。

编辑窗口和工作区窗口下面是输出(Output)窗口,当编译、链接程序时,输出窗口会显示编译和链接信息。如果进入程序调试状态,主窗口还会出现一些调试窗口。

主窗口的最底端是状态栏,显示内容包括当前操作或所选择命令的一般性提示信息、当前光标所在的位置以及当前的编辑状态信息等。

集成开发环境中有两种类型的窗口:浮动窗口和停靠窗口。停靠窗口包括工具栏和菜单栏。集成开发环境中有两个常用的停靠窗口:Workspace 工作区窗口和 Output 输出窗口。另外还有一个 Debugger 调试器窗口,在调试时会自动打开。

停靠窗口可以固定在集成开发环境中的顶端、底端或侧面,也可以浮动在屏幕的任何位置。停靠窗口不论是浮动着的还是固定的,总是出现在浮动窗口的前面。这样就保证了当焦点从一个窗口移到另一个窗口时,停靠窗口总是可见的。

一个停靠窗口的固定和浮动形式可以相互转化。当拖动一个固定窗口的边缘区域至主窗口的中间位置时,该固定窗口就转换成浮动窗口了。反之,当拖动一个浮动窗口的标题栏至主窗口的边缘上时,该浮动窗口就转换成了固定窗口。单击窗口上的关闭按钮将关闭窗口,想要重新打开窗口,可执行"工具|定制"选择工具栏,在要显示的工具上打钩。

1.1.4 MSDN 帮助系统

除了关于 Visual C++ IDE 具体操作说明的联机帮助文件外,Visual Studio 还提供了 MSDN Library 组件。MSDN 帮助系统是一个 KTML 格式的帮助文件,它包括很多内容,包含有关 Visual Studio 的编程原理、方法和应用实例等,其容量超过 1.1 GB。并且,使用MSDN 时可以通过访问 Microsoft 公司网站 http://www.microsoft.com 获取有关 MSDN 的最新消息。

用户选择"帮助|内容"命令就可以进入 MSDN 帮助系统。也可以按 F1 键快速获取相关内容的帮助,如在编辑窗口中用光标把一个需要查询的源代码单词全选上,或在 Output 输出窗口中单击一条出错提示信息,然后按 F1 键后将打开 MSDN 联机帮助并定位到相关内容,或出现 MSDN 的"索引"页面并列出对应的主题。

MSDN Library 是 Visual Studio 的一个组件,它可以脱离 Visual C++ IDE 而独立运行。从 Windows 的"开始|程序"菜单中选择 Microsoft Developer Network 菜单中的 MSDN Library 菜单项,就启动了 MSDN 帮助系统。

MSDN 提供了有关 Visual C++、MFC、SDK、函数库、运行库、WIN32 API 函数和 Windows 系统等的技术资料，包括参数说明、使用方法和集成例子。MSDN 是程序员利用 Visual Studio 进行软件开发必不可少的电子参考书。

MSDN 不仅能以目录方式浏览全部文档，而且还提供了“索引”和“搜索”功能。MSDN 为所有帮助文档建立了关键字，这些关键字与 MSDN Library 主题相关联。在使用“索引”功能输入关键字时，列表框中的索引自动定位到该关键字所在的主题，双击所要的索引主题可以打开相应的文档。“搜索”用于查找包含指定词组或短语的所有文档。MSDN 提供了文件分类功能，通过“活动子集”下拉列表框，用户可以缩小文档搜索范围。当用户在搜索文本框中输入要查找的内容时，可以使用逻辑运算符，搜索结果的准确度在很大程度上取决于输入的词组及逻辑运算符。

1.2 项目开发区

从软件工程的角度出发，每个软件的开发工作都是一个项目工程，会涉及计算机科学和相关专业领域的知识及应用。编程时还要使用代码生成、编辑、编译、链接和调试等一系列工具，并且可执行文件不是仅由一个源程序文件生成的，而是由一些相互关联的源文件和资源文件共同生成的。

在 Visual C++ IDE 中，把实现程序设计功能的一组相互关联的 C++源文件、资源文件以及支撑这些文件的类的集合称为一个项目。Visual C++ IDE 以项目作为程序设计的基本单位，项目用于管理组成应用程序的所有元素，并由它生成可执行文件。项目用项目文件 DSP(Developer Studio Project)来描述，文件后缀名为 dsp。项目文件保存了项目中所用到的源文件和资源文件的信息，如文件名和路径。同时，项目文件还保存了项目的编译设置信息，如调试版(debug)或发布版(release)设置。

一个项目至少包含一个项目文件。另外，根据不同的项目类型，一个项目还包含不同类型的源文件、资源文件和其他文件。

Visual C++集成开发环境采用项目工作区的方式组织应用程序项目，项目工作区用工作区文件 DSW(Developer Studio Workspace)来描述，文件名后缀为 dsw。工作区文件保存了集成开发环境中应用程序的项目设置信息，它将一个 DSP 项目文件与具体的 Developer Studio 结合在一起，在 Visual C++集成开发环境中一般以打开工作区文件 DSW 的方式来打开指定的项目。

创建项目后，用户可通过 Workspace 窗口查看项目的组成元素。从图 1-2 可以看到，Workspace 窗口一般由 ClassView、ResourceView 和 FileView 三个页面组成。如果创建数据库项目(database project)，Workspace 窗口将出现 DataView 页面。这些页面将一个项目按照一定的逻辑关系分为几个部分，以树形结构形式显示项目中用户所创建的类、资源和文件。可以方便地利用三个页面标签在不同的视图之间进行切换，通过它们查看项目中的所有的类资源和文件。

1.2.1 ClassView(类视图)

单击 ClassView 标签,Workspace 窗口将以树形结构形式列出项目中所有的 C++类,如图 1-3 所示。单击类左边的"+"可列出该类的成员变量和成员函数,双击一个类可以在编辑窗口找到头文件中该类的定义,双击一个成员变量可以找到该变量的定义,双击一个成员函数可以找到实现源文件中该函数的定义。

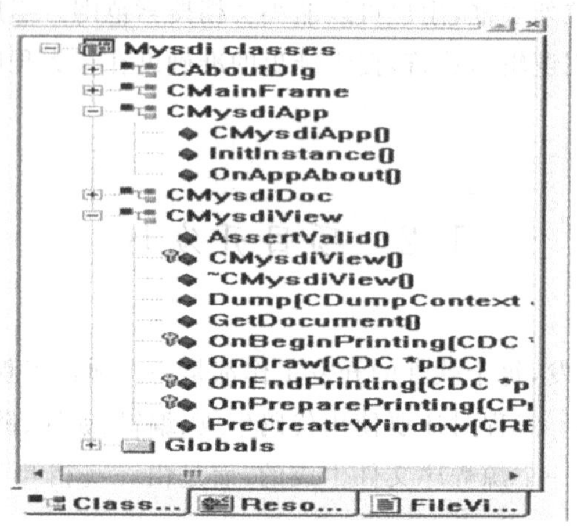

图 1-3 ClassView 类视图

若右击一个类或成员,则会出现弹出式菜单,可以进行成员变量和成员函数的浏览、添加和删除等操作。

当新添加一个类、成员变量和成员函数时,Developer Studio 会及时修改 ClassView 页面中显示的内容,动态显示新添加的类,而不必先保存这些修改内容。

利用 ClassView 可以显示类的集成关系。右击一个类,在弹出的快捷菜单中选择 Base Classes 或 Derived Classes 项,就显示该类的基类或派生类。例如,图 1-4 列出了应用程序类 CMysdiApp 的所有基类。

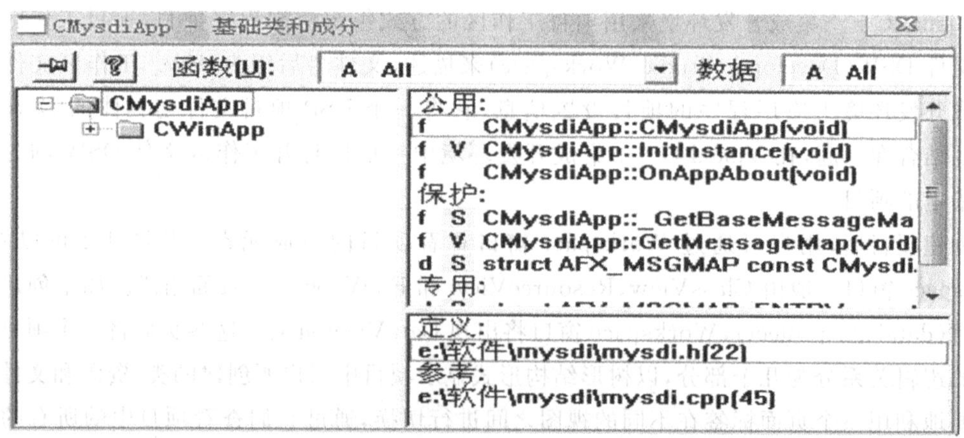

图 1-4 列出指定类的基类

利用 ClassView 还可以显示函数调用关系。右击一个函数,在弹出的快捷菜单中选择 Calls 或 Called by 项,就会显示被该函数调用的函数或调用该函数的函数。例如,图 1-5 列出了在应用程序类 CMysdiApp 的成员函数 InitInstance()中被调用的函数。

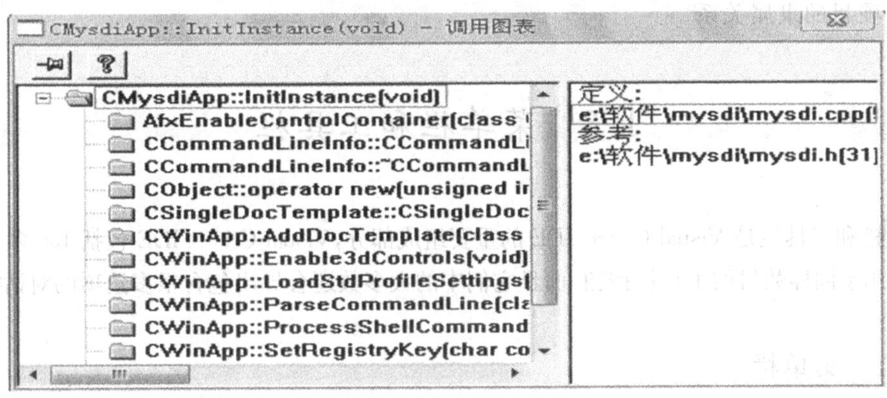

图 1-5　列出被指定函数调用的函数

1.2.2　ResourceView(资源视图)

单击 ResourceView 标签,Workspace 窗口将以树形结构形式列出项目中所有的资源,如图 1-6 所示。单击资源类型左边的"+"展开文件夹,双击其中的资源可以打开对应的资源编辑器,可对资源进行编辑。

1.2.3　FileView(文件视图)

单击 FileView 标签,Workspace 窗口将以树形结构形式列出项目中所有的文件及隶属关系,如图 1-7 所示。单击文件类型左边的"+"可列出项目中该种类型的所有文件,双击其中一个文件即可打开此文件。一个应用程序项目主要包括实现源文件(*.cpp)、头文件(*.h)和资源文件(*.rc)等文件类型。

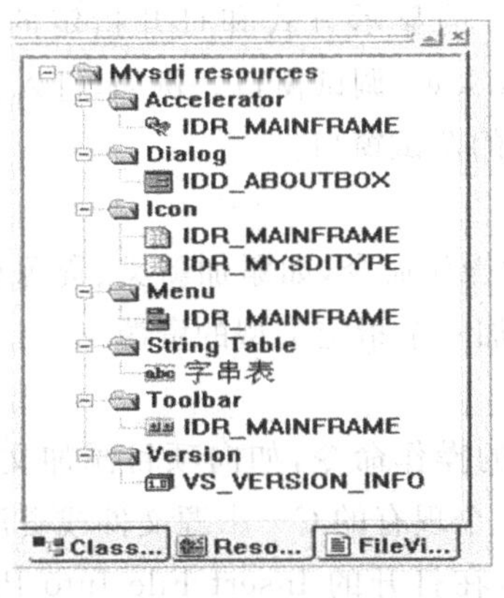

1-6　ResourceView 资源视图

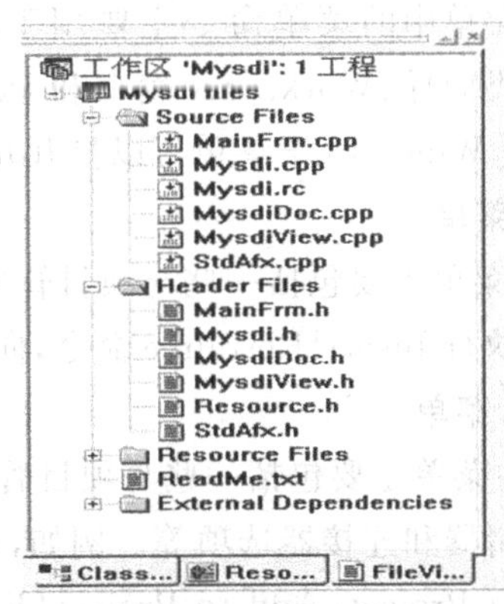

图 1-7　FileView 文件视图

可通过 File 菜单和 Project 菜单中的有关命令添加源文件、资源文件和其他文件到项目中，在 Workspace 工作区窗口中将显示被添加的文件及隶属关系。若要删除项目中的某个文件，选中要删除的文件，然后按 Delete 键。注意：这并不是将文件从磁盘上物理删除，只是删除文件与项目的隶属关系。

1.3 菜单栏和工具栏

菜单栏和工具栏是 Visual C++ IDE 的重要组成部分，Visual C++ IDE 包括 100 多个不同的菜单项和几乎同样数目的工具栏按钮，而且它们中的大多数还会导出包含很多选项的对话框。

1.3.1 菜单栏

Visual C++ IDE 中的菜单栏由 File、Edit、View、Insert、Project、Build（Debug）、Tool、Window 和 Help 9 个主菜单组成，每个主菜单包括多个菜单项和子菜单。菜单项提供的功能几乎可以完成所有的 Developer Studio 功能。除了主菜单外，在 Visual C++ IDE 窗口中的不同地方右击鼠标还可以弹出相应的快捷菜单。

1. File 菜单

File 主菜单主要包括一些与文件有关的操作命令，如新建、打开、关闭、保存及列出新近的项目、文件和工作区等。例如，在编程过程中，若要创建新的头文件或实现源文件并添加到项目中，可执行 File|New 命令，在打开的 New 对话框中选择 File 页面，选择 C/C++ Header File 或 C++ Source File 项，然后在 Add to Project 文本框输入文件名。

2. Edit 菜单

Edit 主菜单主要包括一些与文件编辑有关的操作命令，如复制、粘贴、剪切、查找、替换、设置、删除和查看断点等。例如，Edit 的查找功能很实用，可利用 Find 菜单命令在当前打开的文件中进行查找，还可利用 Find in Files 菜单命令在指定文件夹下的多个文件中进行查找。

3. View 菜单

View 主菜单中的菜单命令主要用于改变窗口的显示方式和打开指定的窗口，如打开 ClassWizard 类向导、Workspace 窗口和 Debug Windows 调试窗口。例如，进入程序调试状态时通过 Debug Windows 子菜单可以打开几个不同的调试窗口。

4. Insert 菜单

Insert 主菜单主要包括一些与项目管理有关的操作命令，如添加新类、资源和文件等。例如，编程时可执行 Insert|Resource 命令，向项目添加一个指定类型的资源。

5. Project 菜单

Project 主菜单主要包括一些与项目管理有关的操作命令，如向项目添加文件、设置当前项目、改变编辑器和连接器选项等。例如，若要将一个现有的 C++源文件或资源文件添加到项目中，可执行 Project|Add to Project|File 命令，在打开的 Insert File Into Project 对话框中，选择要插入的文件。

6. Build 菜单

Build 主菜单主要包括一些与建立可执行程序有关的操作命令，如编译、链接和调试程序等。例如，Build 命令对最近修改过的文件进行编译和链接；Rebuild All 命令对所有文件重新进行编译和链接，无论文件是否修改过；Clean 命令用于清除编译链接时在项目运行目录中产生的临时文件和输出文件。

注意：当启动调试器后，Debug 主菜单将代替 Build 主菜单出现在菜单栏中，Debug 菜单命令的使用方法将在以后介绍。

7. Tools 菜单

Tools 主菜单中的菜单命令主要用于启动 Visual Studio 实用工具、定制 Visual C++集成开发环境界面，如利用 Customize 菜单命令设置某个主菜单中的菜单项（该主菜单要与 Customize 对话框同时打开）、显示或关闭工具栏及修改命令的快捷键。

8. Window 菜单

Window 主菜单主要包括一些与窗口显示有关的操作命令，如切换窗口、Split 分离窗口及设置停靠窗口等。

9. Help 菜单

Help 主菜单包括有关 Visual C++帮助的操作命令，如启动 MSDN 帮助系统。

1.3.2　工具栏

为了提高使用效率，Visual C++ IDE 为菜单命令项提供了对应的快捷键，但需要用户熟练记忆才能使用。Window 应用程序一般都提供工具栏，弥补了快捷键的不足之处。工具栏由一些形象化的位图按钮组成，工具栏按钮一般都与菜单命令项对应，以方便、快捷地使用 Visual C++集成开发环境的常用功能。

Visual C++ IDE 的工具栏以停靠窗口的形式出现，可以通过鼠标拖动来移动工具栏，并可以根据需要显示或隐藏工具栏。一般的方法是执行 Tool|Customize 命令，打开 Customize 对话框，然后选择 Toolbars 选项卡，并根据需要进行选择，如图 1-8 所示。也可以在 Visual C++ IDE 菜单栏或工具栏的空白处单击鼠标右键，在弹出的下拉菜单中选择要显示或隐藏的工具栏，如图 1-9 所示。

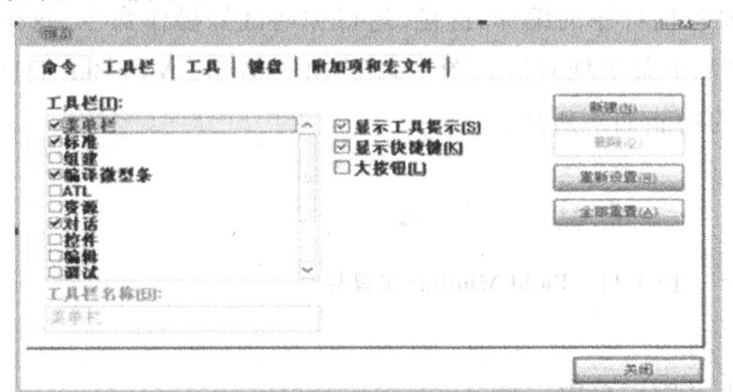

图 1-8　在 Customize 对话框中设置工具栏

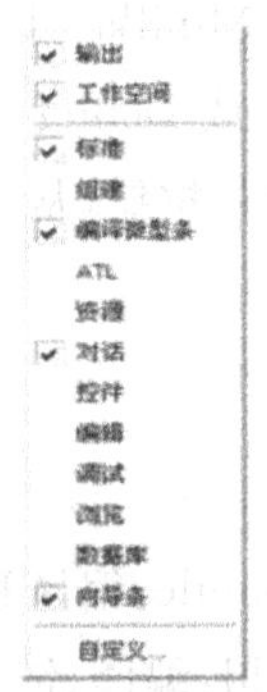

图 1-9　显示或隐藏工具栏

如果要恢复工具栏或菜单栏到系统原来的默认状态，在 Customize 对话框中单击 Reset 或 Reset All 按钮即可。

Visual C++ IDE 的工具栏有很多，如 Standard、Build MiniBr、WizardBar、Resource、Debug、Edit 等。接下来主要介绍 Standard、Build MiniBar 和 WizardBar 工具栏。

1. Standard 工具栏

Standard 工具栏主要包括一些与文件和编辑有关的常用操作命令，每个按钮的功能与 File、Edit 和 View 等主菜单中的某个菜单项对应。图 1-10 给出了 Standard 工具栏的一般形式。

图 1-10 Standard 工具栏

Standard 工具栏按钮(从左到右)的功能如下所述。

- New Text File:创建一个新的文本文件。
- Open:打开一个文件。
- Save:保存当前文件。
- Save All:保存所有打开的文件。
- Cut:剪切选定的内容，移到剪贴板中。
- Copy:将选定的内容复制到剪贴板中。
- Paste:在当前位置粘贴剪贴板中的内容。
- Undo::撤销上一次编辑操作。
- Redo:恢复被撤销的编辑操作。
- Workspace:显示或者隐藏工作区窗口。
- Output:显示或者隐藏输出窗口。
- Window List:显示当前已打开的窗口。
- Find In Files:在多个文件中查找指定的字符串。
- Find:在当前文件中查找指定的字符串。
- Search:打开 MSDN 帮助文件，并显示它的搜索页面。

2. Build MiniBar 工具栏

Build MiniBar 工具栏主要包括程序的编译、链接、运行和调试等操作命令，每个按钮的功能与 Build 或 Debug 主菜单中某个菜单项对应。图 1-11 给出了 Build MiniBar 工具栏的一般形式，其中各按钮(从左到右)的功能如下所述。

图 1-11 Build MiniBar 工具栏

- Compile:编译程序。
- Build:编译、链接并生成可执行程序。

- Stop Build：终止应用程序的编译或链接。
- Execute Program：运行应用程序。
- Go：开始或继续调试程序。
- Insert/Remove Breakpoint：在程序中插入或取消断点

Standard 工具栏和 Build MiniBar 工具栏中的一些常用命令都有快捷键，如 Compile(Ctrl＋F7)、Build(F7)、Execute Program(Ctrl＋F5)和 Go(F5)。通常用户可以使用这些快捷键提高编程效率。

3. WizardBar 工具栏

在默认设置情况下，Visual C＋＋ IDE 中将显示 WizardBar 工具栏，它一般位于 Standard 工具栏下面。WizardBar 是 Visual C＋＋中具有特色功能的向导工具，通过它可以快速定位某个类的某个成员，并能显示、跟踪和操作当前的成员。WizardBar 工具栏的一般形式如图 1-12 所示。

图 1-12　WizardBar 工具栏

WizardBar 使类和成员函数的操作更加方便，单击 WizardBar 工具栏中的按钮即可实现多项功能，如定位指定的类和成员函数、添加新类和成员函数、进行上下文跟踪等。

WizardBar 工具栏中从左到右分别是类列表框、ID 过滤器列表框、类成员列表框和 Action 控件，Action 控件包括一个按钮和一个下拉菜单。三个列表框确定当前的类、ID 和成员函数，Action 控件用于完成一些常用功能，单击 Action 按钮旁的箭头可打开 Action 的下拉菜单。

Action 菜单中以粗体显示的项是 Action 按钮的默认操作项。该菜单中出现哪些命令选项依赖于当前状态。一般情况下，Action 菜单中包含以下命令项。

- Go To Function Declaration：定位到指定成员函数的定义处(在头文件中)。
- Go To Function Definition：定位到指定成员函数的定义处(在源文件中)。
- Add Virtual Function Override：给指定的类添加一个重载的虚函数。
- Add Member Function：给指定的类添加一个成员函数。
- Delete：删除指定的成员函数。
- Go To Class Definition：定位到指定类的定义处。
- New Class：创建一个新的类。
- New Form：创建一个新的窗体。
- Go To Next Function：定位到当前函数的下一个函数。
- Go To Previous Function：定位到当前函数的上一个函数。
- Open Include File：列出当前文件中包含的头文件，并可打开其中的头文件。
- WizardBar Help：打开 WizardBar 的联机帮助。

WizardBar 具有上下文跟踪功能，能动态跟踪源代码的当前位置。当用户在源代码编辑窗口中进行编辑时，WizardBar 将显示当前光标处的类或成员函数。当光标指向函数定义以外的区域时，WizardBar 的 Member 列表框呈灰度状。当用户编辑对话框时，WizardBar 将跟踪光标所选择的对话框或对话框控件。

本章小结

Visual C++可以分成三个主要的部分：(1)Developer Studio。这是一个集成开发环境，我们开发工作的 99%都是在它上面完成的，再加上它的标题赫然写着“Microsoft Visual C++”，所以很多人理所当然地认为它就是 Visual C++了。其实不然。虽然 Developer Studio 提供了一个很好的编辑器和很多 Wizard 向导，但实际上它没有任何编译和链接程序的功能，真正完成这些工作的“幕后英雄”我们后面会作介绍。我们也知道，Developer Studio 并不是专门用于 VC 的，它也同样用于 VB、VJ、VID 等 Visual Studio 家族的其他“同胞兄弟”。所以不要把 Developer Studio 当成 Visual C++，它充其量只是 Visual C++的一个壳子而已。这一点请切记！(2)MFC。从理论上来讲，MFC 也不只用于 Visual C++，Borland C++、C++ Builder 和 Symantec C++，同样可以处理 MFC。同时，用 Visual C++编写代码也并不意味着一定要用 MFC。只要愿意，用 Visual C++来编写 SDK 程序，或者使用 STL、ATL，一样没有限制。不过，Visual C++本来就是为 MFC 打造的，Visual C++中的许多特征和语言扩展也是为 MFC 而设计的，所以用 Visual C++而不用 MFC 就等于抛弃了 Visual C++中很大一部分功能。但是，Visual C++也不等于 MFC。(3)Platform SDK。这才是 Visual C++的精华和灵魂，虽然我们很少能直接接触到它。大致说来，Platform SDK 以 Microsoft C/C++编译器为核心(不是 Visual C++)，配合 MASM，并辅以其他一些工具和文档资料。

习　题

1. 简述 Visual C++的特点。Visual C++与 Visual Studio 是什么关系？

2. Visual C++ IDE 与 Developer Studio 有什么不同？一般的 Developer Studio 窗口由哪几部分组成？

3. 集成开发环境中有哪两种类型的窗口？这两种类型窗口相互之间如何进行转换？

4. Windows 资源主要包含哪些？Visual C++ IDE 提供了哪些资源编辑器？

参考文献

[1]王育坚. Visual C++面向对象编程教程(第二版). 北京：清华大学出版社，2007

[2]陈天华. 面向对象程序设计与 Visual C++6.0 教程. 北京：清华大学出版社，2006

第2章 程序设计概述

2.1 程序设计流程

学习程序设计，首先要弄清程序开发的过程。编写好了的程序，须被翻译成机器代码，才能让计算机运行获得结果。翻译的方式一般有两种：一种是解释型，也就是边读程序边翻译，翻译一句立即执行一句；另一种是编译型，先整篇翻译成机器代码，保存在可执行文件中，然后启动该可执行文件，运行获得结果。

程序设计语言发展到现在，无论是编译型还是解释型，一般都附带提供一个集成开发环境(Integrated Development Environment，IDE)。也就是说，程序员可以在该环境中，编辑程序代码，逐个编译源文件，装配和链接全部源文件及其资源文件，然后调试运行。甚至软件包装成软件产品都可以一体化。

在解释环境(如VB)中，编译代码后，保存程序文件，可以直接运行获得结果。没有编译和链接的环节，方便编程开发。但由于程序运行不能离开解释器现场，需要不断与之交互，所以，相对来说，效率就会降低。对于规模化的大程序，低性能表现得更加明显，所以真正的计算任务和中大型软件开发一般不用解释型环境开发。

C++语言的程序因为要体现高性能，所以都是编译型的。但为了方便测试，将调试环境做成解释型的，以解释型的逐条语句执行方式来进行调试，以编译型的脱离开发环境而启动运行的方式来生成程序最终的执行代码。集成开发环境(IDE)功能齐全，调试功能很强，程序编好后，可以立刻在环境中调试以获得初步测试结果，然后，可以方便地做成beta版，拿到实验环境中进一步测试，最终做成软件发行版。

初学C++编程，是在C++的IDE中实践编程技术，学习创建程序项目的过程，学习不同程序的组织方式，学习调试程序的手段，以简单函数、模块以及文本组织为实验材料，以基本输入/输出为程序运行结果验证窗口，以基本跟踪方法作为调试手段，采用控制台应用程序的开发模式，学习解决问题的方法，学习简单的算法和数据结构。

一般的编程操作流程为：编辑(edit)→编译(compile)→链接(link或make或build)→调试(debug)，该过程循环往复，直到编写成功。

程序员编辑的程序，也称源程序，或称源代码(source code)，简称代码，存放在以.cpp(在Windows环境中)作为扩展名的文件中(文本形式)。在较少的情形下，机器指令集代码也称源代码。程序被编译后，会生成目标代码(object code)，存放在目标文件中，在Windows中的C++编译器通常将目标文件以.obj作为文件扩展名。目标代码即机器代码，是计算机能够识别的指令集合。但是，目标代码还不能在具体的计算机上运行，因为目标代码只是一个个独立的程序段，程序段之间还没有相互呼应，程序段中用到的 C++库代码和其他资源还没有挂上，需要相互衔接成适应一定操作系统环境的可执行程序整体。为了把成组的程序段转换为可执行程序，必须进行链接(link)，链接的过程就是将目标代码整合成可执行文件，可执行文件通常以.exe 作为文件扩展名。

C++程序编译后，通过同时链接若干个目标文件与若干个库文件而创建可执行程序。库文件是系统提供的程序链接资源，它一般是以版本为文件单位，带有一个特殊的后缀，不同公司有不同的后缀，例如，Borland C++ Builder 6.0 的库文件的后缀是.bpl 和.lib。标准 C++提供 C++标准库，用户库是软件开发商或程序员提供的。目标文件与库文件链接的结果，是生成计算机可执行的程序。

例如，C++编译器能理解的有标准输出的最小程序为：

```
#include<iostream>
void main() {cout<<"hello!\n";}
```

当然，程序不但要使计算机能理解，而且也要使人能理解，所以程序一方面要符合语言的语法，另一方面也要让程序体现出其逻辑结构。因此，上述程序最好写成有结构形式的代码，如下所示：

```
//========================================
//带标准输出的最小样本程序
//========================================
#include<iostream>
//----------------------------------------
void main()
{
  cout<<"hello!\n";
}
//========================================
```

程序 iostream 是 C++为特定环境编制的标准输入/输出流类的标准库头文件，也就是说，这个头文件提供了输入/输出程序。#include 则是对编译器发出的操作指令，它指示编译器在编译之前，先将尖括号中的文件内容在本程序中原地展开。而头文件的内容，则声明从现在开始标准输入/输出的流操作可用，并在链接的作用下，将编译后的输入/输出指令(在本程序是后面的 cout<<"hello!";)转化成对应的输入/输出硬件设备的操作，从而使输入/输出语句“直接见效”。提供这样的编程方式，能够直截了当地表达计算机内的数据流动，直观地验证程序运行的结果正确与否。

C++程序的入口点总是 main()，操作系统启动可执行程序文件时，便装载文件到内存，并从 main 开始执行程序。main 表示一个过程或者函数的名字，在 C++中，过程和函数可以看作是同一个概念。void 表示无值数据类型，位于 main 的前面，表示 main 函数无返回值。一对花括号“{…}”表示 main 函数的函数体。在函数体中可以写许多程序语句，以供执行。上面程序的函数体中只含有一条语句，以分号(英文格式)结束。任何一条C++语句都是以分号(英文格式)结束的。“void main(){…}”这种结构构成了 C＋＋的函数定义体,后面的“}”就是函数结束处。如果一个程序很大,即在 main 函数体中有许多语句,这些语句可以是直接计算和赋值的语句,也可以是对其他函数的调用语句,如此,便可以使程序规模无限制地扩张。总之,整个程序只运行到 main 函数的“}”结束处。

cout 是标准输出设备的名称,“＜＜”是操作命令,指示将后面的数据(字符串 hello!)送到显示器设备上去。字符串中的“\n”是控制字符,表示一个换行操作。C＋＋在显示可见字符的同时,还接受一些指挥设备动作的控制字符。控制字符一旦送到设备后,并不显示,而是做出一定的动作。控制字符在屏幕上不可见。程序是用可见字符堆积而成的,C＋＋用可见字符表示不可见的控制字符时,用“\”和另一个字符组合。

2.2　结构化程序设计

20 世纪 60 年代以来,人们提出了结构化程序设计的概念,它的产生和发展形成了现代软件工程的基础。结构化程序设计的基本思想是:自顶向下,逐步求精,将整个程序结构划分成若干个功能相对独立的子模块,并要求这些子模块间的关系尽可能简单;子模块又可继续划分,直至最简。每一个模块最终都可用顺序、选择、循环三种基本结构来实现,如图 2-1 所示。

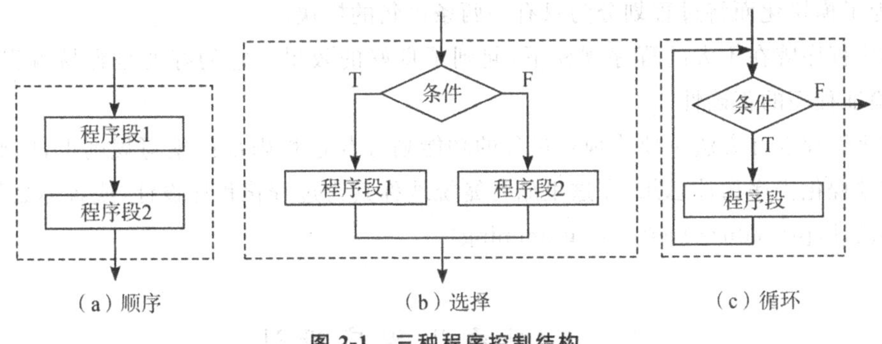

图 2-1　三种程序控制结构

2.2.1　描述任何实体的操作序列只需要三种基本控制结构

描述任何实体的操作序列只需用“顺序、选择、重复”这三种基本控制结构,而且这三种基本结构对描述任何问题都是足够的。

可以将每个虚框看作一个过程体,而每个过程体只有一个入口和一个出口。为了避免过程体出现多个入口或多个出口,只要现有的程序设计语言避免使用 goto 语句即可。

在图 2-1 中,图(a)先执行程序段 1,再执行程序段 2,依次执行若干个程序段便构成了顺序结构。

图(b)根据条件的真假,选择执行程序段 1 或程序段 2,执行完后便到达了本过程的结束点。该图构成了程序段的选择结构,选择结构说明程序并非要一直无条件地执行程序段,它可以依条件而改变执行路径。

图(c)可以根据条件的真假，规定程序段是否执行，这个事件可以反复发生，甚至无限制。程序能够代替人的大量重复计算劳动，都是源于程序的这种能力。它构成了程序段的循环结构。

2.2.2 程序设计中的各个过程体和组成部分应以模块表示

每个模块，其内聚性(aggregation)越强，外联性(association)越弱，则模块独立性越好。

内聚性强，即模块内部所涉及的功能越单一越好。

外联性弱，即模块之间的联系越少越好。联系意味着依赖，外联性小，模块的独立性就好。

独立性意味着可以独自地修改本模块而与外界无关，因此就容易编程和修改。减小外联性还涉及对数据的分离和归类。将过程中的数据分离出来，独立地用数据结构去描述其数据和处理，是模块划分的原则。

2.2.3 过程化程序设计方法

程序设计采用自上而下、逐步分析的方法展开，而过程化程序设计方法在细化的过程中，应充分运用前面的过程体制结构和模块划分原则。当然，在实际运用时还要考虑模块规模大小，不能为了模块化而将过程划分为只有一两条语句的模块。

结构化程序曾在不大的程序规模下，起到了良好的效果。它的好处是容易编程，容易维护，容易验证程序的正确性。

结构化编程设计方法主要体现在过程的功能划分与过程内部的编写规则上，因此它是一种规范的过程化程序设计思想，在这里姑且笼统地称其为过程化程序设计，或者称之为基于过程的程序设计(procedure-based programming)。

2.3 对象化程序设计

虽然结构化程序设计具有很多优点，但从本质上看它是面向过程或操作的，不能直接反应人们求解问题的思路，很可能产生问题空间和方法空间在结构上的不一致。为了克服面向过程模式的固有缺陷，20 世纪 80 年代提出了面向对象程序设计方法，即对象化程序设计。它是完成程序设计任务的一种新方法，吸取了结构化程序设计中的精华部分。它是被对象化的结构化程序设计，是软件工程、结构化程序设计、数据抽象、信息隐藏、知识表示及并行处理等多种理论的积累与发展，是软件开发的第二次变革。

在面向对象程序设计方法中，将数据与对数据的操作方法放在一起形成对象，作为一个构成软件系统的基本单元，并从相同类型的对象中抽象出一种新型的数据结构——类。

面向对象程序设计就是运用以对象作为基本元素的方法，用计算机语言描述并处理一个问题。面向对象程序设计符合客观世界本身的特点和人们分析问题的思维方式。

按照面向对象的观点，客观世界是由各种各样的事物即“对象(object)”组成的，包括有形的对象和无形的对象。例如人、学生、动物、植物、汽车、工厂和计算机等都是有形的对象，而思想、控制系统、程序、文档和数据库等都是无形的对象。每一类对象都有自己特定的属性(attribute)(如大小、形状和重量等)和行为(behavior)(如行走、生长、运算或转弯等)，人们通过对象的属性和行为来认识对象。在计算机科学中，对象是系统中用来描述客观事物的一个实体，是用于构成系统的一个基本单位，而系统可以看作是由一系列相互作用的对象组成的。

为了对具有同一类属性(又称状态)和行为(又称操作、方法)的对象进行分类描述，引入了类(class)的概念。把对象进行分类所依据的原则是抽象，即忽略对象的非本质特征，只考虑与当前求解问题有关的本质特征。类定义了同类对象的公共属性和行为，属性用数据结构表示，行为用函数表示，类可以用如下公式表示：

类＝数据结构＋对象数据进行操作的函数

对象是类的一个实例。例如，汽车是一个类，而行驶在公路上的一辆汽车则是汽车类的一个对象。对象和类的关系相当于元素与集合的关系、变量与变量的“数据类型”的关系。虽然属于某个类的所有对象具有相同的属性“结构”和行为方法，但各个对象的具体属性“值”有所不同。例如，猫都有品种、颜色等属性，但不同的猫属于不同的品种，它们的颜色也会有所不同，但它们都属于同一个类。

结构化程序设计将数据和过程分离，而面向对象程序设计把数据和处理数据的过程当成一个整体即对象，从现实世界出发采用程序代码模拟现实世界中有形或无形的对象，使程序设计过程更自然、更直观。

面向对象程序设计提供了对象之间的通信机制。程序由一些相互作用的对象(类)构成，就像人们之间互通信息一样，对象之间的交互通过发送消息来实现。程序通过执行对象的各种行为方法，来改变对象的状态(属性数据)，从而使该对象发生某些事件。当对象发生某事件时，通常需向其他相关对象发送消息，请求它们做出一些处理。

面向对象程序设计把一个复杂的问题分解成多个功能独立的对象(类)，然后把这些对象组合起来去解决复杂的问题。一个对象可由多个更小的对象组成，如汽车由发动机、传送系统和排气系统等组成。这些对象(类)可由不同的程序员来设计，并且设计好的对象可在不同程序中使用，这就像一个汽车制造商使用许多零部件去组装一辆汽车，而这些零部件可能不是自己生产的。采用面向对象程序设计就像流水线工作模式，最终只需将多个零部件(已设计好的对象)按照一定关系组合成一个完整的系统。

伴随着人类对计算机的依赖性日益增强，程序规模不断扩大，模块数呈指数级增长，模块间的数据传递五花八门，同一程序中模块之间的关系错综复杂，结构化程序设计的规范已经不能保证程序的正确性、可维护性和重用性了。人们开始意识到不可能在语言中内置所有待解决问题的数据结构，必须让语言具有自建数据结构的能力。数据结构对于算法，对于程序是如此重要，但当时大多数语言都没有专门支持对数据结构的直接描述。

在C语言中有一个结构类型——struct，可以在单纯空间上复合其他数据类型，描述数据的组织，从而经验丰富的程序员可以通过捆绑相应的数据操作一定程度地达到可读、可维护的目的。但是，还是不能避免数据操作的安全问题。在大规模程序设计中，问题尤其突出。软件发展似有一个不可逾越的极限，令程序员无法超越。

抽象数据类型是描述数据的组织和相关操作，反映了问题的抽象类型。如果语言能够直接支持对抽象数据类型的描述，即自由定义数据类型，则这种语言是优秀的。

本章小结

C++语言符合软件工业化的要求，因而在与其他语言的竞争中脱颖而出。它可进行多种方法编程，甚至多种方法共存的编程，所以它是适应问题跨度更大、抽象层次更高、编程模式更灵活高效的编程语言。

C++从C进化而来，继承了其高效灵活性，但后续植入的机制也一定程度地受制于C的缺陷。C++表现出包容性和通用性，可以合理地选择一种程序设计方法或多种程序设计方法并施，以充分发挥C++的优势。C++入门容易，但要做个真正的C++编程高手是很困难的。

从程序结构上说，C++的单一程序体本质上是基于过程的，因为运行程序时，总是启动过程。读者马上就会看到C++程序总是从main函数开始运行，而main函数本质上就是一个过程，然后再去启动别的过程，别的过程运行完后就返回，等到main运行结束，整个过程也就运行完毕。随这个“过程”的扩张，就可以构成完成一定功能的程序。在此过程中，基本编程的方法就是使用简单的数据类型，使用简单的功能扩张，这就是过程的程序设计方法。

世界上形形色色的问题，带来了数据结构的多样化，要能真正解决问题，就必须转变解决问题的着眼点，那就是在自建数据类型的基础上，建立起层次结构的抽象数据类型，从彼此相互依赖的合作关系上走向彼此互不影响的合作关系。程序员创作的程序模块可以带来相当程度的重用。这就是基于对象的程序设计。

习　题

1. 分析过程化程序设计与对象化程序设计的相同与不同之处。
2. 实现一个多行输出的程序，输出如下图形：

```
   *
  ***
 *****
*******
 *****
  ***
   *
```

参考文献

[1]谭浩强. C＋＋程序设计. 北京:清华大学出版社,2004

[2]钱能. C＋＋程序设计教程(第二版). 北京:清华大学出版社,2006

[3]王育坚. Visual C＋＋面向对象编程教程(第二版). 北京:清华大学出版社,2007

第 3 章 C++语言基础

C++语言是从 C 语言发展演变而来的，因此在介绍 C++语言之前，我们首先介绍一下 C 语言。C 语言最初是美国贝尔实验室的戴尼斯·M. 利奇(Dennis. M. Ritchie)在 B 语言基础上开发出来的，并于 1972 年在一台 PDP-11 计算机上实现了最初的 C 语言。目前，比较流行的 C 语言版本基本上都是以 ANSI C 为基础的。

尽管如此，C 语言毕竟是一个面向过程的编程语言，因此与其他面向过程的编程语言一样，已经不能满足运用面向对象方法开发软件的需要。C++语言便是在 C 语言基础上为支持面向对象的程序设计而研制的一个通用的程序设计语言，是在 1980 年由贝尔实验室的 Bjarne Stroustrup 博士创建的。C++包含了整个 C，C 是建立 C++的基础。C++包括 C 的全部特征、属性和优点，同时，C++实现了对面向对象编程的完全支持。

C++是一种面向对象(object-oriented)的程序设计语言，使用它可以实现面向对象的程序设计。

本章介绍 C 语言之外的 C++语言基础。

3.1 向量

vector 是向量类型，它是一种对象实体，具有值，可以看作是变量。它可以容纳许多其他类型的相同实体，如若干个正数，所以称其为容器。vector 是 C++ STL(标准模板类库)的重要一员。注意：在使用向量时，要包含头文件 vector. h。

vector 可以有四种定义方式：

(1)vector<int> a(5)；

(2)vector<int> b(5,1)；

(3)vector<int> c(b)；

(4)vector<int> d(a. begin()，a. begin+5)；

vector<int>是模板形式，尖括号中为元素类型名，它可以是任何合法的数据类型。

第一种形式定义了 5 个整型元素的向量，但并没有给出初值，也就是其值是不确定的。

第二种形式同样的也定义了 5 个整型元素的向量，且给出其每个元素的初值为 1。这种形式是数组所不能匹配的，数组只能通过循环来给每个元素赋初值。

第三种形式用一个已有的向量创建另一个向量。

第四种形式定义了其值依次为 a 向量中从第 0 个元素到第 4(总共 5 个)个元素的值。

因此，创建向量时，不但可以整体向量复制赋值，还可以选择用其他容器的部分元素来定义向量和赋值。例如，从数组中获得初值：

```
int a[5]={1,2,3,4,5};
vector<int> b(a,a+5);
```

上面的第四种形式的 b.begin()表示向量的起始元素位置,同样地,b.end()表示向量的结束元素位置。向量元素位置也属于一种类型,称为遍历器。遍历器不单表示元素位置,还可以在容器中前后移动。每种容器都有对应的遍历器。向量中的遍历器类型为:vector<int>::iterator。因此,如果要输出向量中所有元素,可以有两种循环控制方式:

```
(1)for(int i=0;i<a.size();i++)
       cout<<a[i]<<endl;
(2)for(vector<int>::iterator it=a.begin();it!=a.end();++it)
       cout<<*it<<endl;
```

第一种形式称为下标法,a[i]是向量元素操作,这种形式与数组一样;第二种形式是利用遍历器来对向量元素进行输出。*it 为指针间接访问形式,它的意义在于 it 所指向的元素值。

a.size()表示向量中元素的个数,a.begin()表示向量的第一个元素,这种操作方式是一个对象捆绑一个函数调用,表示对该对象进行某个操作,即调用成员函数(成员函数在第四章有详细叙述)。向量中的操作都可以调用成员函数来完成,常用操作有:

```
a.assign(b.begin(),b.benin+5);//b 向量中的 0 到 4 个元素构成向量,赋值给 a
a.assign(4,1);                //使 a 中只含 0 至 3 四个元素,且每个元素赋值为 1
a.pop_back();                 //删除 a 向量最后一个向量
a,push_back(2);               //在 a 向量最后插入一个元素,其值为 2
a.clear();                    //a 向量中元素清空
a.resize(5);                  //向量元素个数为 5 个
a.resize(5,2);                //向量元素个数为 5,且每个赋值为 2
int x=a.back();               //将 a 中最后一个向量的值赋值给整型变量 x
if(a.empty())cout<<"empty";   //判断向量是否为空
int y=a.front();              //将 a 第一个向量元素的值赋值给整型变量 y
if(a==b)cout<<"equal";        //向量的比较操作,另外还有!=、<、<=、>、>=等操作
```

另外,向量还有元素的插入与删除、保留元素个数等操作。向量是编程中使用频率最高的数据类型。这不仅是因为数据的顺序排列在生活中最常见,也因为向量有一些插入、删除、搜索、判空等常规操作,当数据并不复杂时,可以代替其他数据类型而很好地工作。尤其是向量可以自动伸展,容量可以自己定义,这给一些不确定数据量的容器工作带来了很大的方便。例如:

```
//=====================================
//0301.cpp
//向量操作
//=====================================
#include<iostream>
#include<fstream>
```

```
#include<vector>
using namespace std;

void main()
{
  ifstream in("a.txt");
  vector<int> s;
  for(int b;in>>b;)
    s.push_back(b);
  for(vector<int>::iterator it=s.begin();it!=s.end();++it)
    cout<<*it<<" ";
}
```

程序输出：

1 2 3 4 5 6 7 8 9

程序是为向量 s 读入一个文件 a.txt 中(图 3-1)的数据元素，并依次输出向量中的元素数值。在文件 a.txt 中，由于不知道文件中的元素个数，所以无法用数组来处理，只能借助于向量。首先创建一个空向量，然后用添加操作不断往向量中添加元素。向量操作中有一个性能问题，假如频繁扩大向量容量，就要显著增加向量操作的负担，因为扩大容量意味着分配更大空间，复制原空间到现空间，删除原空间。

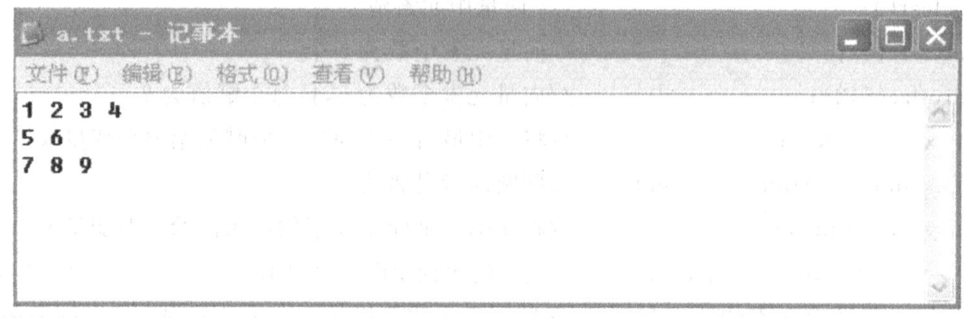

图 3-1　a.txt

向量并不是每次扩展都要扩大容量，向量中预留了一部分未用的元素供扩展之用。刚开始创建一个空向量，则向量中已经含有一些未用的元素，可以用 capacity()查看。如果向量要面临大量数据，如 10 万个，为了保持向量的性能，应该一开始就规定保留未用元素的数量。

在向量中，还涉及二维向量，可以使用 vector 中的 swap 操作来交换两个向量。swap 操作是专门为提高两个向量之间相互交换的性能而设计的。swap 的一般操作为：

```
void swap(vector<int>& a,vector<int>& b)
{
   vector<int> temp=a;a=b;b=temp;
}
```

二维向量涉及向量的创建、赋值、再赋值，最后要释放临时向量。在使用 vector 的 swap 操作后，只需进行一些地址的交换工作就可以完成以上工作。例如：

```
//=========================================
//0302.cpp
//二维向量操作
//=========================================
#include<iostream>
#include<fstream>
#include<sstream>
#include<vector>
using namespace std;
typedef vector<vector<int> > M;
M input();
void sort(M&);
void print(const M&);

void main()
{
  M a=input();
  sort(a);
  print(a);
  getchar();
}
M input()
{
  ifstream in("a.txt");
  M m;
  for(string s;getline(in,s);)
  {
    vector<int> b;
    istringstream sin(s);
    for(int ia;sin>>ia;)
      b.push_back(ia);
    m.push_back(b);
  }
  return m;
}
```

```
void sort(M& a)      //冒泡排序
{
  for(int k=1;k<a.size();++k)
    for(int i=0;i<a.size()-k;++i)
      if(a[i+1].size()>a[i].size())
        a[i].swap(a[i+1]);
}
void print(const M& a)
{
  for(int i=0;i<a.size();++i)
  {
    if(i!=0)
      cout<<endl;
    for(int j=0;j<a[i].size();++j)
      cout<<a[i][j]<<" ";
  }
}
程序输出:
1 2 3 4
7 8 9
5 6
```

以上程序是设计一个排序程序,使其按行长度从大到小输出每一行数据,也就是每一个向量。文档 a.txt 中含有一些行,每行中有一些整数,可以构成一个向量。那么,整个文件可以看成一组向量,而其中的每个元素又都是一个向量。

程序中含有四个函数,其中 main()主函数调用 input()输入函数、排序 sort 函数和输出 print 函数。input 函数在这里输入的是向量。由于不知道每行的个数,所以向量长度无法定夺。由于不知道总行数,二维向量的元素个数也无法得知,从而只能用二维向量添加元素的方式来进行输入。

输出函数 print 运用了一个二重循环,按照给定的顺序进行输出,且每输出一个向量,进行一次换行。

sort 函数为排序函数,使用冒泡排序法对向量中元素的个数排序,元素个数多的向量排在前面,而元素少的向量排在后面。排序中函数 swap 为交换操作。

另外,为了程序简便明了,程序中运用 M 代替了二维向量的名称。

3.2 函数

早在 C 语言中,就确立了函数在程序设计中的地位。函数是 C 语言也是 C++程序结构中的基本单位，C 语言中的函数与 C++中的函数兼容，即 C 语言函数可以完全在 C++中运用。从结构或者从本质上说，设计程序，就是设计函数。从最初的 main 主函数，到程序运行结束，无不是函数在起作用。本节主要介绍在 C++中与 C 语言不同的函数说明。

3.2.1　内联函数

在编程过程中，空间就是内存，因为内存中存放着运行中的程序的一切：代码和数据，尤其是数据的存储分布。内存布局包括使用空间的策略和空间大小。空间占用越多，就会存储越多的临时数据计算的结果，访问数据的操作也就会尽快获得；空间占用越少，就会由于中间数据不能临时存储而不能尽快获取，而要通过计算获得，而计算是需要时间的。

在函数调用中，如果反复调用一个函数会浪费太多的时间。而如果把函数存放在内存中，则不会需要太多的调用时间。内联函数就是完成这样的工作的。而内联函数体应该尽可能小，且要结构简单，只适合 1～5 行的小函数，这样嵌入的代码才不会影响调用函数的主体结构。所以在内联函数中，不能含有复杂的结构控制语句，如 switch 或 while 语句。如果内联函数使用这些语句，则在编译过程中并不能认定其为内联函数，只能视其为普通函数来调用其代码。由以上所述可知，适合使用内联函数的场合为：

(1)函数体适当小，这样就使嵌入工作容易进行，不会破坏原调用主体；

(2)程序中特别是循环中反复执行该函数，这样增大嵌入的效率；

(3)程序并不多处出现该函数调用，这样就使嵌入工作量相对较少，代码量也不会增加。

对函数的内联声明必须在调用之前。因为内联函数的代码在程序运行时是直接嵌在调用处执行的。内联函数不影响程序链接，只在编译时确定运行代码。内联函数声明方式为：

```
inline 函数类型名　函数名(参数 1,参数 2,…,参数 n)
{
  ⋮                                    //函数体
}
```

例如：

```
//========================================
/0303.cpp
//内联函数
//========================================
#include<iostream>
#include<CTime>
using namespace std;
inline int fun2(int ,int);
int fun1(int a,int b)
{
  return a+b;
```

```
}
inline int fun2(int a,int b)
{
   return a+b;
}
void main()
{
   int x[700],y[700],z[700];
   clock_t t=clock();
   for(int i=0;i<700;++i)
   for(int j=0;j<700;++j)
   for(int k=0;k<700;++k)
      z[i]=fun1(x[j],y[k]);
   cout<<"Not using inline "<<(clock()-t)/CLK_TCK<<" seconds"<<endl;
   t=clock();
   for(int a=0;a<700;++a)
   for(int b=0;b<700;++b)
   for(int c=0;c<700;++c)
      z[a]=fun2(x[b],y[c]);
   cout<<"Using inline "<<(clock()-t)/CLK_TCK<<" seconds"<<endl;
}
```

程序输出：

```
Not using inline 9 seconds
Using inline 3 seconds
```

函数 fun1 没有进行内联声明，fun2 成了内联函数。对数组进行调用 10 亿次的加法运算，经过程序的执行，可以发现有没有内联所需时间存在很大差异，非内联函数的调用所需时间是内联函数的 3～4 倍。

正因为函数调用有开销，而内联函数调用几乎没有调用开销，所以编程时就应尽可能采用内联技术，将函数设置为内联函数，但也要注意设置内联函数的规则。

3.2.2 函数重载

在编译程序时，当要用到多个函数时，需要定义多个函数名，而且对于程序员来说，记住每个函数的功能是非常困难的。在 C 语言中，不可以同时使用同样的函数名。而 C++与 C 语言不同，可以重复使用一个函数名来完成相同的功能，只是每个函数的参数或返回值不同而已。也可以这样说，同一个函数，可以完成相同的功能，只是参数类型不同或返回值类型不同而已。

在函数重载中，只要参数个数不同，参数类型不同，参数顺序不同，函数就可以重载，但在返回类型不同的情况下是不允许重载的。例如：

```
void fun(int a);
void fun(char a);
void fun(char a,int b);
void fun(int a,char b);
char fun(int a);
```

第 2、3、4 个函数定义均为合法的函数重载。但第 1 个和第 5 个函数重载，在运行程序时会不知道该执行哪个函数而产生冲突错误。例如：

```
fun(12);
```

在执行程序时，不知该执行 void fun(int a)还是 char fun(int a)而出现编译错误。

C++按下列三个步骤的先后顺序找到匹配函数并调用函数：

(1)寻找一个严格匹配；

(2)通过相容类型的隐式转换寻求一个匹配；

(3)通过用户自定义的转换寻求一个匹配。例如：

```
//================================================
//0304.cpp
//重载 print 函数
//================================================
#include<iostream>
using namespace std;

void print(double x){cout<<"double data="<<x<<endl;}
void print(int x){cout<<"int data="<<x<<endl;}
void print(char x){cout<<"char data="<<x<<endl;}
void print(double x,char y)
{
  cout<<"double data="<<x<<endl;
  cout<<"char data="<<y<<endl;
}

void main()
{
  print(1);
  print(2.2222,'a');
  print(2.2222);
  print('a');
```

```
}
程序输出：
int data=1
double data=2.2222
char data=a
double data=2.2222
char data=a
```

注意：C++允许 int 型到 long 型、int 型到 double 型的隐式转换。但程序在函数参数传递一样时，则会出现编译错误，程序不知道该调用哪个。例如：

```
void print(long x);
void print(double x);
void fun(int a)
{
  print(a);
}
```

则在运行程序时，将会引起类型匹配错误。如要避免这种错误，应显式表明是 print(long(a))还是 print(double(a))。

在 C++中，可以给函数声明中的参数使用默认参数值，这样在函数调用时，对应的实参就可以省略。函数参数的作用是传递输入数据。有时候，函数可以通过默认参数的形式来使用。

一般来说，默认参数值总是在函数声明时描述的。因为使用的程序中，函数声明总是与函数定义分离的，而在又有声明又有定义时，默认参数值只置身于声明中。例如：

```
(1)void print(int i=3,int j=4); //默认参数值,同时形参可以省略
(2)void print(int x,int y)      //定义中不允许再给出默认值,否则与函数(1)冲突
   {
     cout<<x<<endl;
     cout<<y<<endl;
   }
```

函数默认参数只能从后往前设置，例如：

```
(1)void fun(int a=1,int b,int c=2,int d=3);
(2)void fun(int a,int b=2,int c=3,int d=4);
```

函数(1)错误，b 在没有默认值的情况下，a 不允许有默认值；函数(2)正确。调用时的实参要按位置解析，默认参数也只能从后往前逐个替换尾部的“缺漏”。例如：对于函数(2)有以下调用语句：

```
fun(3,4,5,6);              //正确
fun();                     //错误:a 没有默认值
fun(6,6);                  //正确:c 和 d 默认
```

fun(2,3,,7);　　　　　　　　　//错误:在 d 没有默认的情况下,c 不能有默认值

注意:默认的参数的认定只能认定一次。

例如:

```
//========================================
//0305.cpp
//默认参数函数重载
//========================================
#include<iostream>
using namespace std;

void fun(int a,int b,int c=3,int d=4)
{
  cout<<"a="<<a<<" ";
  cout<<"b="<<b<<" ";
  cout<<"c="<<c<<" ";
  cout<<"d="<<d<<endl;
}
void main()
{
  fun(1,2);
  fun(1,6,7);
  fun(1,7,8,9);
}
程序输出:
a=1 b=2 c=3 d=4
a=1 b=6 c=7 d=4
a=1 b=7 c=8 d=9
```

在程序中,定义了函数 fun,其中第 3、4 个参数含有默认值。在主函数,fun(1,2)表示第 3、4 个参数为默认函数定义的值,fun(1,6,7)表示第 4 个参数为默认值,fun(1,7,8,9)表示没有使用函数定义中的默认值。

3.3　指针

与 C 语言一样,C++拥有在运行时获得变量的地址和操作地址的能力,在其他任何语言中,理解它们是如何工作的或许都不如在 C++中这么必不可少。这种用来操纵地址的特殊类型变量就是指针。指针用于数组,作为函数参数,用于内存访问和堆内存操作。指针对于成

功地进行 C++语言程序设计是至关重要的。指针功能最强,但又最危险。由于 C++中指针的用途与 C 语言大多一样,故这里只讲述与 C 语言不同的指针知识。

3.3.1 const 指针

一个指针涉及两个变量:指针本身的值以及指针所指向的变量值。在一般情况下,这两个变量都是可以改变的,但有时在一些特殊的场合是不需要这两个变量改变的。const 指针就拥有这样的功能。

1. 常量指针

常量指针是指在指针定义语句的类型前加 const,表示它所指变量的值是常量。例如:

```
const int a=45;              //定义整型变量 a 为常量值
const int b=34;              //定义整型变量 b 为常量值
int c=32;
const int *p=&a;             //定义常量指针 p,并赋予指针初值为 a 的地址
*p=54;                       //错:不能改变指针所指向的 a 的值
p=&b;                        //正确:指针值可以修改
*p=87;                       //错:不能改变指针所指向的 b 的值
p=&c;
*p=66;                       //错:不能改变指针所指向的 c 的值
c=42;                        //正确
```

a 是常量,将 a 的地址赋给指向常量的指针 p,使 a 常量不被改变。如果企图修改 a,则会引起编译错误。

可以将另一个常量地址赋给指针"p=&b;",指针值是可以修改的。这时,仍不能改变 b 的值,从而保护了被指向的常量不被修改。可以将一个变量地址赋给"p=&c;",同样地,不能改变指针所指向的值。定义指向常量的指针只限制指针的间接访问操作,而不能规定指针指向的值本身的改变。例如,变量 c 可以改变,这在函数传递中经常被使用。

由常量指针的定义得出:指针所指的是常量,不能作为左值进行操作;而常量指针本身的值不是常量,可以改变。

2. 指针常量

在指针定义语句的指针名前加 const,表示指针本身是常量。例如:

```
char *const p="aaa";         //定义指针常量
p="ddd";                     //错:指针常量不能改变其指针值
*p='b';                      //正确:p 内容为"baa",b 代替了第一个字符 a
*(p+1)='c';                  //正确:p 内容为"aca",c 代替了第二个字符 a
*p++='y';                    //错误:指针常量不能改变其指针值
const int b=23;
int *const s=&b;             //错误:不能将 const int* 转换为 int*
```

p 是指针常量，在定义指针常量时必须初始化，就像常量初始化一样。这里初始化的值是字符串常量的地址。

由于 p 是指针常量，所以不能修改该指针值，语句"p="ddd";"将引起编译错误。

p 所指向的地址中存放的值并不受指针常量的约束，即 *p(p 所指向的内容)不是常量，所以语句" *p='b';"和" *(p+1)='c';"都是合法的 C++语句操作。但语句" *p++='y';"是不允许的，因为该语句在修改 *p 的同时也修改了指针 p 本身的值。

由于 *s 是不受约束的，所以将一个常量的地址赋给该指针是非法的，编译会出现 cannot convert from 'const int *' to 'int * const '错误，即不能将 const int *转换为 int *。

3. 常量指针常量

常量指针常量是指可以定义一个指向常量的指针常量，它必须在定义时进行初始化。例如：

```
const int a=7;
int b;
const int * const c=&a;          //指向常量的指针常量
const int * const d=&b;          //正确
d=&a;                            //错误：不能改变指针值
*d=45;                           //错误：不能改变所指向的对象
b=39;                            //正确
```

c 和 d 都是指向常量的指针常量，它们既不允许修改指针本身的值，也不允许修改指针所指的值。如果初始化的值是变量地址(如 &b)，那么不能通过该指针来修改该变量的值。也即" *d=45;"是错误的，将引起 cannot modify a const object 错误，即"不能修改常量对象"。但语句"b=39;"是合法的。

3.3.2　函数指针

一个运行的程序在内存中的布局，分为 Data、Help、Stack 和 Code 四个区域。其中，前三者称为数据区域，第四者称为代码区域。指向数据区域的指针，称为数据指针。指向代码区域的指针称为指向函数的指针，简称函数指针。

每个函数都有起始地址，指向函数起始地址的指针完全不同于数据指针，函数指针与数据指针不能相互转换。通过函数指针可以调用所指向的函数。声明一个 int (int)类型的函数 fun，就是把函数名放在返回类型和括号之间"int fun(int)"。同样地，若要定义一个 int(int)类型的函数指针 fun，就是把指针名放在返回类型和括号之间，即：

```
int ( * fun) (int);
```

上面定义了一个函数指针，函数指针是一种数据类型。声明一个含有一个整型参数的整数指针函数如下：

```
int * fun(int);
```

在定义函数指针的时候还可以初始化。定义格式如下：

```
int fun1(int);
```

int (*fun2)(int)=fun1;　　或：int(fun2)(int);

fun2=fun1;

定义了一个函数指针，就定义了一个指针实体，一个指针实体的大小跟 int 型实体大小是一样的。函数指针本身也是一种类型，例如：

int (*)int;

是 int(int)型函数的指针类型，同样地可以作为函数参数。例如：

void fun(int *a,int *b,int (*)int);

所声明的 fun 函数，含有三个参数，前两个是整型指针，第三个是函数指针。函数指针的定义格式比较复杂，一般用 typedef 来简化定义。例如：

typedef int (*Fun) (int a,int b);

表示声明了一个函数指针类型 Fun，则 Fun 可运用如下：

int m(int ,int);

Fun fun=m;

如下面例子是运用函数指针数组来完成多个函数的功能。代码如下：

```
//========================================
//0306.cpp
//函数指针
//========================================
#include<iostream>
using namespace std;

typedef void (*Menu)();
void fun1(){cout<<"Fun1!"<<endl;}
void fun2(){cout<<"Fun2!"<<endl;}
void fun3(){cout<<"Fun3!"<<endl;}

void main()
{
  Menu fun[]={fun1,fun2,fun3};
  for(int i=1;i;)
  {
    cout <<"1------display Fun1"<<endl
         <<"2------display Fun2"<<endl
         <<"3------display Fun3"<<endl
         <<"0------exit"<<endl
         <<"Enter i:";
```

```
    cin>>i;
    switch(i)
    {
      case 1:fun[0]();break;
      case 2:fun[1]();break;
      case 3:fun[2]();break;
      case 0:return 0;
      default:cout<<"wrong data"<<endl;
    }
  }
}
程序输出:
1-------display Fun1
2-------display Fun2
3-------display Fun3
Enter i:1
Fun1!
1-------display Fun1
2-------display Fun2
3-------display Fun3
```

程序中首先定义了一个函数指针类型 Menu,Menu 就是函数指针的类型名,可以依次创建函数指针。在程序中,利用 Menu 创建了一个函数指针数组 fun,并予以初始化。初始化的值每个都是同类型的函数名。在循环处理键盘输入当中,每当输入值为 1 时,显示 Fun1! 字样,输入 2 或 3 时,分别输出 Fun2! 和 Fun3! 字样。同一功能的程序,也可以用向量来实现,用向量实现后主函数的代码变为:

```
vector<Menu> fun(3);
  fun[0]=fun1,fun[1]=fun2,fun[2]=fun3;
  for(int i=1;i;)
  {
    cout <<"1-------display Fun1"<<endl
        <<"2-------display Fun2"<<endl
        <<"3-------display Fun3"<<endl
        <<"0-------exit"<<endl
        <<"Enter i:";
    cin>>i;
    if(i>0&&i<4) fun[i-1]();
    else if(i==0) return 0;
```

```
    else cout<<"wrong data"<<endl;
}
```

运行结果跟上述程序一样。注意：要加 vector 头文件。

函数指针使得 C++可以沟通其他语言编写的程序，通过函数指针挂接，方便地将其他语言写就的函数和过程引入到 C++中来。函数指针的使用使程序表现出更多的灵活性，一个函数的指针参数取不同值，就可以让该函数表现出不同的行为。但函数指针使用起来比较繁琐，对一般程序员不推荐使用。

3.4 引用

引用是别名(alias)，当建立引用时，程序用另一个变量或对象的名字初始化它。之后，别名便与关联其实体的变量或对象享受访问的同等待遇。引用定义的形式如下：

```
int a=6;
int &b=a;
```

引用定义时必须初始化，这是它与指针不同的地方。给引用初始化的总是一个内存实体。初始化的内存实体不是通过一个地址表示，而是通过一个代表该实体的名称表示的，可以是变量也可以是常量。显然，引用的类型与实体的类型应该是严格一致的，否则会出现编译出错。

使用引用，就相当于一个实体又多了一个关联的名字，实体的值因而便由关联的名字(变量或者对象)代替。因此，修改引用值，就是修改实体值，也就是修改对应的变量值，而引用的地址操作也就代表实体地址操作。例如：

```
//========================================
//0307.cpp
//引用实例
//========================================
#include<iostream>
using namespace std;

int main()
{
    int a=5;
    int &b=a;
    cout<<"&a:"<<&a<<" a:"<<a<<endl;
    cout<<"&b:"<<&b<<" b:"<<a<<endl;
    int c=7;
    b=c;
```

```
    cout<<"&b:"<<&b<<" b:"<<b<<endl;
}
程序输出：
&a:0012FF7c a:5
&b:0012FF7c b:5
&b:0012FF7c b:7
```

程序中，b 关联了 a，执行 b=c 后，其值发生变化，但其地址不变。

引用与指针的差别：指针可以操纵两个实体——一个指针值和一个指向的值，因此可以改变关联的实体，即指向的实体，而引用只可以操纵一个实体。

一旦建立了引用，就确定了它与一个实体的联系，这种联系是不会打破的，直到引用自身的灭亡。引用是一个隐性指针，即引用值是引自所指向的实体，如图 3-2 所示。

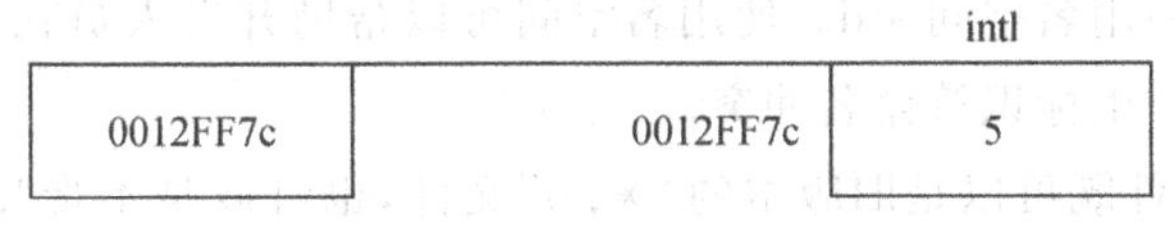

图 3-2　引用实质

引用与实体的联系，看似直接访问，实为指针的间接访问。在编译过程中，程序将这个特殊的指针 b 转换成 *b 操作，因而，引用不能操作自身的地址值，每次访问 b，实际上是在访问指针 b 所指向的实体。

与指针相比，引用隐去了地址操作，封锁了这种地址的可修改性，使得访问操作相对安全。

3.5　名空间

任何一种程序设计方法，最重要的问题是程序的合理组织，这样才能提高程序的效率以及可读性。基于过程的程序设计也必然涉及程序的组织。对于不在同一台计算机上的多个程序员，他们为同一个工程而忙碌的时候，名称冲突、共享名称使用就变成了需要解决的问题。

3.5.1　名空间的定义

名空间是 C++为解决变量、函数名和类名等标识符的命名冲突服务的，它的基本方法是将变量等标识符定义在一个不同名的名空间中。名空间的定义由 C++关键字 namespace 引导，定义格式如下：

```
namespace  名空间标识符名
{
    成员的声明;
}
```

其中，名空间标识符名在所定义的域中必须是唯一的，名空间内的成员既包括变量，也包括函数。

3.5.2　名空间成员的访问

在使用名空间的成员时需用名空间名进行标识，从而有效解决了标识符冲突。名空间成员的访问方式如下：

名空间标识符名::成员名

3.5.3　名空间的应用

可以指定名空间是 C++的新特性，在使用 STL 类库的组件时，常出现以下语句：

using namespace std;

该语句的含义是使用名空间 std。使用名空间可以帮助开发人员在开发新的软件组件时不与已有的软件组件产生标识符命名冲突。

在 C++中，头文件既可以是旧版本的"＊.h"文件，也可以是不带".h"扩展名的头文件。编译预处理指令可以采用任何一种形式的头文件方式，但两种头文件不能混合使用。在应用名空间时，使用编译预处理指令包含相关文件时，应省略头文件的后缀，如头文件 iostream.h 的文件包含指令应采用以下形式：

#include<iostream>

下面请看名空间的应用实例。

```
//=====================================
//0308.cpp
//名空间的应用
//=====================================
#include<iostream>
#include<string>
using namespace std;
namespace A
{
  string user_name="namespace A";
  int fun()
  {
    int n=18;
    return n;
  }
  void Display()
  {
    cout<<"In namespace A"<<endl;
```

```
    }
}
namespace B
{ string user_name="namespace B";
  int fun()
  {
    int n=28;
    return n;
  }
  void Display()
  {
    cout<<"In namespace B"<<endl;
  }
}
void main()
{
  cout<<A::user_name<<endl;
  cout<<"n="<<A::fun()<<endl;
  A::Display();
  cout<<endl;
  cout<<B::user_name<<endl;
  B::Disply();
}
```

程序输出：

```
namespace A
n=18
In namespace A
Namespace B
n=28
In namespace B
```

3.6　预编译

预编译也称为预处理。预编译是C++编译的最初部分，其工作是在编译之前对程序内容进行最后的取舍处理，使得一些语句参加编译，而另一些语句不参加编译。

常用的预编译指令为：

- 包含指令#include

- 条件指令＃if、＃elif、＃else、＃endif、＃ifdef、＃ifndef
- 定义指令＃define、＃undef

3.6.1 ＃include 指令

＃include 指令指示预编译将包含的头文件的内容附加在程序文件中，以参加编译。

如果头文件是 C＋＋系统提供的，则用尖括号把头文件括起来，如果是自定义的头文件，则用双引号把头文件括起来。两者的差别主要在编译器的路径搜索的顺序上。C＋＋集成开发环境在安装时，已经把 C＋＋系统资源的默认路径设置好了。其中系统的默认路径主要有头文件路径(include path)、库文件路径(lib path)、调试文件路径(debug path)。头文件路径存放 C＋＋所有的系统文件，对于用了尖括号的头文件，预编译直接就到这个默认的路径上去搜索其头文件。

C＋＋集成开发环境还接受用户对源程序文件存放路径(source path)的设置，用户自定义头文件一般也都放在源程序文件路径中，对于 include 指令中打了双引号的头文件，编译器直接到源程序文件路径中搜索。如果搜索不到，编译器只好到系统头文件路径上再次搜索。因此，在 include 指令中用尖括号和双引号区别对待头文件，有助于程序的理解，也可以提高预编译的速度。

include 预编译指令可以嵌套，即在一个头文件中可以用 include 包含另一个头文件。

嵌套头文件，简化了设计，但同时也产生了一个问题，即在编译一个程序文件时，重复包含同一个头文件，例如，头文件 a.h 中：

```
#include<iostream>
#include"a1.h"
#include"a2.h"
      ⋮
```

而在，头文件 a1.h 中：

```
#include<iostream>
#include"c.h"
      ⋮
```

在某个程序文件包含 a.h 的时候，该程序文件就两次使用 include<iostream>。如果头文件中都是声明语句，则不会出现编译错误。然而，有些内容可以在多个程序文件中重复，在同一个程序文件中却只能声明一次，如全局变量、inline 函数，以及后面大量使用的类定义、enum 定义等。这些内容在可以嵌套的前提下可能会引起重复定义的编译错误。若要避免这种错误，需要使用条件编译指令。

3.6.2 条件编译指令

条件编译的作用是取舍程序语句和协调多个头文件。

例如以下语句：

```
#ifdef _USE_OLD_RW_STL
  #include<oldstl\fstream>
#else
  #include<stlport\fstream>
#endif
```

语句的含义是为了兼容旧版 C++头文件。如果 C++的编译设置开关并不强调标准 C++，则在编译开始时预编译名称_USE_OLD_RW_STL 就已经声明，于是预编译到此处时，“ifdef”(如果定义了)的编译条件为真，则执行“#include<oldstl\fstream>”编译指令，否则就执行“#include<stlport\fstream>”编译指令。

条件编译指令以#if 开始，以#endif 结束，以#elif 作为“否则如果”的递进条件，以#ifdef 和#ifndef 作为编译条件的另外两种形式。

3.6.3 头文件卫士

条件编译指令的一种最常见的用法是头文件卫士。头文件卫士的目的是保护嵌套的包含指令中的内部链接属性的名称不被重复定义。例如：

```
#ifndef DATE
#define DATE
struct Date
{
  in year,month,day;
};
#endif
```

头文件 date.h 意指如果没有定义 DATE，那就马上定义，并且定义类型 Date。马上定义 DATE 的作用是在下一次该文件若被重复 include，编译又遇到执行此指令的时候，因为曾经定义了 DATE 的名字，所以使#ifndef 编译条件不满足而直接跳过该条件指令，该条件指令一直到#endif。这样避免了类型 Date 在一个程序文件中重复定义两次。所以这样的编译指令组合称为“头文件卫士”。此处定义的预编译名称虽然可以任意，但为了意义上的相近，一般取为与下面的一段语句(如类定义)有关的名称，但又不能与类名 Date 同名。预编译名只在编译器存在，在程序测试和运行中是不存在的，为了区别编程过程中取的名称，一般将其定义为大写。

头文件卫士是 C++为了解决语言上的单一规则问题而采用的方法。在 C++中，名称有内部链接和外部链接之分。对于外部链接，如函数定义，因为它可以在其他文件中使用，所以不允许在程序中重复定义，因此不能放在头文件中。对于内部链接，如类型定义、枚举定义、全局变量定义、inline 函数定义和模板定义等，因为它们只能在自己的程序文件中使用，故可以跨文件重复定义，但它们在同一个文件中也是不允许重复定义的。

3.6.4 #define 指令

#define 指令称为宏定义指令。

一般的 define 命令用来定义一个在程序中多次使用的变量，为其赋予确定值(数字、字符、字符串等)，或定义一个函数实体，为其赋予一个函数名。定义格式如下：

#define 变量名 确定值

#define 函数名 函数实体

如定义重力 g 的取值为 9.8 的语句为：

#define g 9.8

定义把比较 a 与 b 的大小的函数赋给函数 Max(a,b)，定义语句如下：

#define Max(a,b) ((a)>(b)?(a):(b))

以下程序是实现宏定义的案例，代码如下：

```
//==========================================
//0309.cpp
//#define 指令实例
//==========================================
#include<iostream>
#define g 9.8;
#define Max(a,b) ((a)>(b)?(a):(b))
using namespace std;

int main()
{
  int a1=45,a2=54;
  int b1=a1*g;
  int b2=a2*g;
  cout<<"a1 所受重力为:"<<b1<<"N"<<endl;
  cout<<"a2 所受重力为:"<<b2<<"N"<<endl;
  if(b1==Max(b1,b2))
    cout<<"a1 的重量比较大"<<endl;
  else
    cout<<"a2 的重量比较大"<<endl;
}
```

宏定义的书写格式要求比较严格，格式中规定 Max 与括号之间不能存有空格，所有的参数必须放在括号内，否则会发生编译歧义等错误，达不到编译效果。所以在比较复杂的函数中使用宏定义时，要注意避免运用括号的错误。

3.7　this 指针

每个对象中的数据成员都分别占有存储空间，如果对同一个类，定义了 n 个对象，则有 n 组同样大小的空间存放 n 个对象中的数据成员。但是，不同的对象都调用同一个函数代码段，那么当不同对象的成员函数引用数据成员时，怎么能保证引用的是所指定的对象的数据成员呢？例如，给定一个类 Box，定义了三个同类的对象 a、b、c，如果有 a. volume()，应该是引用对象 a 中的 height、width 和 length，计算出长方体 a 的体积，如果有 b. volume()，应该是引用对象 b 中的 height、width 和 length，计算出长方体 b 的体积。而现在都用同一个函数段，系统怎样使它分别引用 a 或 b 中的数据成员呢？其中，volume 为类 Box 中的成员函数，height、width 和 length 为类 Box 中的成员变量。

每一个成员函数中都包含一个特殊的指针，这个指针的名字是固定的，称为 this。this 指针是指向本类对象的指针，它的值是当前调用成员函数的对象之起始地址。例如，当调用函数 a. volume()时，编译系统就把对象 a 的起始地址赋给 this 指针，于是在成员函数引用数据成员时，就按照 this 指向找到对象 a 的数据成员。例如 volume 函数要计算 height * width * length 的值，实际上是执行：

(this->height) * (this->width) * (this->length)

由于当前 this 指针指向 a，因此相当于执行：

a. height * a. width * a. length

这样就计算出长方体的体积。同样如果有 b. volume()，则编译系统就把对象 b 的起始地址赋给成员函数 volume 的 this 指针，此时的(this->height) * (this->width) * (this->length)就相当于 b. height * b. width * b. length，显然计算出来的是 b 长方体的体积。

this 指针是隐式使用的，作为参数被传递给成员函数。成员函数 volume 的定义如下：

```
int Box::volume()
{
  return(height * width * length);
}
```

而 C++编译系统把它处理为：

```
int Box::volume(Box  * this)
{
  return (this->height * this->width * this->length);
}
```

即在成员函数的形参列表中增加一个 this 指针。在调用该成员函数时，实际上是用以下方式调用的：

a. volume(&a);

将对象 a 的地址传给形参 this 指针,然后按 this 的指向去引用其他成员。

以上所述都是编译系统自动完成的,程序员不需要人为地在形参中增加 this 指针,也不必将对象 a 的地址传给 this 指针。当然,在需要的时候也可以显式地使用 this 指针。例如对 Box 类中的 volume 函数,下面两种表示方法都是合法的,也是等价的。

```
return(height * width * length);                          //隐含使用 this 指针
return (this->height * this->width * this->length);       //显式使用 this 指针
```

可以用 * this 表示调用成员函数的对象,* this 就是 this 所指向的对象,即当前的对象。例如在函数 a. volume()的函数体中,如果出现 * this,它就是本对象 a。上面的 return 语句也可以写为:

```
return ((* this). height * (* this). width * (* this). length);
```

注意:this 两边的括号不能去掉,因为成员运算符"."的优先级高于指针运算符"*"。

在 C++中,调用对象 a 的成员函数 fun,实际上是在调用成员函数 fun 时使 this 指针指向对象 a,从而访问 a 的成员。

本章小结

C++程序的编译过程分为编译预处理和正式编译,预处理指令可以出现在程序中任何需要的地方,每条预处理指令占一行,而且不以分号";"作为结束符。使用预处理指令可以改善程序的设计环境。文件包含指令和条件编译指令是常用的编译预处理指令。

指针是 C++不可缺少的重要组成内容,也是 C++的难点之一。指针提供了一种较为直观的地址操作方法。指针变量存放的是另一个变量的地址,利用指针可以直接对内存中的各种不同数据结构的数据进行快速有效的处理。

向量可以说是长度可变的数组。

名空间是 C++为解决变量、函数名和类名等标识符的命名冲突服务的。

习 题

1. 整数分 long int、int、char、bool,浮点数分 float、double、long double,试分别输出各类型的字节长度和位长,输出形式如:

long int:4 byte 32 bit

2. 定义一个数组,数据为:6,3,7,1,4,8,2,9,11,5。请创建一个向量,把数组的初值赋给它,然后对该向量求标准差(均方差)。

3. 编制程序,将输入的一行字符以加密的形式输出,然后将其解密,将解密的字符序列与输入的正文进行比较,吻合时输出解密的正文,否则输出"解密失败"。

参考文献

[1]钱能. C++程序设计教程(第二版). 北京:清华大学出版社,2006

[2]谭浩强. C++程序设计. 北京:清华大学出版社,2004

[3]王育坚. Visual C++面向对象编程教程(第二版). 北京:清华大学出版社,2007

[4]陈天华. 面向对象程序设计与 Visual C++6.0 教程. 北京:清华大学出版社,2006

第 4 章 类

随着人类对计算机的要求越来越高，人们希望计算机尽可能按照人类认识事物的方法和习惯思维方式对问题进行分析和解决。面向对象编程技术的出现正好符合了人类的这种需求。

类是实现C++面向对象编程技术的基础。C++提供了一种自定义类的机制，让程序员自己设计类型，以映射问题中的概念。设计数据类型也是编程工作的一部分。C++提供了一种可以重用程序代码的机制，让程序员编制的代码可以相互利用。这种利用是概念级的，就像生活中，我想要一个汽车类代码，他想要一个司机类代码等，解决自己的问题。

学习重点：

- 掌握类与对象的概念；
- 掌握静态数据成员与静态成员函数；
- 理解友员的含义并熟悉运用；
- 熟悉运算符重载的方法；
- 掌握类的设计。

4.1 类的定义

4.1.1 结构体与类

在程序中，涉及大量由相关联的数据元素组成的复合数据，最初这些复合数据是由结构体 struct 来描述和堆积起来的，如学生的信息是由学号、姓名、性别、班级四个不同类型的数据表示的，用结构体可以表示为：

```
struct Student
{
   long id;
   char name[20];
   char sex[10];
   char classname[30];
};
```

又如，实数平面上的数是由横坐标 x 与纵坐标 y 两个浮点型数据决定的：

```
struct Point
{
  double x;
  double y;
};
```

由此看出，上述的 struct 结构只表示一个数据类型的内部数据成员以及表示范围，并没有涉及相关数据的操作，例如以下 Point 结构体中没有涉及如何求得该点到零点的距离的操作。

```
//==========================================
//0401.cpp
//Point结构体应用程序
//==========================================
#include<iostream>
#include<cmath>
using namespace std;
struct Point
{
  double x;
  double y;
};
double Distance(Point s)
{
  double d;
  d=sqrt(s.x*s.x+s.y*s.y);
  return d;
}
void main()
{
  Point p;
  p.x=3;
  p.y=4;
  cout<<"横坐标是:"<<p.x<<endl<<"纵坐标是:"<<p.y<<endl;
  cout<<"到零点距离是:"<<Distance(p)<<endl;
}
```

程序输出：

横坐标是:3

纵坐标是:4

到零点距离:5

由上述例子可以看出，用 struct 定义的类型没有相关操作，例如计算点到零点的距离，要在应用程序中单独编写计算代码，所以创建这样的“数据类型”后，增加了编程的负担，所有相关的操作工作都必须由程序员来承担。而且，一个程序员做的工作，另一个程序员很难接手，很难在前一个程序员的基础上进一步工作，也就导致别的程序员会因为一点点的应用不同而做重复的工作。例如，一个程序员在一个程序中求点到零点的距离，他必须建立点型结构、初始化等，另一个程序员在工作中要对坐标点进行移动，他也要建立点型结构、初始化等。两个程序员有许多操作是相同的，但由于操作的细微差别，导致两个程序员无法共用彼此的代码。

如何才能将 Point 型做得全面些呢？将 Point 型做成完全的数据类型，也就是不但要描述点的数据表示，还要描述点的不同操作，以使得各个程序员都可以拿它作公共的点类型资源而为自己的编程所用。

类是实现 C++面向对象编程技术的基础。C++提供了一种类机制，让程序员可以定义真正意义上的数据类型。也就是说，类机制不但可以定义数据的组合，还可以定义组合数据的操作，这些工作可以从使用该数据类型的程序员的工作中分离出来，让定义类型的程序员去完成。这样，就把工作分为工作目标与工作内容完全不同的两个部分。工作内容越复杂，就越可以分工，越可以让两个程序员群体单独完成，这与不同的工厂生产或外加工不同的零件，最后组合成完整的产品的工作原理是一样的。

另外，类机制还有封装、继承、多态等特性。封装，即数据隐藏，通过它可以对外部屏蔽内部属性和内部实现的细节。继承，即在原有的基础上加以扩展得到新的类，完成新的功能，并且保持原有类的属性与方法。多态，即指当不同的对象收到相同的消息时，产生不同的动作。正如电视机，使用者并不需要知道其内部结构及实现方法，只需知道如何使用电视机，此为封装；又如现有的彩色电视机是在原来的黑白电视机的结构和实现方法基础上添加新功能而实现的，此为继承。同样地，当电视机收到开机的消息时，彩色电视机显示彩色画面，黑白电视机显示黑白画面，此为多态。那么，该如何定义一个类呢？

4.1.2 定义类

类是一种类型 type，是一种复杂的数据类型，是将不同类型的数据及与之相关的操作封装在一起的集合体。在 C++中，类分别用一组数据成员和成员函数来实现，由此形成的类是一个新的类型，用它可以说明实例，从而形成类的对象。

类的定义格式一般分为说明部分和实现部分。说明部分用来说明该类中的成员，包括数据成员的说明和成员函数的说明。成员函数(即“操作”)是用来操作数据成员的，实现部分用来对成员函数进行定义。总的来讲，说明部分告诉使用者“能做什么”，实现部分告诉使用者“怎么做”。因此，在使用类的时候，只需知道其说明部分，并不需要知道其实现部分。

定义类的一般格式：

```
class  类名
{
  public:                              //公有的数据成员以及成员函数
```

```
      ⋮
   protect:                       //保护的数据成员以及成员函数
      ⋮
   private:                       //私有的数据成员以及成员函数
      ⋮
};
      ⋮                           //各个成员函数的实现
```

下面考虑学生这一概念。它具有学号、姓名、性别、班级一组数据，以及相关的一组操作：设置、显示学生信息等。下面用C++语言来设计 Student 类以表示学生这一概念：

```
class Student
{
   private:
      long id;
      string name;
      string sex;
      string classname;
   public:
      void set(long x, string y, string z, string k);
      long getid( );
      void print( );
};
```

class 是说明类的关键字，Student 是类名，类说明体中的 id、name、sex 和 classname 表示该类的数据成员，set()、getid()、print()等函数表示类的成员函数。

类定义体中含有组合数据与成员函数声明，给人以编程的类型参考，根据成员函数的声明，该类能实现的功能便一目了然。对于应用编程来说，甚至可以不看类的实现。所以类定义体是一种反映类型功能的设计方案，它既是应用编程的参考，也是类编程的依据。

4.1.3 定义对象

类是一系列具有相同性质和功能的对象的集合，是一般性的描述。对象是类的实例，是类的一个特定的个体。好比你、我、他都是“人”这个类的实例。只有定义了对象，也就是将类实例化，才能在内存中分配空间。面向对象的程序设计技术就是面向客观世界，以对象为基本元素来分析、设计和实现程序系统，对象则为这个系统的核心。

对象定义的一般格式为：

类名　对象名；

一个已定义的类可以创建任意个对象，每个对象之间用逗号隔开。对象的定义也可以在定义类的同时进行。比如上述 Student 类定义对象如下：

```
Student s1;                    //定义对象 s1
Student s2, s3;                //定义多个对象 s2、s3
```

像结构体一样，对象也可以作为函数参数，以值或引用的方式传递，还可以作为函数的返回值，以及通过赋值语句赋值。另外，对于同一个类创建的多个对象，每一个对象虽然具有相同的数据成员，但每个对象都分配独立的存储空间，所以对象与对象之间的数据成员是无关的。

4.2 类的成员函数

成员函数是从属于类的，不能独立存在，故成员函数与其他普通函数不同，定义时要在前面冠以类名。但是如果成员函数的定义放在类定义中，则不需要冠以类名。

成员函数实现的一般格式为：

```
返回类型  类名::成员函数名(形参表列)
{
   函数体;
}
```

其中，"::"是C++中新引入的运算符，称为"作用域运算符"，"类名::"用来标识某个成员函数是属于哪个类的。如果省略"类名::"，定义的函数就成了一般的自由函数。由于不同的类可有相同的成员函数名，因此在定义成员函数时，必须指出类名。例如，Student 类的定义如下：

```
//========================================
//0402.cpp
//Student 应用程序
//========================================
#include <iostream>
#include <string>
using namespace std;
class Student
{
  private:
    long id;
    string name;
    string sex;
    string classname;
  public:
    void set(long x,string y,string z,string k);
    long getid();
```

```
    void print();
};
void Student::set(long x,string y,string z,string k)
{
    id=x;
    name=y;
    sex=z;
    classname=k;
}
long Student::getid()
{
    return id;
}
void Student::print()
{
    cout<<"学号:"<<id<<endl;
    cout<<"姓名:"<<name<<endl;
    cout<<"性别:"<<sex<<endl;
    cout<<"班级:"<<classname<<endl;
}
void main()
{
    Student s; long x=0;
    s.set(1001,"小王","男","三年二班");
    x=s.getid();
    cout<<"输出学号为"<<x<<"的信息:"<<endl;
    s.print();
}
```

程序输出:
输出学号为 1001 的信息:
学号:1001
姓名:小王
性别:男
班级:三年二班

类的设计是有相当的灵活性的,成员函数既可以写入类定义体,也可以写在类定义体外,全部由程序员来决定。一般来说,短小、不超过三行的成员函数的定义放在类定义中是合适的。它不会干扰类定义体的复杂性,也会尽可能多地默认采用函数内联技术。事实上,可以在类外部实现的成员函数中对编译提出内联要求。例如,Student 类的定义和实现也可以这样:

```
//==========================================
//0403.cpp
//采用内联技术的 Student 类定义和实现
//==========================================
#include <iostream>
#include <string>
using namespace std;
class Student
{
  private:
    long id;
    string name;
    string sex;
    string classname;
  public:
    void set(long x, string y, string z, string k);
    long getid();
    void print();
};
inline void Student::set(long x,string y,string z,string k)
{
  id=x;
  name=y;
  sex=z;
  classname=k;
}
long Student::getid()
{
  return id;
}
void Student::print()
{
  cout<<"学号:"<<id<<endl;
  cout<<"姓名:"<<name<<endl;
  cout<<"性别:"<<sex<<endl;
  cout<<"班级:"<<classname<<endl;
}
```

再者，把成员函数写入类定义中，就使得类定义体过于庞大，而作为类的实现者也一定程度地失去了工作意义，似乎类(设计)定义工作已经包含类的实现了。而且，编译是否真的将成员函数安排为内联，还要看函数是否足够简单，是否包含不适于内联运行的循环结构。对于不符合内联条件的成员函数，调用开销还是不能节约的。在类定义体设计时，应尽量将成员函数的定义写到类定义外。

类中成员函数如果对当前对象属性不做改变，则该成员函数可以设计为常(const)成员函数，这样可以让读者一目了然地知道该成员函数不会改变对象值。同时，也让类的实现者更方便地调试。因为在常成员函数中，任何改变当前对象值的操作，都将被编辑器认定为错误。设计为常成员函数，与其说是为了方便程序员调试程序，不如说是方便程序员控制软件质量，尽量不让类产品有意外的误访问。

常成员函数的声明与定义在形式上必须一致，即在函数形参列表的右括号后面加 const。正如 0402.cpp 中函数 getid()可以定义为：

```
long Student::getid() const
{
  return id;
}
```

4.3　静态成员

静态成员有两种：静态数据成员、静态成员函数。

4.3.1　静态数据成员

类的每个对象都拥有自己的数据成员的副本。但在有些情况下，所有对象需共享一个数据成员的副本。这样的数据成员称为静态数据成员。类的静态数据成员只有一个副本，它不属于某个对象，而是属于类的。类的所有对象共享一份静态数据成员。

静态数据成员被定义后，必须对其进行初始化。初始化在类外进行，一般放在类的实现部分为宜，也可以放在其他位置。静态数据成员初始化的一般格式如下：

数据类型　类名::静态数据成员名＝值;

在声明静态成员变量时，以关键字 static 开始。如下面存放班费的例子：

```
//==========================================
//0404.cpp
//关于静态数据成员的实例
//==========================================
#include <iostream>
#include <string>
```

```
using namespace std;
class person
{
  string name;
  int age;
  static int count;                                //静态成员,存放班费
  public:
    void setData(string s,int n){ name=s;age=n;}
    void getData(int n){count=count+n;}
    void spend(int n){count=count-n;}
    void display(){cout<<count<<endl;}
};
int person::count=0;
void main()
{
  person demo1,demo2;
  demo1.setData("Robert",21);
  demo2.setData("Mary",18);
  demo1.getData(1800);
  demo2.display();                               //输出 1800
  demo2.spend(800);
  demo1.display();                               //输出 1000
}
程序输出:
1800
1000
```

由上述实例可以看出,静态数据成员的赋值是在类体外,且一个对象对静态数据成员的值的更改都会使其他所有对象的该静态数据成员的值被更改。

静态成员具有脱离对象而存在的性质。由于这种性质,所以该实体应在所有对象产生之前存在,因此,适当的时机是在程序启动的时候对其初始化。

4.3.2 静态成员函数

静态成员函数也是成员函数,但它是只访问静态数据成员的成员函数。虽然在类的普通成员函数中也能操作静态数据成员,但这些成员函数的调用依赖于对象,而静态数据成员比对象更早诞生(类外全局初始化)。静态成员函数不依赖于对象而存在,可以在对象产生之前操作静态数据成员。

静态成员函数和静态数据成员都属于静态成员。对静态成员函数的说明和定义也与静态数据成员一样，在成员函数名前的类型说明符前加关键字 static，函数实现可在类体内，也可在类体外，与一般成员函数相同。

在静态成员函数的实现中，可以直接访问静态成员，但不能直接访问非静态成员，如果要访问非静态成员，可通过对象来访问。例如 0404.cpp 类中 display 成员函数可以定义为静态成员函数：

```
static void display(person s)
{cout<<s.name<<"现班会费剩余:"<<count<<endl;}
```

公有类型的静态成员函数在类外的调用格式有两种：

格式一：

类名::静态成员函数(实参表)

格式二：

对象.静态成员函数(实参表)

若采用格式二调用，则对象会自动转换为所对应的类，然后还按格式一调用。

4.4　友员

类具有数据隐藏的特点，即类的私有成员只能在类的定义范围内调用，也就是私有成员只能通过它的成员函数来访问。但是，有时需要在类的外部访问类的私有成员。为此，需要找一种途径来解决这个问题，在不影响私有成员数据安全的情况下，使得类外部的函数或类能够访问类中的私有成员，在C++中就用友员作为实现这个要求的辅助手段。C++中的友员为数据隐藏这堵不透风的墙打开一个缺口，外界可以通过这个缺口来“窥视”类内部的秘密，友员是一扇通往私有成员的“后门”。

友员既可以是不属于类的一般函数，也可以是另一个类的成员函数，还可以是整个一个类。

4.4.1　友员函数

友员函数不是当前类的成员函数，而是独立于当前类的外部函数，但它可以访问该类的所有对象的成员，包括私有成员和公有成员。

友员函数可在类的任何地方像定义其他函数一样定义，在其前面加上关键字 friend 即可。友员函数虽然在类内定义，但它不是类的成员函数，是类的“朋友”，因而能够访问类的全部成员。例如：

```
//=========================================
//0405.cpp
//关于友员函数的实例
//=========================================
```

```
#include <iostream>
#include <string>
using namespace std;
class person
{
  friend void display(person *);          //声明友员函数
  string name;
  int age;
  public:
    person(string str,int i)
    {
      name=str;
      age=i;
    }
};
void display(person * a)                  //定义友员函数
{
  cout<<a->name<<a->age<<endl;
}
void main()
{
  person demo("Frank",30);
  display(&demo);                         //调用友员函数,不要指明对象名
}
Frank30
```

在此实例当中,函数 display()被定义为类 person 的友员函数,可以无拘无束地访问类 person 中一切私有成员和公有成员。

4.4.2 友员类

如果 A 是 B 的友员类,则 A 中的所有成员函数可以像友员函数一样访问 B 类中的所有成员。定义格式如下:

```
class B
{
  friend class A;                //A 的所有成员函数均为 B 的友员函数
}
```

在此情况下,A 作为 B 的友员类,拥有访问类 B 中一切成员的权利,从而达到在类的外部

访问类中私有成员的目的。

注意：A是B的友员类，但B不一定是A的友员类，除非两者互为定义。

4.5 运算符重载

重载运算符是C++的一个特性。C++中预定义的运算符的操作对象只能是基本数据类型，实际上，对于很多用户自定义类型，也要有类似的运算操作，这就提出了对运算符进行重新定义、赋予已有符号以新功能的要求。

运算符重载的实质是函数重载。在实现过程中，首先把指定的运算表达式转化为对运算符函数的调用，运算对象转化为运算符函数的实参，然后根据实参的类型来确定需要调用的函数，这个过程是在编译过程中完成的。

运算符重载可以使C++代码更直观、更易懂。由简单运算符构成的表达式常常比函数调用更简洁、更易懂。那么，如何实现运算符重载呢？

运算符是语言系统内部定义的，具有特定的语法规则。重载运算符时，应注意该运算符原来的意义，不能创造新运算符。其实现方法有两种。

1. 以成员函数重载运算符

以成员函数重载运算符的基本语法形式如下：

```
类型　类名::operator 运算符(参数表)
{
  ⋮                                    //运算符函数体
}
```

例如：

```
//========================================
//0406.cpp
//关于运算符重载的实例
//========================================
#include <iostream>
#include <string>
using namespace std;
class STR
{
  string name;
  int i;
  public:
    STR(string s1){name=s1;i=0;}
```

```
        STR(char * p){name=p;i=0;}
        STR(){}
        ~STR(){}
        STR operator+(const STR&);
        void display() {cout<<"The string is:"<<name<<endl;}
};
static string str=" ";
STR STR::operator+(const STR& a)
{
    str=name;
    str=str+a.name;
    return STR(str);
}
void main()
{
    STR demo1("Visual C++");
    STR demo2("6.0");
    demo1.display();
    demo2.display();
    STR demo3=demo1+demo2;
    demo3.display();
    STR demo4=demo3+"Programming.";
    demo4.display();
}
```

程序输出：

```
The string is: Visual C++
The string is: 6.0
The string is: Visual C++ 6.0
The string is: Visual C++ Programming
```

以上程序中语句 String operator+(const String&)作为成员函数在类中实现，成功完成了成员函数在类中重载这一功能。并且，本程序通过成员函数重载运算符实现了“对象+对象”和“对象+字符串”的功能。

2. 以友员函数重载运算符

在C++中，运算符重载更多利用友员函数来实现。其目的：(1)C++语言是混合型的面向对象语言，友员提供了一种限制性的打破类封装的机制，增加编程的灵活性，提高函数的访问效率。(2)用成员函数运算符重载二元函数时,两个操作数必须同为本类型操作数。当两个操作数类型不同时,特别是由于左操作数不属于本类型,而不能隐含使用 this 指针时,无法实现重载,友员运算符重载为解决这个问题提供了方法。

友员运算符重载语法形式如下:

声明:friend 返回值类型 operator 运算符(参数表);

定义:返回值类型 operator 运算符(参数表)

```
{
  ⋮                                    //运算符函数体
}
```

例如:

```
//=========================================
//0407.cpp
//关于友员函数重载的实例
//=========================================
#include <iostream>
#include <string>
using namespace std;
class STR
{
  string name;
  int i;
  public:
    STR(string s1){name=s1;i=0;}
    STR(char * p){name=p;i=0;}
    STR(){}
    ~STR(){}
    friend STR operator+(const STR& s1, const STR& s2)
    {
      string str=s1.name+s2.name;
      return STR(str);
    };
    void display() {cout<<"The string is:"<<name<<endl;}
};
void main()
{
  STR demo1("Visual C++");
  STR demo2("6.0");
```

```
    demo1.display();
    demo2.display();
    STR demo3=demo1+demo2;
    demo3.display();
    STR demo4=demo3+"Programming.";
    demo4.display();
    STR demo5="Programming."
    demo5.display();
}
```

程序输出：

```
The string is: Visual C++
The string is: 6.0
The string is: Visual C++ 6.0
The string is: Visual C++6.0 Programming
The string is: Programming. Visual C++6.0 Programming.
```

以上程序中语句 friend STR operator+(const STR& s1, const STR& s2)作为友员运算符重载出现，成功完成了友员函数在类中进行运算符重载这一功能。并且，本程序通过友员函数重载运算符实现了“对象+对象”、“对象+串”、“串+对象”的功能。

4.6 类的设计

类是C++面向对象编程的基础。类的设计关系到整个程序的编写，关系到整个程序的可读性、简易性和可移植性，所以如何设计一个类是至关重要的。类的设计包括数据成员设计和成员函数设计。

4.6.1 数据成员设计

在类中，含有数据成员和成员函数，在设计类的时候，首先应考虑数据成员的设计。在一个类中，数据成员一般都设计成私有成员或保护成员，把所有对象共享的数据成员设计成静态成员。如学生有姓名、性别、班级，以及班会费等，可设计如下：

```
class Person
{
  private:
    char name[20];              //姓名
    char sex[4];                //性别
    char address[30];           //家庭地址
    static int count            //班会费
```

```
        ⋮
};
```

4.6.2 成员函数设计

成员函数即类的操作，用来实现类的功能。成员函数设计作为类设计的一部分，在类设计中扮演着不可或缺的角色，在类设计中占有重中之重的地位。考虑成员函数时还应考虑友员函数、静态成员函数、常成员函数、内联函数和函数重载等设计。

现实生活中警察查询公民个人信息时，总要涉及公民的私有信息，且查询过程中不能对公民的信息进行更改。所以在设计一个Police警察类的时候，应将其设为Person公民类的友员类，且警察类的查询功能只对公民类的私有信息进行读操作，故应将查询函数设为常成员函数。代码如下：

```
cass Police
{
  public:
    long id;
    void check() const                //查询函数
          ⋮
};
class Person
{
  private:
    int salary                        //工资收入
    long bankpassword                 //银行密码

    char name[20];                    //姓名
    char sex[10];                     //性别
    char address[30];                 //家庭地址
          ⋮
    friend class Police;
};
```

4.6.3 案例解析

设计一个时间类Date，包括年、月、日等私有成员。要求实现日期的基本运算，如一日期加减天数、两日期相差的天数等。

```
//==========================================
//0408.cpp
//==========================================
#include <iostream>
using namespace std;
int day_tab[2][12]={{31,28,31,30,31,30,31,31,30,31,30,31},
                    {31,29,31,30,31,30,31,31,30,31,30,31}};
//day_tab 二维数组存放各月天数,第一行对应非闰年,第二行对应闰年
class Date
{
  int year,month,day;
  int leap(int);
  int dton(Date &);
  Date ntod(int);
  public:
    Date() {}
    Date(int y,int m,int d)
    {
      year=y;month=m;day=d;
    }
    void setday(int d)
    {
      day=d;
    }
    void setmonth(int m)
    {
      month=m;
    }
    void setyear(int y)
    {
      year=y;
    }
    int getday()
    {
      return day;
    }
    int getmonth()
```

```
    {
      return month;
    }
    int getyear()
    {
      return year;
    }
    Date operator+(int days)
    {
      static Date date;
      int number=dton(*this)+days;
      date=ntod(number);
      return date;
    }
    Date operator-(int days)
    {
      static Date date;
      int number=dton(*this);//日期型转换为整型
      number-=days;
      date=ntod(number);        //整型转日期型
      return date;
    }
    int operator-(Date &b)
    {
      int days=dton(*this)-dton(b)-1;
      return days;
    }
    void disp()
    {
      cout<<year<<"."<<month<<"."<<day<<endl;
    }
};

int Date::leap(int year)
{
  if(year%4==0 && year%100!=0 || year%400==0)          //是闰年
    return 1;
```

```
    else          //不是闰年
        return 0;
}
int Date::dton(Date &d)
{
    int y,m,days=0;
    for(y=1;y<=d.year;y++)
        if(leap(y))
            days+=366;
        else
            days+=365;
    for(m=0;m<d.month-1;m++)
        if(leap(d.year))
            days+=day_tab[1][m];
        else
            days+=day_tab[0][m];
    days+=d.day;
    return days;
}

Date Date::ntod(int n)
{
    int y=1,m=1,d,rest=n,lp;
    while(1)
    {
        if(leap(y))
        {
            if(rest<=366)
                break;
            else
                rest-=366;
        }
        else
        {
            if(rest<=365)
                break;
            else
```

```
            rest-=365;
        }
        y++;
    }
    y--;
    lp=leap(y);
    while(1)
    {
        if(lp)
        {
            if(rest>day_tab[1][m-1])
                rest-=day_tab[1][m-1];
            else
                break;
        }
        else
        {
            if(rest>day_tab[0][m-1])
                rest-=day_tab[0][m-1];
            else
                break;
        }
        m++;
    }
    d=rest;
    return Date(y,m,d);
}
void main()
{
    Date now(2002,6,12),then(2003,2,10);
    cout<<"now:";
    now.disp();
    cout<<"then:";
    then.disp();
    cout<<"相差天数"<<(then-now)<<endl;
    Date d1=now+100,d2=now-100;
    cout<<"now+100:";
```

```
    d1.disp();
    cout<<"now-100:";
    d2.disp();
}
```

程序输出：

```
now:2002.6.12
then:2003.2.10
相差天数:242
now+100:2002.9.20
now-100:2002.3.4
```

程序解析：

在 Date 类中设计如下重载运算符函数：

- Date operator+(int days)：返回一日期加上天数得到的日期；
- Date operator-(int days)：返回一日期减去天数得到的日期；
- int operator-(Date &b)：返回两日期相差的天数。

在实现这些重载运算符函数时调用以下私有成员函数：

- leap(int)：判断指定的年份是否为闰年；
- dton(Date &)：将指定日期转换成从 0 年 0 月 0 日起的天数；
- ntod(int)：将指定的从 0 年 0 月 0 日起的天数转换成对应的日期。

本章小结

类机制是 C++与 C 语言的根本区别所在。类机制使得程序员可以随心所欲地定义自己的数据类型。有了类机制，解决问题的重点才开始放到数据类型上。人们发现用数据类型来描述问题中的共性实体才是实质性解决问题的方法，因为这样的编程思维更自然。类之所以能成为描述数据类型的有力工具，在于类能封装数据、隐藏数据，能描述公共操作，分离类的内部实现，因而程序员群体可以从专业意义上进行分工。相应地，程序组织形式也要发生一些变化。

将类定义与类的实现分开是一个创举，使得使用类的程序员可以不依赖于类的实现而编程。类定义成为了一种界面，在这种界面下，程序员成功地进行了编程分工。而且把这种分工落实在程序结构和组织上，使得应用程序员和类程序员可以互不照面而独立担责。

习　题

1. 修改以下程序，写出运行结果，并把修改后的程序中的类定义和主函数进行分离，改成多文件结构。主函数使用类的方式采取包含类定义的头文件的方法。

```
#include<iostream>
class Cat
{
  int itsAge;
  public:
  int GetAge();
  void SetAge(int age);
  void Meow();
};
int Cat::GetAge()
{
  return itsAge;
}
void Cat::SetAge(int age)
{
  itsAge=age;
}
void Cat::Meow()
{
  cout<<"Meow."<<endl;
}
void main()
{
  Cat frisky;
  frisky.SetAge(5);
  frisky.age+=5;
  frisky.Meow();
  cout<<"frisky is a cat who is "<<frisky.GetAge()<<" years old."<<endl;
  frisky.Meow();
}
```

2. 重新编写以下程序,将函数 leisure 改为友员。

```
#include<iostream>
using namespace std;
class Car
{
  int size;
  public:
```

```
        void setSize(int j){size=j;}
        int getsize(){return size;}
};
class Boat
{
    int size;
    public:
        void setSize(int j){size=j;}
        int getsize(){return size;}
};
int leisure(int time,Car&a,Boat&b)
{
    return time * a.getsize() * b.getsize();
}
int main()
{
    Car c1;
    c1.setSize(2);
    Boat b1;
    b1.setSize(3);
    cout<<leisure(5,c1,b1)<<endl;
}
```

3. 定义一个满足如下要求的 Time 类：

(1)用格式“时/分/秒”输出时间；

(2)添加成员函数达到增加 3 分钟的操作；

(3)设置时间。

参考文献

[1]成岩，周露，杨嘉伟. C++语言与应用基础. 北京：科学出版社，2002

[2]施平安，段超，郝清赋. C++程序设计教程. 北京：冶金工业出版社，2007

[3]郑莉，张瑞丰，李莉等. C++语言程序设计案例教程. 北京：清华大学出版社，2005

[4]谭浩强. C++程序设计. 北京：清华大学出版社，2004

[5]钱能. C++程序设计教程(第二版). 北京：清华大学出版社，2006

[6]杨俊清，陈巧莉. C++程序设计. 西安：西安电子科技大学出版社，2003

[7]陈维兴，陈昕. C++面向对象程序设计习题解析与上机指导. 北京：清华大学出版社，2003

[8][美]阿弗扎尔(Afzal A.)著，吴平译. 纯粹 C++编程教程. 北京：科学出版社，2005

第 5 章 对象

对象是系统中用来描述客观事物的一个实体,是构成系统的一个基本单位,由一组属性和对这些属性进行操作的一组服务构成。从一般意义上讲,现实世界中的任何事物都可以称为对象。人类认识现实世界并不是逐个地认识和描述每一个对象实体,而是通过抽象,把具有共同特征的对象归结为一类,形成一般概念。

众所周知,在计算机中不同的数据类型分配的存储空间是不同的。类是一种用户自定义的类型,可以比较简单,也可以很复杂。当声明一个类对象时编译程序需要为对象分配存储空间,进行必要的初始化。

对象可以作为函数参数传递吗?按照传递的语义,相当于定义一个形参实体,用实参给形参初始化。以一个已经存在的对象给对象创建作依据,可能会带来意想不到的复杂,因为会出现指针或引用值也参与拷贝的现象。如此,拷贝者与被拷贝者(创建的对象)会同时拥有指针指向的实体,会产生结果的不确定性。所以对象传递问题若不解决,类机制就形同虚设。

当一个对象终结时,对象自己不能随意撤销,应该先卸下自己拥有的资源,融入资源池,再生而复用,否则,内存泄漏不可避免。所以,对象的善后工作一定要处理好。

学习重点:

- 掌握构造函数的定义及其运行机制;
- 理解并掌握拷贝构造函数的定义及其运行机制;
- 掌握析构函数的定义及其运行机制;
- 熟悉对象的构造顺序。

5.1 构造函数

构造函数就是与类名同名的类成员函数。构造函数也是成员函数,但又有所不同:(1)构造函数在对象定义时由系统自动调用执行;(2)构造函数不允许有返回值,也不允许定义其返回类型。

由于构造函数能在对象定义时自动执行,所以我们可利用构造函数来为对象分配空间和初始化。

请看例子:

```
//=========================================
//0501.cpp
//=========================================
```

```
#include<iostream>
#include<sstream>
using namespace std;
class Student
{
  private:
    long id;
    char name[20];
    char sex[10];
    char classname[30];
  public:
    Student();//构造函数
    void display();
};
Student::Student()
{
  id=1001;
  strcpy(name,"小王");
  strcpy(sex,"男");
  strcpy(classname,"三年二班");
  cout<<"对象初始化成功"<<endl;
}
void Student::display()
{
  cout<<"id:"<<id<<endl;
  cout<<"name:"<<name<<endl;
  cout<<"sex:"<<sex<<endl;
  cout<<"classname:"<<classname<<endl;
}

void main()
{
  Student s1;
  s1.display();
}
```

程序输出：

对象初始化成功

```
id:1001
name:小王
sex:男
classname:三年二班
```

上面声明的类名为 Student，其构造函数名也为 Student。构造函数的主要功能是对对象进行初始化，即对数据成员赋初值，构造函数很少做赋初值以外的事情。这些数据成员通常是私有成员。同样地，在函数中，没有显式调用构造函数的语句，构造函数是定义对象时被系统自动调用的。

对于构造函数，还有以下说明：

(1)构造函数的名字必须与类名相同，否则编译程序将把构造函数当作为一般的成员函数对待。

(2)构造函数没有返回值，在声明和定义构造函数时，是不能说明其类型的，甚至定义为 void 型也不可以。

(3)在实际应用中通常需要给每个类定义构造函数。若没有，则系统会自动生成一个缺省的构造函数。例如编译系统会给 Student 生成一个默认构造函数：

```
Student::Student()
{
}
```

这个缺省函数不带任何参数，它只是为对象开辟一个存储空间，而不能给对象中的数据成员赋初值，此时的初始值为随机数，会影响程序运行的结果，因此对程序赋初值是很重要的。

(4)构造函数也可以带参数。例如：

```
class Student
{
  long id;
  char name[20];
  char sex[10];
  char classname[30];
  public:
  Student(int x,char *y,char *z,char *k)
  {
    id=x; strcpy(name,y); strcpy(sex,z); strcpy(classname,k);
  }
};
```

5.1.1　缺省参数的构造函数

对于带参数的构造函数，在定义对象时必须给构造函数传递参数，否则构造函数将不被执行。但在实际应用中，有些构造函数的参数值通常是不变的，只有在特殊情况下才需要改变它们，这时可以将它定义成带缺省参数的构造函数，例如：

```
#include<iostream>
#include<sstream>
using namespace std;
class Student
{
  private:
    long id;
    char name[20];
    char sex[10];
    char classname[30];
  public:
    Student(int x=0, char *y="null", char *z="null", char *k="null");
    void display();
};
Student::Student(int x, char *y, char *z, char *k)
{
  id=x;
  strcpy(name,y);
  strcpy(sex,z);
  strcpy(classname,k);
}
void Student::display()
{
  cout<<"id:"<<id<<endl;
  cout<<"name:"<<name<<endl;
  cout<<"sex:"<<sex<<endl;
  cout<<"classname:"<<classname<<endl<<endl;
}
```

在类 Student 中，构造函数 Student()中四个参数均含有缺省参数值，分别为 0、null、null、null。因此，在定义对象时可根据需要使用其缺省值。

下面我们用 main()函数来使用它：

```
void main()
{
  Student s1;                        //不传递参数，全部采用缺省值
  Student s2(1001);                  //只传递一个参数
```

```
    Student s3(1001,"小王");                          //传递两个参数
    Student s4(1001,"小王","男","三年二班");          //传递四个参数
    s1.display();
    s2.display();
    s3.display();
    s4.display();
}
```

在上面定义了四个对象是 s1、s2、s3、s4，它们都是合法的对象。由于传递参数的个数不同，使它们的私有数据成员 id、name、sex 和 classname 取得不同的值。在定义对象 s1 时，由于没有传递参数，所以均取构造函数的缺省值为其赋值，因此，id、name、sex 和 classname 分别为 0、null、null、null。在定义 s2 时，传递了一个参数，这个参数传递给构造函数的是第一个参量，而第二、第三、第四个取缺省值，所以对象 s2 的 id 取 1001，name、sex 和 classname 均为 null。对于对象 s3、s4，依此类推。

5.1.2　构造函数的重载

构造函数可以像普通函数一样重载，C＋＋根据说明中的参数个数和类型选择合适的构造函数。若类具有一个或多个构造函数，创建类的对象时，C＋＋会根据参数选择调用其中一个。构造函数可以使用缺省函数，但在使用缺省函数时要谨防二义性。

如果类里已经定义了构造函数，则 C＋＋不会提供缺省的构造函数。但是在某些情况下，需要一个空的构造函数，这时，可以给程序添加一个空的构造函数。这样，在定义对象时，C＋＋会根据重载函数的原则去调用相应的构造函数来构造对象。例如把上节的默认参数构造函数改成重载构造函数：

```
Student();
Student(int x,char *y,char *z,char *k);
```

主函数为：

```
void main()
{
    Student s1;                                   //调用无参构造函数
    Student s2(1001,"小王","男","三年二班");      //调用有参构造函数
    s1.display();
    s2.display();
}
```

在上例中定义了两个构造函数，其中一个是带参的构造函数，另一个是无参的构造函数。在 main 函数里，定义对象 s1 时，不传递参数，C＋＋根据重载函数的匹配原则会自动调用无参构造函数来构造 s1；定义对象 s2 时传递了实参 1001、"小王"、"男"、"三年二班"，C＋＋根据重载函数的匹配原则自动调用带参构造函数来构造 s2。

5.2 拷贝构造函数

当一个对象要拷贝给另一个对象时，需要调用的构造函数，就叫作拷贝构造函数。其功能是用一个已知的对象来初始化一个被创建的同类对象。拷贝构造函数实际上也是构造函数，具有一般构造函数的所有特性，其名字也与所属类名相同。拷贝构造函数中只有一个参数，是对某个同类对象的引用。

5.2.1 默认拷贝构造函数

在类定义时，如果未提供自己的拷贝构造函数，则 C++提供一个默认拷贝构造函数。对象拷贝时，系统自动调用拷贝构造函数或默认拷贝构造函数。默认拷贝构造函数功能是实现逐个成员的拷贝。

如果对象实体是单纯的对象本体，那么对象的拷贝构造与变量的拷贝创建并无两样，但是，对象实体若不只是对象本体时，对象的拷贝函数便有了差异。例如：

```
//========================================
//0502.cpp
//默认拷贝构造函数程序的实例
//========================================
#include<iostream>
#include<sstream>
using namespace std;
class Student
{
  private:
    long id;
    char * name;
    char * sex;
    char * classname;
  public:
    Student(int x,char * y,char * z,char * k);
    void display();
    ~Student();              //析构函数，用于释放创建对象时申请的内存空间
};
Student::Student(int x,char * y,char * z,char * k)
{
```

```
    id=x;
    name=new char[strlen(y)+1];
    strcpy(name,y);
    sex=new char[strlen(z)+1];                        //申请新的内存空间
    strcpy(sex,z);
    classname=new char[strlen(k)+1];
    strcpy(classname,k);
    cout<<"对象初始化成功";
}

Student::~Student()
{
    cout<<"对象删除成功"<<endl;
    delete[] name;                                    //释放空间
    delete[] sex;
    delete[] classname;
}

void Student::display()
{
    cout<<"id:"<<id<<endl;
    cout<<"name:"<<name<<endl;
    cout<<"sex:"<<sex<<endl;
    cout<<"classname:"<<classname<<endl<<endl;
}
void main()
{
    Student s1(1001,"小王","男","三年二班");
    Student s2=s1;                                    //调用默认拷贝构造函数
    s1.display();
    s2.display();
}
```

程序输出：

```
对象初始化成功
id:1001
name:小王
```

```
sex:男
classname:三年二班

id:1001
name:小王
sex:男
classname:三年二班

对象删除成功
对象删除成功
```

结果发现没有第二次输出"对象初始化成功",也就是创建时并没有调用 Student 构造函数,而且第二次析构对象时出现系统错误提示,如图 5-1 所示。

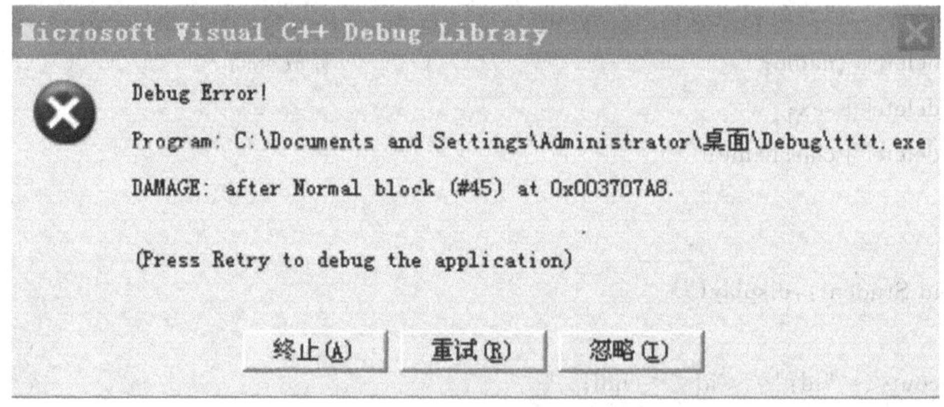

图 5-1 系统错误提示

原因是对象执行了 C++的默认拷贝构造函数,而默认拷贝构造函数仅仅拷贝了对象本体,当程序运行完成后,先析构 s2 时,将其 name、sex 和 classname 所指的空间先行释放了,轮到 s1 析构时,其 name、sex 和 classname 所指的空间已经释放了,因此访问该空间的操作变得不可预料。

5.2.2 自定义拷贝函数

为了达到对象实体也就是对对象整体复制的目的,就需要另外定义一个拷贝构造函数,以覆盖默认的拷贝构造函数:

```
//=========================================
//0503.cpp
//自定义拷贝构造函数程序的实例
//=========================================
#include<iostream>
```

```
using namespace std;
class Student
{
  private:
    long id;
    char * name;
    char * sex;
    char * classname;
  public:
    Student(int x,char * y,char * z,char * k);
    Student(const Student&);                //声明自定义拷贝函数
    void display();
    ~Student();
};
Student::Student(int x, char * y, char * z, char * k)
{
  id=x;
  name=new char[strlen(y)+1];
  strcpy(name,y);
  sex=new char[strlen(z)+1];
  strcpy(sex,z);
  classname=new char[strlen(k)+1];
  strcpy(classname,k);
  cout<<"对象初始化成功"<<endl;
}
Student::Student(const Student& s)//拷贝构造函数的实现
{
  id=s.id;
  name=new char[strlen(s.name)+1];
  if(name) strcpy(name,s.name);
  sex=new char[strlen(s.sex)+1];
  if(sex) strcpy(sex,s.sex);
  classname=new char[strlen(s.classname)+1];
  if(classname) strcpy(classname,s.classname);
  cout<<"对象初始化成功"<<endl;
}
Student::~Student()
```

```
{
    cout<<"对象删除成功"<<endl;
    delete[] name;
    delete[] sex;
    delete[] classname;
}
void Student::display()
{
    cout<<"id:"<<id<<endl;
    cout<<"name:"<<name<<endl;
    cout<<"sex:"<<sex<<endl;
    cout<<"classname:"<<classname<<endl<<endl;
}
void main()
{
    Student s1(1001,"小王","男","三年二班");
    Student s2=s1;                          //调用自定义拷贝构造函数
    s1.display();
    s2.display();
}
```

程序输出：

```
对象初始化成功
对象初始化成功
id:1001
name:小王
sex:男
classname:三年二班

id:1001
name:小王
sex:男
classname:三年二班

对象删除成功
对象删除成功
```

自定义拷贝构造函数名也是类名，是构造函数的重载，一旦自定义了拷贝构造函数，默认的拷贝构造函数就不再起作用了。

拷贝构造函数的参数必须是类对象的常量引用：

```
Student(const Student &s);
```

因为对象复制的语义本身尚处于当前定义当中，参数传递若为传值形式，则对象复制操作又要调用正在定义的拷贝构造函数而形成递归调用，所以参数传递只能是引用。

const限定符有两个作用：一是防止被复制的对象变样，二是扩大适用范围。根据以往编程经验，即使是自定义的对象作为参数传递，能用引用的最好用引用，能用常量引用的尽量使用常量引用，因为被复制的对象也可能是常对象：

```
const Student p1("Judy");
Student p2(p1);
```

如果拷贝构造对象是常对象，而拷贝构造函数的参数不是常量引用，也就是说，置一个常对象于可能被修改的危险之中，会导致程序运行出错。

在自定义拷贝构造函数之前，我们进行拷贝对象构造时，都是在用默认的拷贝构造函数，因为那时候的对象本体与对象实体是一致的。所以，自定义拷贝构造函数只有在对象本体与对象实体不一致时，才是需要的。

5.3　析构函数

在创建某个类的一个实例时，该类的构造函数可能会为该实例分配一些资源，例如，在堆中分配一定数量的内存空间，或者打开一个文件，创建一个数据库链接等。在该实例析构之前，应该释放构造函数所分配的资源，以供其他实例使用。例如，如果构造函数在堆中分配了一块内存，则在对象“消失”之前，必须释放这块内存，以免发生“内存泄露”问题。析构函数正是完成这一任务的理想角色，它会自动地完成这些清理工作，而不必调用其他成员函数。

如果用户没有定义析构函数，C++编译系统会自动生成一个析构函数，但只是徒有析构函数的名称和形式，实际上什么操作都不进行。要想让析构函数完成工作，必须在定义的析构函数中编写代码。

当对象本体与对象实体一致时，其拷贝称为浅拷贝；当对象本体与对象实体不一致时，其拷贝称为深拷贝。深拷贝需要做动态内存分配的工作。因此，当对象的生命期终止时，也就是对象本体消失时，需要做动态内存的释放工作。动态内存的申请是人为的，当然，动态内存的释放也是人为的。

析构函数与构造函数的功能相反，故由此得到析构函数名。析构函数是在类名前加上“～”来定义的，以示与构造函数在功能上的对应关系。

有内存申请，也就有内存释放。一般来讲，需要定义拷贝构造函数的类需要定义析构函数，因此析构函数跟拷贝构造函数是成对出现的。

析构函数既然与构造函数相对应，所以析构函数没有返回类型，甚至没有参数。因为它不需要初始化数据分量，只是将成员中的一些数据指针指向的动态内存空间释放而已。因为析构函数没有参数，故形式是唯一的，没有重载的析构函数。

析构函数在对象的生命期行将结束的瞬间，系统自动调用。因此，析构函数的调用不是通过显式语句表示的。例如：

```
//========================================
//0504.cpp
//定义析构函数程序
//========================================
#include<iostream>
using namespace std;
class A
{
  public:
    char * pName;
  public:
    A(char * y)
    {
      pName=new char[strlen(y)+1];        //在堆上分配内存空间
      strcpy(pName,y);
      cout<<"申请 pName 空间成功"<<endl;
    }
    ~A()                                //类的析构函数
    {
      delete[] pName;                   //释放内存空间
      cout<<"释放 pName 空间成功"<<endl;
    }
};
void main()
{
  A a1("Judy");
  cout<<"pName:"<<a1.pName<<endl;
} //系统自动调用析构函数
程序输出：
申请 pName 空间成功
PName Judy
释放 pName 空间成功
```

在创建 A 类的对象时，该类的构造函数将为成员变量 pName 分配一块堆空间。一旦创建了该对象，那么它就在对象空间之外拥有了一块堆内存资源。在销毁该对象时，必须首先释放这块内存资源，而这项工作由该类的析构函数来完成。

5.4　构造顺序

在一个大程序中，各种作用域的对象很多，有些对象包含在别的对象里，有些对象早在主函数开始运行之前就已经建立。创建对象的唯一途径是调用构造函数。构造函数是一段程序，因此，构造对象时先后顺序不同，直接影响程序执行的先后顺序，导致不同的运行结果。对象析构也是有顺序的，对象构造与析构的关系是入栈与出栈的关系，所以对象析构的顺序与对象创建的顺序刚好相反。

C++给构造对象的顺序做了专门的规定：

(1)局部对象和静态对象以声明的顺序构造；

(2)局部对象和静态对象是指块作用域和文件作用域的对象，它们声明的顺序与其在程序中出现的顺序是一样的。

程序中并不是根据运行的顺序来决定变量定义的顺序，而是所有的变量和对象都在函数开始执行时统一定义。统一定义的顺序正是这些变量和对象在函数中出现的顺序。

5.4.1　静态对象只被构造一次

静态对象跟静态变量一样，文件作用域的静态对象在主函数开始前全部构造完毕，块作用域的静态对象则在首次进入定义该静态对象的函数时进行构造。例如：

```
//==========================================
//0505.cpp
//关于静态对象的实例
//==========================================
#include<iostream>
using namespace std;
class A
{
  public:
    A(int x)
    {
      cout<<"Constructing with a value of:"<<x<<endl;
    }
};
void func(int y)
{
  static A a(y);
```

```
    cout<<"func with y:"<<y<<endl;
  }
  void main()
  {
    func(10);
    func(20);
  }
  程序输出:
  Constructing with a value of:10//只构造一次
  func with y:10
  func with y:20
```

5.4.2 所有全局对象都在主函数 main()之前被构造

和全局变量一样,所有全局对象在主函数开始前已全部被构造,如果它们中的一个有致命错误,那么程序可能永远也得不到控制权。此时,该程序在开始执行之前就已死机。有两种方法可以解决这个问题:一是先将全局对象作为局部对象来调试;二是在所有怀疑有错的构造函数的开头增加输出语句,这样,在程序开始调试时,就可以看到来自这些对象的输出信息。

5.4.3 全局对象相关构造时无特殊顺序

在全局范围中定义的对象(即在所有函数之外定义的对象),其构造函数在文件中所有函数(包括 main 函数)执行之前调用。但如果一个程序中有多个文件,而不同的文件中都定义了全局对象,则这些对象的构造函数的执行顺序是不确定的。当 main 函数执行完毕或调用 exit 函数时(此时程序终止),调用析构函数。

5.5 案例解析

以下为说明调用构造函数、拷贝构造函数和析构函数的例子。

```
//=========================================
//0506.cpp
//=========================================
#include<iostream>
using namespace std;
class MyClass
{
```

```
  private:
    int x;
  public:
    MyClass(int i=0)
    {
      x=i;
      cout<<"x="<<x<<endl;
    }
    MyClass(MyClass &);
    void set(int);
    int show();
    ~MyClass();
};
MyClass::MyClass(MyClass& y)
{
  x=y.x;
  cout<<"Copy x="<<x<<endl;
}
void MyClass::set(int i)
{
  x=i;
}

int MyClass::show()
{
  return x;
}
MyClass::~MyClass()
{
  cout<<"Destructing for x="<<x<<endl;
}
MyClass MyFun(MyClass k)
{
  cout<<"In class k(MyFun)"<<endl;
  cout<<"k.x="<<k.show()<<endl;
  k.set(10);
  cout<<"k.x="<<k.show()<<endl;
```

```
    cout<<"return k "<<endl;
    return k;
}
void gFun()
{
    MyClass my(5),z;
    cout<<"my. x="<<my. show()<<endl;
    cout<<"z. x="<<z. show<<endl;
    cout<<"MyFun "<<endl;
    z=MyFun(my);
    cout<<"Come back gFun()"<<endl;
    cout<<"my. x="<<my. show()<<endl;
    cout<<"z. x="<<z. show()<<endl;
    cout<<"Exiting gFun"<<endl;
}
void main()
{
    gFun();
    cout<<"Exiting main"<<endl;
}
```

程序输出:

```
x=5
x=0
my. x=5
z. x=1
MyFun
Copy x=5
In class k(MyFun)
k. x=5
k. x=10
return k
Copy x=10
Destructing for x=10
Destructing for x=10
Come back gFun()
my. x=5
z. x=10
```

```
Exiting gFun
Destructing for x=10
Destructing for x=5
Exiting main
```

语句 z=MyFun(my);是以值调用方式向函数传递对象参数，为初始化形参，要调用复制初始化构造函数。程序输出：

Copy x=5;

在函数返回一个对象时，要使用返回值初始化调用函数内部的一个(隐藏)对象。这时也要调用复制初始化构造函数。此时输出：

Copy x=10;

在被调函数返回时，形参的生命期结束，它的析构函数被调用。同时，该隐藏对象的生命期也结束，也要调用它的析构函数。因为此时的 x 值是同一个值，所以输出：

Destructing for x=10

Destructing for x=10

如果我们把 MyFun 函数中 return 语句改为：

return 1;

则程序这部分输出为：

```
return k
x=1
Destructing for x=10
Destructing for x=1
Come back gFun()
my. x=5
z. x=1
Exiting gFun
Destructing for x=1
Destructing for x=5
Exiting main
```

因为模拟了一个出错返回，所以程序是非正常结束。这时是调用构造函数初始化对象 z。输出为：

x=1

我们经常使用 return 返回值进行状态判断。

本章小结

基本类机制中，主要解决类的定义、对象的创建与析构、对象的拷贝构造与拷贝的问题。

对象的构造形式很多，对象创建经常以另外类型的变量或对象为参数，因为构造经常是重载的。然而不要忘了无参构造函数也许每个类都必须具备，因为没有无参构造函数的类无法默认创建数组或向量，更无法以该对象的名义申请动态内存空间，其对象作为别的类的对象成员时，也无法默认构造。

拷贝构造函数是另一类重要的构造函数，函数对象的传递全靠拷贝构造函数在起作用。对象传递不能简单传递对象本体了事，因为那不是真正意义的传递，在对象具有指针指向资源的情况下，千万要亲自定义拷贝构造函数和赋值操作符。

如果没有析构函数，那么，当函数返回时，该函数中的局部对象就没有办法默认地收回资源，给编程带来很多不便，而且存在安全隐患。

我们可以看到语言内部只是这一个类机制就要做这么多事，何况，这只是类机制的部分，都是一个个孤立的类，没有对象之间的相互牵扯。后面我们将会看到，一个个孤立的类只是基础，是架构类的层次结构的基础。只有形成了类层次，才有真正资源重用的意义，而且，因为类的层次架构，导致了更复杂的类机制和更方便的编程。接下来的章节我们将直指面向对象编程的实质。

习　题

1. 为程序重载一个构造函数，函数参数为两个整型变量，重载函数功能是输出两个整型值。对应构造函数添加一个析构函数，函数功能为输出“Destructing”。

```
#include<iostream.h>
class M
{
  int num;
  public:
    M();
    M(int);
    void display();
};
M::M()
{
  cout<<"Constructing normal!"<<endl;
}
M::M(int x)
{
  cout<<"Constructing with a num:"<<x<<endl;
}
void M::display()
```

```
{
  cout<<"Display num!"<<endl;
}
void main()
{
  M m1;
  M m2(10);
  m1.display();
  m2.display();
}
```

2. 写出以下程序的运行结果：

```
#include <iostream.h>
class Student
{
  public:
    Student()
    {
      cout<<"constructing student.\n";
    }
    ~Student()
    {
      cout<<"destructing student.\n";
    }
};

class Teacher
{
  public:
    Teacher()
    {
      cout<<"constructing teacher.\n";
    }
    ~Teacher()
    {
      cout<<"destructing teacher.\n";
    }
};
```

```
class Tpair
{
  public:
    Tpair()
    {
      cout<<"constructing tpair.\n";
    }
    ~Tpair()
    {
      cout<<"destructing tpair.\n";
    }
  protected:
    Student s;
    Teacher t;
};

void main()
{
  Tpair tp;
  cout<<"back in main.\n";
}
```

3. 写出下列程序的运行结果，请用增加拷贝构造函数的办法避免存在的问题。

```
#include<iostream.h>
#include<string.h>
class Person
{
  protected:
    char * pName;
  public:
    Person(char * );~Person();
};
Person::Person(char * pn)
{
  cout<<"Constructing"<<pn<<endl;
  pName=new char[strlen(pn)+1];
  if(pName !=0)
```

```
  {
    strcpy(pName,pn);
  };
}
Person::~Person()
{
  cout<<"Destructing"<<pName<<endl;
  pName[0]='\0';
  delete pName;
}
void main()
{
  Person p1("Randy");
  Person p2=p1;
}
```

参考文献

[1]谭浩强. C++程序设计. 北京:清华大学出版社,2004
[2]钱能. C++程序设计教程(第二版). 北京:清华大学出版社,2006
[3]陈天华. 面向对象程序设计与 Visual C++6.0 教程. 北京:清华大学出版社,2006
[4]王育坚. Visual C++面向对象编程教程(第二版). 北京:清华大学出版社,2007
[5]郑莉,张瑞丰,李莉,等. C++语言程序设计案例教程. 北京:清华大学出版社,2005

第 6 章 继承

继承是面向对象程序设计(Object-Oriented Programming,OOP)的重要特征之一。通过继承可以在一个已有类的基础上产生一个新类,新类继承了原有类的属性和行为,并可以在此基础上进一步扩充和完善。可以说,继承是 OOP 最实用、最精华的部分,在 OOP 中占有重要的地位。

继承是 C++语言的一个重要机制,该机制自动地为一个类提供来自另一个类的操作和数据结构,这使得程序员只需在新类中定义已有类中没有的成分来建立新类。也就是说,它提供了一种源代码级的软件重用手段,在程序中引入新的特性或功能时,可以充分利用系统中已定义的程序资源,避免了重复开发。同样地,它也为抽象类的定义提供了一个基本模式。

学习重点:

- 理解继承与派生的概念;
- 重点掌握派生类的声明、构造与结构;
- 掌握继承方式;
- 理解继承与组合;
- 理解多重继承。

6.1 继承和派生的概念

继承在客观世界中是一种常见的现象。例如,一个人与他的兄弟、姐妹一样,在血型、肤色、身材、相貌等方面都具有其父母的某些生理特征,同时又有与其兄弟、姐妹相区别的特征。

所谓继承,是指在一个已存在的类的基础上建立一个新类。已存在的类称为基类或父类,新建立的类称为派生类或子类。这样,子类与父类就形成了层次关系,如图 6-1 所示,箭头表示继承方向。

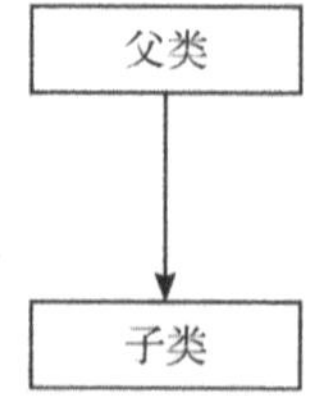

图 6-1 基类与派生类继承关系示意图

继承与派生的差异是由看待问题的角度不同造成的:一个从下往上看,另一个从上往下看，本质上是同一概念。

图 6-2 展示了交通工具的类层次，最顶部的是交通工具类，称为基类。这个基类有飞机类、汽车类和火车类，交通工具类就是它们的父类。还可以从交通类派生出其他类，例如轮船类等。每个类都只以交通工具类作为其父类。汽车类相对于交通工具类来说是子类，所以在本图的类系中，也可以称汽车子类。汽车子类还有三个子类：小汽车类、大卡车类、大客车类，每个子类都以汽车类作为父类，此时的交通工具类则是它们的祖先类，简称祖类。另外，小汽车类派生了轿车类、工具车类和小面包车类。图中展示了小型的五个层次的类系，从上到下是派生的关系，从下到上是继承的关系。每个类都有且只有一个父类，除了最顶层的交通工具类，其他所有的类都可以是子类。当一个类派生出其他类时，自己便是父类了。

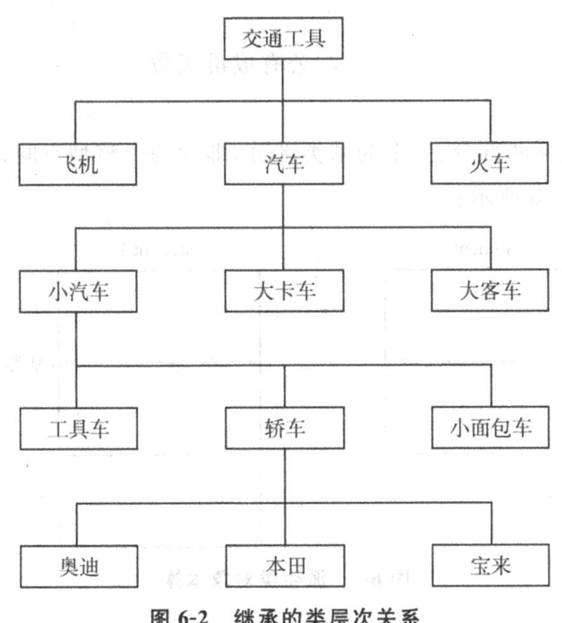

图 6-2　继承的类层次关系

6.2　派生类

6.2.1　派生类对象结构

如果类 Student 类是基类：

```
class Student
{
  protected:
    int a;
```

```
    int b;
  public:
    ⋮                                    //公有成员函数
};
```

则其对象本体含有两个整型空间。派生类继承的方式是在类定义的 class 类名的后面加上“public”再加上基类名。如果 Student1 继承了 Student 类，则：

```
class Student1:public Student
{
  int c;
  public:
    ⋮                                    //公有成员函数
};
```

派生类对象本体包括两部分：一个为基类部分，即含两个整型空间；另一个为派生类部分，含一个整型空间，如图 6-3 所示：

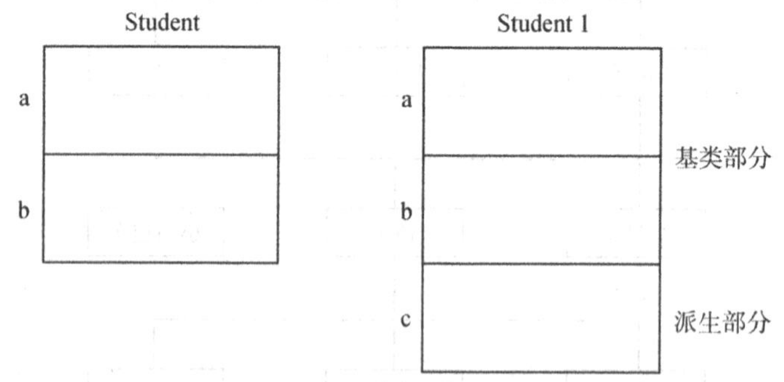

图 6-3　派生类对象本体

图中揭示派生类与基类不可分割的关系，派生类总是依附于基类，派生类对象中总是含有基类对象，即含有基类的数据成员。或者说，基类对象是派生类对象的组成部分。至于在具体的实现中空间的安排，并不一定基类排在前，派生类排在后。

显然，派生类对象一定不会比基类对象小，它保存了更多的数据，提供了更多的操作。基类也称超类，派生类也称子类，在程序中，超类的数据成员比子类的数据成员少是很正常的。

6.2.2　派生类的声明

声明派生类的一般形式为：

```
class  派生类名:继承方式  基类名
{
  新增加的成员
};
```

继承方式包括：public(公有的)、private(私有的)、protected(受保护的)，默认方式为 private(第三节中将详细论述)。例如：

首先声明一个基类 Student：

```
class Student
{
  protected:
    long id;
    char name[20];
    char sex[10];
    char classname[30];
  public:
    void set(long x,char *y,char *z,char *k);
    long getid(Student);
    void print(Student);
};
```

在此基础上通过继承建立一个派生类 Student1：

```
class Student1:public Student
{
  private:
    char address[30];                    //新增加的数据成员
  public:
    char* getname(Student);              //新增加的成员函数
};
```

在 class 后面的 Student1 是新建的类名。冒号后面的 Student 表示已声明的类。在 Student 之前有一关键字 public,用来表示基类 Student 中的成员在派生类 Student1 中的继承方式。

6.2.3　派生类的构造

1. 派生类构造函数

派生类对象的数据结构由基类中继承的数据成员和派生类新定义的数据成员共同组成。在派生类对象中由基类继承的数据成员和成员函数所构成的封装体称为基类子对象,它应该由基类的构造函数进行初始化。由于构造函数不能被继承,因此派生类的构造函数除了对派生类新增数据成员进行初始化外,还需要承担为基类子对象初始化的任务,即为基类的构造函数提供参数。另外,对于含有其他类对象成员的派生类,还要负责为这些对象成员的初始化提供参数,以完成派生类对象的初始化工作。

在构造一个子类时,由基类的构造函数完成其基类部分的构造,C++类的继承机制提供了此种支持。

派生类构造函数的定义格式如下：

派生类名::派生类名(总参数表):对象成员 1(参数表 1),…,对象成员 n(参数表 n),对象成员 n+1(参数表 n+1)

{

函数体；　　　　　　　　　　　　　　//派生类新增数据成员的初始化

};

说明：在派生类构造函数的总参数表中，应给出初始化基类子对象、派生类对象成员及派生类新增数据成员所需要的全部参数。在参数表之后，列出需要使用参数进行初始化的基类名、对象成员名及各自的参数表，各项之间用逗号隔开。例如：

```
//========================================
//0601.cpp
//自定义构造函数的实例
//========================================
#include<iostream>
using namespace std;
class A
{
  private:
    int a;
  public:
    A(int x)
    {
      a=x;
      cout<<"A's constructor called."<<endl;
    }
    void show(){cout<<a<<endl;}
};
class B
{
  private:
    int b;
  public:
    B(int x)
    {
      b=x;
      cout<<"B's constructor called."<<endl;
    }
```

```
    int get(){return b;}
};
class C:public A
{
  private:
    int c;
    B obj_b;
  public:
    C(int x,int y,int z):A(x),obj_b(y)              //派生类构造函数
    {
      c=z;
      cout<<"C's constructor called."<<endl;
    }
    void show()
    {
      A::show();
      cout<<obj_b.get()<<","<<c<<endl;
    }
};
void main()
{
  C c1(1,2,5),c2(3,4,7);
  c1.show();
  c2.show();
}
```

程序输出：

```
A's constructor called.
B's constructor called.
C's constructor called.
A's constructor called.
B's constructor called.
C's constructor called.
1
2,5
3
4,7
```

说明：

(1)程序中定义了基类 A 和派生类 C,C 是 A 的派生类,继承方式为公有继承；

(2)B 是 C 中所包含的对象成员 obj_b 所属的类；

(3)派生类 C 的构造函数格式如下：

```
C(int x,int y,int z):A(x),obj_b(y)
{
  c=z;
  cout<<"C's constructor called."<<endl;
}
```

派生类 C 的构造函数总参数表中有 3 个参数:参数 x 用于初始化基类的数据成员,参数 y 用于初始化对象成员 obj_b,参数 z 用于初始化类 C 新增数据成员 c。程序中派生类 C 的构造函数还可以写成如下形式：

```
C(int x,int y,int z):A(x),obj_b(y),c(z)
{
  cout<<"C's constructor called."<<endl;
}
```

在实际应用中,对派生类构造函数的使用应注意如下问题：

(1)派生类也是类,如果没有定义构造函数,则根据类机制,将会执行默认的无参构造函数。派生类的默认无参构造函数会首先调用父类的无参构造函数,如果父类定义了有参构造函数,又没有重载定义无参构造函数,则会出现编译出错。如果父类成员还有父类(祖父类),则父类还会调用父类的父类(祖父类)的无参构造函数,依次递归。

(2)当基类构造函数带有一个或多个参数时,派生类必须定义构造函数,提供将参数传递给基类构造函数的途径。在一些情况下,派生类构造函数体可能为空,仅起到参数传递的作用。例如：

```
class Student
{
  private:
    long id;
    char name[20];
    char sex[10];
    char classname[30];
  public:
    Student(long x,char *y,char *z,char *k)
    {id=x;strcpy(name,y);strcpy(sex,z);strcpy(classname,k);}
};
class Student1
{
```

```
  public:
    Student1(int x,char * y,char * z char * k):Student(x,y,z,k){};
    void print(){Student::print();}
};
```

2. 对象构造顺序

在定义一派生类对象时，如果派生类和基类都有构造函数，系统首先调用基类的构造函数，然后再调用派生类的构造函数。如果基类构造调用在初始化列表中存在，就按初始化列表的调用形式；否则，就调用相应的基类无参构造函数。同理，如果基类上面还有基类，则也会优先调用上面的基类构造函数。

在继承关系下有多个基类时，基类构造函数的调用顺序取决于定义派生类时基类的定义顺序。

```
//=======================================
//0602.cpp
//对象构造顺序的实例
//=======================================
#include <iostream>
#include <sstream>
using namespace std;
class Person
{
  public:
    Person(const char * s)
    {
      cout<<"Constructing Person class"<<endl;
      name=new char[strlen(s)+1];
      strcpy(name,s);
    }
    ~Person()
    {
      cout<<"Destructing Person class"<<endl;
      delete[] name;
    }
    char * GetName()
    {
      return name;
    }
  protected:
```

```
    char * name;
};

class Student:public Person
{
  char * major;
  public:
    Student(const char * s,const char * m):Person(s)
    {
      cout<<"Constructing Student clsss"<<endl;
      major=new char[strlen(m)+1];strcpy(major,m);
    }
    ~Student()
    {
      cout<<"Destructing Student class"<<endl;
      delete[] major;
    }
    char * GetMajor()
    {
      return major;
    }
};
int main()
{
  Student stu("ZRF","Materials");
  cout<<"Student Name is:"<<stu.GetName()<<",
  Major is:"<<stu.GetMajor()<<endl;
  return 0;
}
```

程序输出：

```
Constructing Person class
Constructing Student class
Student Name is:ZRF, Major is: Materials
Destructing Student class
Destructing Person class
```

另外，由于基类的析构函数也不能被继承，因此派生类需要定义自己的析构函数。派生类析构函数的定义与一般类析构函数的定义完全相同。只要在函数体中把派生类新增的非对象成员的清理工作做好，系统就会自己调用基类和对象成员的析构函数来对基类子对象和对象成员进行清理。释放派生类对象时，析构函数的执行顺序是：先执行派生类的析构函数，再执行对象成员类的析构函数，最后执行基类的析构函数。执行析构函数的顺序与执行构造函数时正好相反。

6.3 继承层次中对象间的赋值

通过创建一个 Person-Student 继承层次(其中 Student 继承 Person 类)，来分析类层次中基类与派生类之间的关系。按照以下三个步骤来进行讨论：

(1)首先，将派生类 Student 对象的地址赋给基类 Person 指针，并调用基类的成员函数，以说明指针的类型，决定所要调用的函数。

(2)然后，将基类对象的地址赋给派生类指针，分析引发编译错误的原因。

(3)最后，将一个 Student 对象的地址赋给基类 Person 指针，分析为什么该指针只能调用基类的成员函数，而不能调用派生类独有的成员函数。

代码如下：

```
Student s;
Person p=s;
Person & t=s;
Person * pp=&s;
s=p;                          //错误
Student * ps=&p               //错误
```

若用基类对象 p 给子类对象 s 赋值，因为基类中的数据不充分，不含有子类全部的信息，所以拒绝执行；用基类对象的地址 &p 给子类对象指针 ps 赋值，也是非法的。我们用图 6-4 来说明。

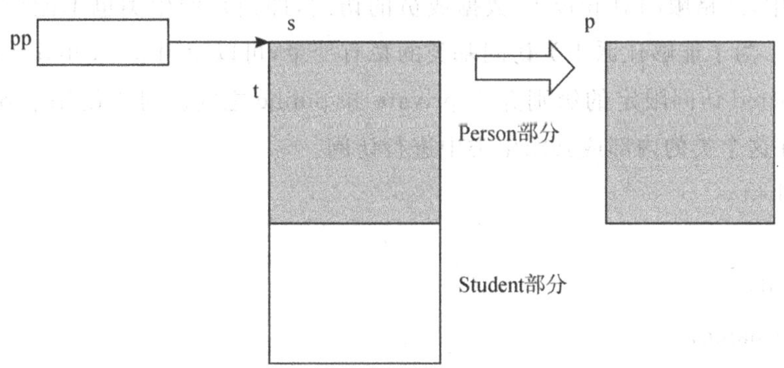

图 6-4　基类与子类的相互赋值

p 复制了 s 对象中的 Person 部分，构成了名副其实的 Person 对象实体。

t 虽然也是构造 Person 对象，但是，t 是引用，在图中代表 s 对象中不可分离的 Person 部分。

pp 是 Person 指针，指向 Student 对象 s 的首地址。

因为学生是人，所以学生对象 s 赋值给 p 是合理的，裁去了专属学生的部分。而且将学生对象的地址 &s 赋给人指针 pp 也是合理的。

如果将派生类对象的地址赋给一个基类指针，该指针也只能调用属于基类的成员，而不能调用派生类独有的成员，否则也会产生编译错误。同样地，如果将基类对象的地址赋给派生类指针，编译器将会产生一个错误。因为假设 C++编译器允许进行这样的操作，那么可以使用派生类指针调用它独有的成员函数，但是该指针所指向的基类对象并不提供这个函数。在这种情况下，被调用的成员函数会认为该派生类对象的内存中有一个需要处理的值。因为该内存位置不属于基类的对象，所以该成员函数可能会修改属于其他对象的数据。基于上述原因，C++编译器不允许直接将基类对象的地址赋给派生类指针。

6.4 继承方式

继承可以公有继承，也可保护继承和私有继承。对于不同的继承方式，其访问控制的约束是不同的，如表 6-1 所示。

表 6-1 继承方式与访问控制约束关系表

访问属性 / 访问控制 / 继承方式	public	protected	private
public	public	protected	隔离
protected	protected	protected	隔离
private	private	private	隔离

在 C++中，严格限制对 private 数据成员的访问，即使是派生类也不能访问基类的 private 数据成员。为了能够让派生类访问基类的私有变量，可以使用 protected 访问限定符来声明它们。protected 访问限定的级别介于 private 和 public 之间。对于使用 protected 声明的类成员，只能在这个类的内部或其派生类中进行访问。

```
class Student
{
  protected:
    char * name;
    long id;
        ⋮
};
```

这样 Student 类的派生类就能够直接访问其 name 和 id 成员变量。例如：

```
class Student1:public Student
{
  private:
    char * classname;
  public:
    Student1(int n,long i,char * c)
    {
      name=n;
      id=i;
      classname=new char[strlen(c)+1];
      strcpy(classname,c);
    }
        ⋮
};
```

在C++中,这三种访问限制符作用于类的成员时,它们的作用可总结如下:

(1)如果一个类成员是private成员,则它的名字将只能由其声明所在的类的成员函数和友员函数使用;

(2)如果一个类成员是protected成员,则它的名字只能由其声明所在的类的成员函数、友员函数以及该类的派生类的成员函数和友员函数使用;

(3)如果一个类成员是public成员,则它的名字可以由任何函数使用。

也就是说,公有继承是普通继承,基类可以为大多数应用服务,也可以重复继承。保护继承是"单传"继承,只继承给自己的后代,应用是以子孙的公有成员函数来对外开展服务的。私有继承是"绝版"继承,该基类只被直接的子类继承,而不考虑让子类再被继承下去。

特别说明:隔离指的是基类中的private成员不能被派生类中的成员函数直接访问,但派生类对象中还是含有基类中的private成员,派生类成员函数可以通过基类的成员函数访问基类中的private成员。

6.5　继承与组合

在一个类中以另一个类的对象作为数据成员的,称为类的组合。

例如,声明Student(学生)类是Person(人类)类的派生类,另有一个BirthDate类(出生年月),包含year、month、day等数据成员。Student类包含BirthDate对象成员。类的建立如下:

```
class Person                          //人类
{
  private:
    int id;
```

```
        char name[30]
        char sex[10];
        char classname[20];
    public:
        ⋮
};
class BirthDate                                          //出生年月类
{
    private:
        int year;
        int month;
        int day;
    public:
        ⋮
};
class Student:public Person//继承
{
    private:
        BirthDate birthday;//组合
    public:
        ⋮
};
```

类的组合和继承一样，是软件重用的重要方式。组合和继承都有效地利用已有类的资源，但二者的概念与用法不同。对于组合，成员对象的数据隐私是不能被直接访问的，必须通过成员对象的操作去间接访问。也就是说类与成员之间是彼此独立的。通过继承建立的派生类与基类的关系，是一种“是”的关系，如 Student 是 Person，Student 是派生类，Person 是基类；而通过组合建立的成员类与组合类的关系，是一种“有”的关系，如 Student 有 BirthDate，BirthDate 是成员类，Student 是组合类。

Student 类通过继承，从 Person 类得到了 id、name、sex、classname 数据成员，通过组合，从 BirthDate 类得到了 year、month、day 数据成员。继承是纵向的，组合是横向的。

如果定义了 Student 对象 std1，显然 std1 包含了出生年月的信息。通过这种方法组织和利用现有的类，改变了程序人员“一切都自己做”的工作方式，大大减少了工作量。

如果修改了成员类的部分内容，只要成员类的公用接口（如头文件名）不变，如无必要，组合类可以不修改，但组合类需要重新编译。

组合和继承并不是绝对的，组合完全可以用继承来实现，继承也可以用组合来实现，无非在继承中可以通过调整成员的访问控制属性，以达到方便编程的目的。而组合则职责分明，虽然可能麻烦一点，但调试直截了当。

6.6　多重继承

6.6.1　什么是多重继承

在C++中，支持一个类同时继承多个类，这种继承方式称为多重继承。正如一个带有播放 mp3 功能的手机，要继承电话的功能，同时也要继承 mp3 播放的功能。

多重继承的定义格式为：

```
class  派生类名:继承方式  基类名1,继承方式  基类名2,…
{
  //派生类新增成员声明
};
```

与单一继承格式一样，继承方式也是 public、private、protected，省略时默认为 private。

请看实例：

```
//==========================================
//0603.cpp
//多重继承的实例
//==========================================
#include<iostream>
using namespace std;
class Mp3
{
  protected:
    int price;
  public:
    void play(){cout<<"Playing..."<<endl;}
    void setprice(int x){price=x;}
};
class Telephone
{
  protected:
    int price;
  public:
    void dialog(){cout<<"Dialoging..."<<endl;}
```

```
        void answer(){cout<<"Answering..."<<endl;}
        void setprice(int x){price=x;}
};
class Mobilephone:public Mp3,public Telephone
{
    public:
        void sendmessage(){cout<<"Sendmessage..."<<endl;}
};

void main()
{
    Mobilephone m;
    m.play();
    m.sendmessage();
    m.dialog();
}
```

程序输出：

```
Playing...
Sendmessage...
Dialog...
```

在 Mp3 类和 Telephone 类中，将数据成员 price 设置为 protected，是为了从派生类 Mobilephone 类中直接访问。Mobilephone 类公有继承了 Mp3 类和 Telephone 类，是一般的继承方式，没有复杂的成员数据和复杂的访问要求。在 main 函数中，两用手机类对象 m 既捆绑访问了基类 Mp3 的成员函数 play()，又访问了另一个基类 Telephone 的成员函数 dialogue()，还访问了自己的成员函数 sendmessage()，这些都是很正常的。

在程序 0603.cpp 中，Mp3 和 Telephone 类中都有一个 price 成员，作为两个独立的类，这是需要的属性。但作为 Mobilephone 类的基类，Telephone 类该继承那个基类的 price？由于两个类中有相同的名字 price，对 price 的赋值变得意义不清了。如以下代码：

```
void main()
{
    Mobilephone m;
    m.setprice(200);
}
```

这个 200 该赋予 Mp3 类还是 Telephone 类？在编译时，针对这种不确定的访问，将予以报错。

要避免这种问题的发生，可以在成员名前加上“基类名::”来限定，其中“::”为作用域运算符，具体格式如下：

对象名.基类名::数据成员名
对象名.基类名::成员函数名
例如:

```
void main()
{
  Mobilephone m;
  m.Mp3::setprice(200);                //调用 Mp3 的 setprice 函数
}
```

这种形式要求程序员还得额外掌握类的所有基类的信息,也就是整个类层次结构的信息,这样加大了程序的复杂度。在单继承中,这种情况是不会出现的。如何解决这个问题呢?如果把 Mp3 类和 Telephone 类同名的数据成员和成员函数提取到一个新的类中,然后让 Mp3 类和 Telephone 类去继承这个新的类,问题就得到了解决,如图 6-5 所示。

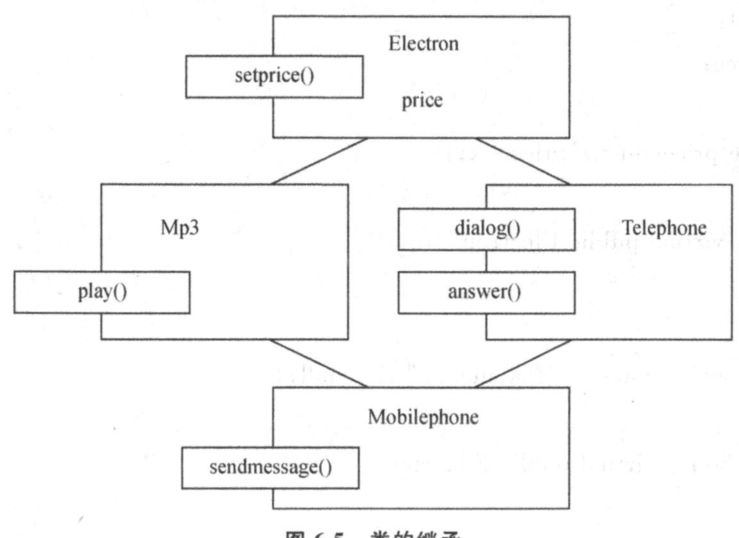

图 6-5　类的继承

这里,Mobilephone 类是由 Mp3 类和 Telephone 类继承而来的,而 Mp3、Telephone 类又有共同的基类 Electron,由于在继承中除了基类的构造函数和析构函数不被继承外,其余的所有成员都要被派生类继承,这样 Mobilephone 类就会保存两份 Electron 的副本,从而造成浪费。此处的 Mp3 类和 Telephone 类称为 Mobilephone 的直接基类,Electron 称为 Mobilephone 的间接基类。

在 C++中实现派生类只保留共同基类的一份副本的功能,用的是虚拟继承。

6.6.2　虚拟继承

虚拟继承的定义格式为:

```
class  派生类:virtual  继承方式  共同基类
{
```

```
   ⋮                                  //类体
};
```

例如：

```
//==============================================
//0604.cpp
//虚拟继承的实例
//==============================================
#include<iostream>
using namespace std;

class Electron
{
  protected:
    int price;
  public:
    void setprice(int x){price=x;}
};
class Mp3: virtual public Electron
{
  public:
    void play(){cout<<"Playing..."<<endl;}
};
class Telephone: virtual public Electron
{
  public:
    void dialog(){cout<<"Dialoging..."<<endl;}
    void answer(){cout<<"Answering..."<<endl;}
};
class Mobilephone:public Mp3,public Telephone
{
  public:
    void sendmessage(){cout<<"Sendmessage..."<<endl;}
};

void main()
{
  Mobilephone m;
```

```
    m.play();
    m.sendmessage();
    m.dialog();
    m.setprice(200);
    cout<<"price is:"<<m.price<<endl;
}
程序输出:
Playing...
Sendmessage...
Dialoging...
price is:200
```

说明:由于 Mp3 和 Telephone 类采用虚拟继承方式继承了共同基类 Electron,在派生类 Mobilephone 中只保留一份 Electron 的副本,所以,在 main()函数直接访问 Electron 的成员 price 和 setprice()时,不会产生编译出错。

6.6.3 多种继承的构造顺序

(1)虚基类的构造函数在非虚基类之前调用。

(2)若同一层次中包含多个虚基类,这些虚基类的构造函数按它们说明的次序调用。

(3)若虚基类由非虚基类派生而来,则仍然先调用基类构造函数,再调用派生类的构造函数。

注意:在语言中实现多继承并不容易,主要由于编译程序问题,还有模糊性问题。建议尽量避免用多重继承。

6.7 案例解析

本案例利用类的派生来实现大学学员信息系统的管理,是一个典型的通过虚拟继承来解决类继承层次中二义性问题的实例。

在本案例中,首先设计一个 Person 类。通过该类保存人员的最基本信息:姓名(Name)、年龄(Age)和性别(Sex)。然后使用该类派生出工人类 Worker 和学生类 Student,在其中添加各自的特性,如在 Student 类中添加如下信息:院系(department)、专业(speciality)和学号(num)等,在 Worker 类中添加如下信息:部门(department)和工作(job)等。还有,由于学生不仅是学生,在社会上还是工人,因此需要具备 2 个属性特征。于是在这 2 个基类的基础上派生出学员类 WorStu 的属性,它不仅具有 Worker 的属性,也具有 Student 的属性。此案例的 UML 图解如图 6-6 所示。

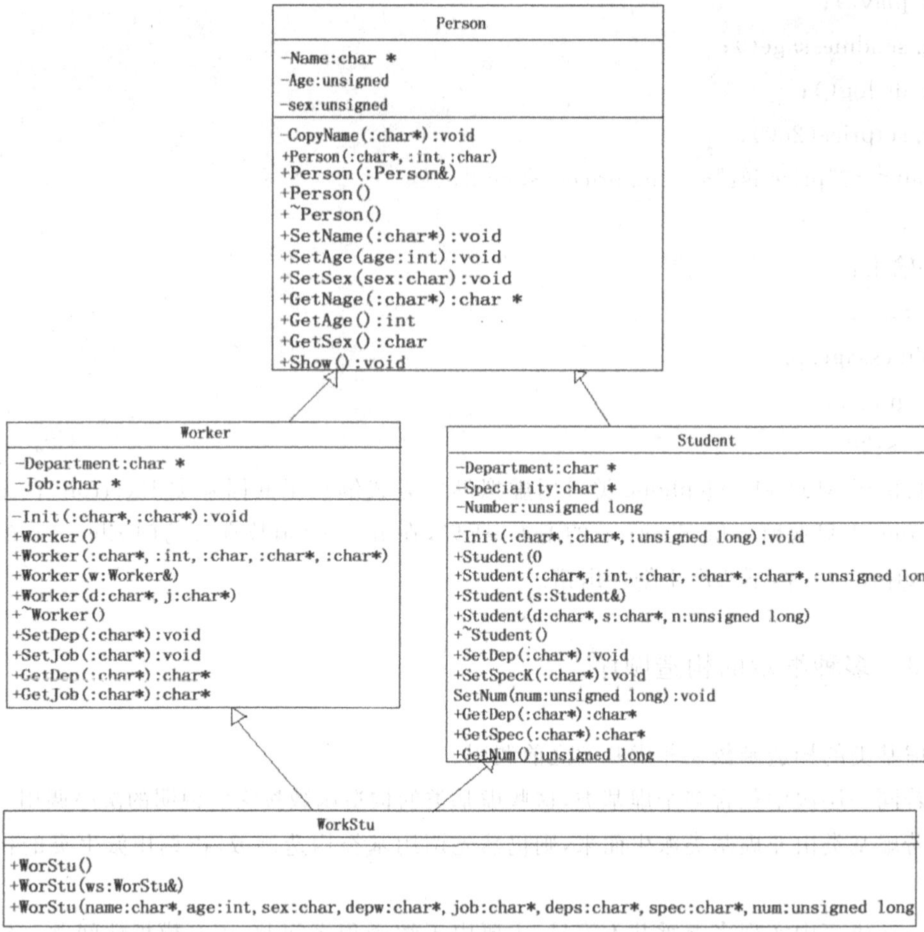

```
Person
-Name:char *
-Age:unsigned
-sex:unsigned
-CopyName(:char*):void
+Person(:char*,:int,:char)
+Person(:Person&)
+Person()
+~Person()
+SetName(:char*):void
+SetAge(age:int):void
+SetSex(sex:char):void
+GetNage(:char*):char *
+GetAge():int
+GetSex():char
+Show():void

Worker
-Department:char *
-Job:char *
-Init(:char*,:char*):void
+Worker()
+Worker(:char*,:int,:char,:char*,:char*)
+Worker(w:Worker&)
+Worker(d:char*,j:char*)
+~Worker()
+SetDep(:char*):void
+SetJob(:char*):void
+GetDep(:char*):char*
+GetJob(:char*):char*

Student
-Department:char *
-Speciality:char *
-Number:unsigned long
-Init(:char*,:char*,:unsigned long);void
+Student(0
+Student(:char*,:int,:char,:char*,:char*,:unsigned long)
+Student(s:Student&)
+Student(d:char*,s:char*,n:unsigned long)
+~Student()
+SetDep(:char*):void
+SetSpecK(:char*):void
SetNum(num:unsigned long):void
+GetDep(:char*):char*
+GetSpec(:char*):char*
+GetNum():unsigned long

WorkStu
+WorStu()
+WorStu(ws:WorStu&)
+WorStu(name:char*,age:int,sex:char,depw:char*,job:char*,deps:char*,spec:char*,num:unsigned long
```

图 6-6　UML 的图解

代码注解：

```
#include<iostream>
#include<sstream>
using namespace std;
class Person
{
  char *Name;                              //姓名
  unsigned Age:7;                          //年龄
  unsigned Sex:1;                          //性别
  void CopyName(char *);                   //复制姓名
  public:
    Person(char *,int,char);               //构造函数
    Person(Person&);                       //拷贝构造函数
    Person(){Name=0;Age=0;Sex=0;}          //无参构造函数
```

```
    ~Person(){delete Name;}                                  //析构函数
    void SetName(char *);                                    //设置姓名函数
    void SetAge(int age){Age=age;}                           //设置年龄函数
    void SetSex(char s){Sex=(s=='m'? 0:1);}                  //设置性别函数
    char * GetName(char *);                                  //获取姓名函数
    int GetAge(){return Age;}                                //获取年龄函数
    char GetSex(){return(Sex==0? 'm':'f');}                  //获取性别
    void Show();                                             //显示人员信息
};

void Person::CopyName(char * str)
{
  Name=new char[strlen(str)+1];
  strcpy(Name,str);
}
Person::Person(char  * name,int age,char s)
{
  CopyName(name);
  Age=age;
  Sex=(s=='m'? 0:1);
}
Person::Person(Person&p)
{
  CopyName(p.Name);
  Age=p.Age;
  Sex=p.Sex;
}
void Person::SetName(char * name)
{
  if(Name) delete Name;
  CopyName(name);
}
char * Person::GetName(char * str)
{
  strcpy(str,Name);
  return str;
}
```

```
void Person::Show()
{
  char str[8];
  cout<<"Name:"<<GetName(str)<<endl;
  cout<<"Age:"<<GetAge()<<endl;
  cout<<"Sex:"<<GetSex()<<endl;
}

class Student:virtual public Person//虚拟继承
{
  char * department, * speciality;                              //系别和专业
  unsigned long num;                                            //学号
  void init(char *,char *,unsigned long);                       //初始化数据成员函数
  public:
    Student(){init(0,0,0);}                                     //默认构造函数
    Student(char *,int,char,char *,char *,unsigned long);       //构造函数
    Student(Student&s){init(s.department,s.speciality,s.num);}//拷贝构造函数
    Student(char * d,char * s,unsigned long n){init(d,s,n);} //重载的构造函数
    ~Student(){delete department;delete speciality;}           //析构函数
    void SetDep(char *);                                        //设置系别
    void SetSpec(char *);                                       //设置专业
    void Setnum(unsigned long n){num=n;}                        //设置学号
    char * GetDep(char *);                                      //获取系别
    char * GetSpec(char *);                                     //获取专业
    unsigned long GetNum(){return num;}                         //获取学号
};

class Worker:virtual public Person                              //虚拟继承
{
  char  * department, * Job;                                    //部门和工作
  void init(char *,char *);                                     //初始化数据成员函数
  public:
    Worker();                                                   //默认构造函数
    Worker(char *,int,char,char *,char *);                      //构造函数
    Worker(Worker&w){init(w.department,w.Job);}                 //拷贝构造函数
    Worker(char * d,char * j){init(d,j);}                       //重载的构造函数
    ~Worker(){delete department;delete Job;}                    //析构函数
```

```
    void SetDep (char *);                               //设置部门
    void SetJob (char *);                               //设置工作
    char * GetDep (char *);                             //获取部门
    char * GetJob (char *);                             //获取工作
};
class WorStu:public Worker,public Student               //多重继承
{
  public:
    WorStu();                                           //无参构造函数
    WorStu(WorStu&ws):Worker(ws),Student(ws){};         //拷贝构造函数
    WorStu(char * name,int age,char s,char * depw,char * job,char * deps,char * spec,
    unsigned long n):Person(name,age,s),Worker(depw,job),Student(deps,spec,n){};
};

void Worker::init(char * dep,char * job)
{
  department=new char[strlen(dep)+1];
  strcpy(department,dep);
  Job=new char[strlen(job)+1];
  strcpy(Job,job);
}
Worker::Worker(char * name,int age,char s,char * dep,char * job):Person(name,age,s)
{
  int(dep,job);
}
void Worker::SetDep(char * dep)
{
  if(department)delete department;
  department=new char[strlen(dep)+1];
  strcpy(department,dep);
}
void Worker::SetJob(char * job)
{
  if(Job) delete Job;
  Job=new char[strlen(job)+1];
  strcpy(Job,job);
```

```
}
char * Worker::GetDep(char * buff)
{
    strcpy(buff,department);
    return buff;
}
char * Worker::GetJob(char * buff)
{
    strcpy(buff,Job);
    return buff;
}
void Student::init(char * dep,char * spec,unsigned long n)
{
    department=new char[strlen(dep)+1];
    strcpy(department,dep);
    speciality=new char[strlen(spec)+1];
    strcpy(speciality,spec);
    num=n;
}
Student::Student(char * name,int age,char s,char * dep,char * spec,unsigned long n)
    :Person(name,age,s)
{
    init(dep,spec,n);
}
void Student::SetDep(char * dep)
{
    if(department) delete department;
    department=new char[strlen(dep)+1];
    strcpy(department,dep);
}
void Student::SetSpec(char * spec)
{
    if(speciality) delete speciality;
    speciality=new char[strlen(spec)+1];
    strcpy(speciality,spec);
}
char * Student::GetDep(char * buff)
```

```
{
  strcpy(buff,department);
  return buff;
}
char * Student::GetSpec(char * buff)
{
  strcpy(buff,speciality);
  return buff;
}

void main()
{
  WorStu ws("zrf",25,'m',"Manager Office","Secretary","Computer Dep. ","Computer
    Science",123456);                    //调用构造函数初始化数据成员
  char str[80];
  cout<<"Name:"<<ws.GetName(str)<<endl;
  cout<<"Age:"<<ws.GetAge()<<endl;
  cout<<"Sex:"<<ws.GetSex()<<endl;
  cout<<"Work Dep:"<<ws.Worker::GetDep(str)<<endl;
  cout<<"Job:"<<ws.GetJob(str)<<endl;
  cout<<"College Dep. :"<<ws.Student::GetDep(str)<<endl;
  cout<<"Speciality:"<<ws.GetSpec(str)<<endl;
  cout<<"Student Code:"<<ws.GetNum()<<endl;
}
Name:zrf
Age:25
Sex:m
Work Dep:Manager Office
Job:Secretary
College Dep:Computer Dep.
Speciality:Computer Science
Student Code:123456
```

本章小结

继承给编程带来了代码可重用的方便性,人们不需要重复编码,就能使用继承来的代码。

然而，继承也使直接阅读代码遇到一些困难。因为从当前类的头文件中看不到所有的公有操作，于是就跟踪到其父类，可能父类上面还有父类，有可能是递归过程。从另一方面说，继承不但有利于数据和操作的保护，也有利于源代码的保护。

公有化继承是最普通的继承形式，它使得子类可以最大限度地分享基类的资源，维持基类的界面不变性。

多继承是很少几种语言实现的机制之一，它需要性能保证及复杂对象构造的处理和访问技巧，同时也要面对多重继承中的设计问题，如基类成员名字冲突问题。在程序规模扩大之后，具有多重继承的结构在现有编程方法之下局面会变得不可收拾，所以只有很专业的软件开发者会系统化地使用多重继承。C++的标准库中用到了一些多重继承，C++标准的未来发展趋势趋向于淡化多重继承。

继承的对象结构中包含了基类对象，所以才使得子类具有基类的性质，子类对象是基类对象的一种特殊情况，因此，子类对象就是基类对象。由此，还必须解决子类对象何时进行自己的操作及何时进行基类的操作问题，同时还不能影响最重要的抽象编程的特性。我们在后面的章节会对此做较深入的讨论。

习　题

1. 修改以下程序，并运行得出结果。

```
#include <iostream.h>
class demo
{
  protected:
    int j;
  public:
    demo(){j=0;}
    void add(int i){j+-i;}
    void display()
    { cout<<"Current value of j is : "<<j<<endl;}
};
class child:public demo
{
  char ch;
  public:
    void sub(int i){j-=i;}
};
void main()
{
```

```
  child object,obj;
  object.display();
  object.add(10);
  object.display();
  object.sub(5);
  object.display();
  obj.display();
}
```

2. 对比分析 public、private、protected 三个继承方式的不同之处。

3. 对下面程序中类 Base1 和类 Base2 按照公有继承方式添加派生类 Derived，并在 Derived 类中添加构造函数，功能是输出“Derived constructor called”；添加析构函数，功能是“Derived destructor called”，分析并得出运行结果（主函数已给定）。

```
#include <iostream.h>
class Base1
{
  public:
    Base1(){cout<<"Base1 constructor called"<<endl;}
    ~Base1(){cout<<"Base1 destructor called"<<endl;}
};
class Base2
{
  public:
    Base2(){cout<<"Base2 constructor called"<<endl;}
    ~Base2(){cout<<"Base2 destructor called"<<endl;}
};
void main()
{
  Derived objD;
  Base1 obj1;
  Base2 obj2;
}
```

参考文献

[1]钱能. C++程序设计教程(第二版). 北京:清华大学出版社,2006

[2]谭浩强. C++程序设计. 北京:清华大学出版社,2004

[3]施平安,段超,郝清赋. C++程序设计教程. 北京:冶金工业出版社,2007

[4]郑莉,张瑞丰,李莉,等. C++语言程序设计案例教程. 北京:清华大学出版社,2005

[5]成岩,周露,杨嘉伟. C++语言与应用基础. 北京:科学出版社,2002

第 7 章 面向对象程序设计的方法与步骤

面向对象不只是一种程序设计方法，还是一种建立客观事物模型、分析复杂事物的思想方法，它以人们通常描述现实世界的方法来描述要解决的问题。面向对象是目前成熟并流行的软件工程方法之一，主要包括面向对象分析和面向对象程序设计。面向对象程序设计吸收结构化程序设计的优点，同时又最大限度地解决了软件代码的重用和维护问题。

面向对象程序设计的方法是抽象和分类。

抽象是具体事物描述的一个概括，如根据张姗同学的情况抽象出学生类。学生是抽象的概念，张姗同学是具体的概念。

分类即具体化，使概念逐渐细化，是归类的逆过程。如从在校人员中分类出行政人员、教师和学生。行政人员中又分类出辅导员、秘书、后勤服务人员、教学服务人员等。

下面我们将以面向对象的思想对 Josephus 问题进行分析。

7.1 问题描述

Josephus 问题：n 个小孩围成一圈做游戏，游戏将决出一个胜利者。假定一个数 m，从第 s 个小孩起，顺时针计数，每数到第 m 个小孩时，该小孩离开。接着又从下一个小孩开始数数，数到第 m 个小孩时，该小孩也离开，如此不断反复进行，最后剩下的一个小孩便是胜利者。对于一定的 n、m、s，究竟胜利者是谁呢？见图 7-1。

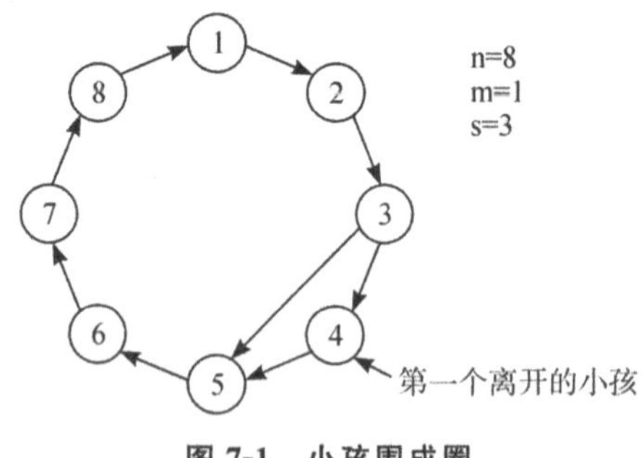

图 7-1　小孩围成圈

7.2 过程化分析

如果是一个庞大的问题，首先需要对问题进行分析，对数据层次做一个逐步细化的划分。

然后，根据分析的数据建立数据结构，或者对应为对象化编程中的数据类型，或者进行过程化编程，编写算法，最后整理出解决问题的整套程序。

因为这个问题比较小，所以只要简单地抽取数据——小孩，安排小孩数据的存储结构——数组，或者向量也可以，还可以是循环链表。不同的数据结构，处理的算法也不同。给定的数据结构，其元素个数便是小孩数，假定小孩数必须在运行中才能获得，则该数据容器的规模取决于运行中输入的一个变量值。

对每个小孩赋予一个序号，作为小孩的标志，序号连续排序，可为初始化赋值带来方便。

当小孩离开时，或者作一个已离开标记，或者干脆将其从数据容器中清除。围成一圈的小孩是一个环状数据结构，如果将一个小孩容器实现为线性结构，则必须有从尾部到头部的元素下标跳跃。

根据粗略的分析，我们得到一个处理 Josephus 问题的抽象算法描述：

(1)Josephus 问题解答抽象算法；

(2)获得小孩数 n、开始位置 s、间隔数 m；

(3)创建环链表；

(4)循环技术，排除 n−1 个小孩；

(5)输出剩下的小孩编号(胜利者)；

(6)善后工作(清除环链表)。

该算法的抽象性，使得不管采用什么编程方法都能适用。无论是过程化编程还是对象化编程都可以依次确定应用代码，其最后的编程细节依赖于所有的数据结构。由于小孩围坐一圈，形成环状，所以不妨采用自行实现的环状表，以便更加直观和形象地表达操作过程。

环状表中，为了能进行所指向小孩节点的脱链操作，需要一个哨兵(pivot)指针，见图7-2。

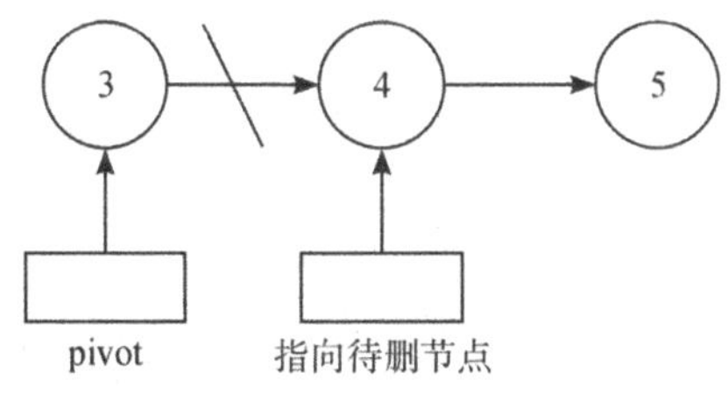

图 7-2　脱链操作示意

为了使问题合理可解，需要对获得的小孩数、起始位置和间隔数的范围进行约束。小孩数不能是 1 以下的数。起始位置不能小于 1，也不能超过小孩数。计数间隔数至少是 1，也不能超过小孩数。

创建环链表和环链表操作是技术性很强的工作，需要一个过程来完成，实现的方法可以不同，但最后必须使环中剩下一个元素，也就是表示获胜小孩的那个元素。

善后工作也是重要的，胜利者求解过程结束后，应该把创建的环状表清除。

7.3 基于对象的分析

在对象化编程中，先确定抽象数据类型，然后根据确定的抽象数据类型进行抽象编程。对于简单的问题，一般可以执行下面的步骤：

(1)找出类；

(2)描述类与类之间的关系；

(3)用类来界定抽象层次，从而组织程序结构。

找出类主要靠经验，对于小规模的问题，这是可以做好的。程序员可由一系列的候选类开始，然后考虑哪一个是最基本的以及哪一个是第二位的或者是被引出的。候选类可从以下各项找出：

(1)有形的、可视的或描述的东西，像电视机、微波炉、桌子、问题等；

(2)角色，如操作电视机的人、小孩、桌子上摆放的东西、问题中涉及的链表结构等；

(3)事件，如操作电视机的亮度、桌子的移动、问题中描述的操作等。

对于复杂的程序，程序员必须做全面深入的分析，并充分了解问题的各项细节，然后将问题分类，如哪些与电视机有关，哪些与桌子有关等，抽象出描述的对象。

对于简单的问题，通过问题陈述和列出名词表可以解决。由这样的分析方法得出，类的实体跟生活中的事物基本上是一一对应的，所以比功能划分要直观。例如解决 Josephus 问题的名词表为：

- Josephus 问题；
- 小孩；
- 链表；
- 开始位置；
- 小孩数；
- 计数间隔；
- 小孩离队；
- 输出胜利者，等等。

由于小孩有多个，可以看作是一系列相同性质的实体，从而为其架构一个数据结构。该数据结构便是环链表。

其中，“开始位置”、“小孩离队”、“计数间隔”都与环链表有关。环链表应包括一个存放小孩结构的数组(用线性结构模拟环链表比较简单)，创建环链表时，便要分配该结构数组，初始化结构数组成为环链表结构等。

这些名称有些是类，如小孩、链表都可以构造抽象数据类型，但只有链表才是数据结构，因为它以环链形式存储多个小孩。有些是组成类的属性，如小孩数、开始位置，有些是描述类的行为，如小孩离队等。

作为一个要处理的 Josephus 问题，我们也可以把它看作是一个类。它有若干操作，如创建初始的问题、循环计数、排除 n－1 个小孩、输出胜利者等。

作为环链表，它也包括一些数据属性（结构数组、当前位置、哨兵）和操作（创建环链表、小孩离队、计数）。

把两个独立的事物看成抽象数据类型并分别实现，就把握了抽象编程的要害，有助于编程与理解。接下来就是要把两个类描述清楚。描述过程中涉及对数据属性和操作的命名，这又是一件极具艺术性的工作。可以先建立类卡片，如图 7-3 所示。

Josephus 类	
construct	boyNum
getWinner	interval
	startPos

BoyRing 类	
construct	pBegin
countBy	pivot
disengage	pCurrent
getNum	
printAll	

图 7-3 类的卡片描述

图中每张卡片左面是操作描述，表示类的外部界面，右面是数据属性描述。有了这些类描述，就可以设计程序了。在 Josephus 问题求解的抽象层面中，有了 Josephus 类，则只要

//主函数

创建一个 Josephus 类对象

调用 getWinner

就行了，无须涉及环链表及其操作的细节。

7.4 基于对象的解决方案

应用抽象层次上的编程，就是 Josephus 类和 BoyRing 类都已经设计就绪后，在 main 函数中输入一些条件数据（小孩数、间隔数等），然后直接创建 Josephus 对象，调用其 getWinner 操作即可。main 中无须涉及环链表细节，甚至 Josephus 类的细节。于是问题就集中在Josephus类是如何描述问题解答的，以及 BoyRing 类是如何维护其自身的数据结构的。我们有如下设计：

Josephus 类

{

　内部数据成员

　小孩数

　开始位置

　计数间隔

　界面

　　构造函数

```
    求获胜者
}
```

其中，Josephus 类界面的具体操作描述为：

```
构造函数
  小孩校验
  开始位置校验
  计数间隔校验
求获胜者
  输入小孩总数 n、开始位置 s、间隔数 m
  创建环链表(BoyRing 类对象)
  转到链表开始位置
  while(小孩数多于一个)
    数 m 个小孩
    小孩输出
    小孩离队
  endwhile
  输出获胜者
```

在 Josephus 类中用到了 BoyRing 类，其设计如下：

```
BoyRing 类
{
  内部数据成员
  小孩结构指针
  当前小孩指针
  小孩哨兵
  界面
    构造函数
    析构函数
    数 m 个小孩
    小孩离队
    返回当前小孩编号
    输出所有小孩
}
```

其中，BoyRing 类界面的具体操作描述为：

```
构造函数
  按小孩数申请空间
  初始化为环结构，小孩编号
  指针赋初值
```

析构函数
　释放空间
数 m 个小孩
　for(m 间隔)
　　挪到下一个小孩位置
　endfor
小孩离队
　哨兵指向的小孩指向当前小孩的下一个小孩
　当前小孩指针等同哨兵
返回当前小孩编号
　返回当前小孩指针指向的小孩编号
输出所有小孩
　按满 10 个小孩换一行的格式输出环中所有小孩

算法解释：类结构描述和类的操作描述也看作是一种算法描述，这有点牵强，其实因为类的结构性很强，完全可以用表格的形式代替这种描述。

该程序分成三个抽象层次：第一层是应用层，直接指使 Josephus 类对象去完成求解工作；第二层是 Josephus 类层，描述 Josephus 问题的求解细节；第三层是 BoyRing 类层，辅助 Josephus类完成求解过程。

图 7-4 表示了上述三个层次之间的关系，这也是程序模块之间的关系。

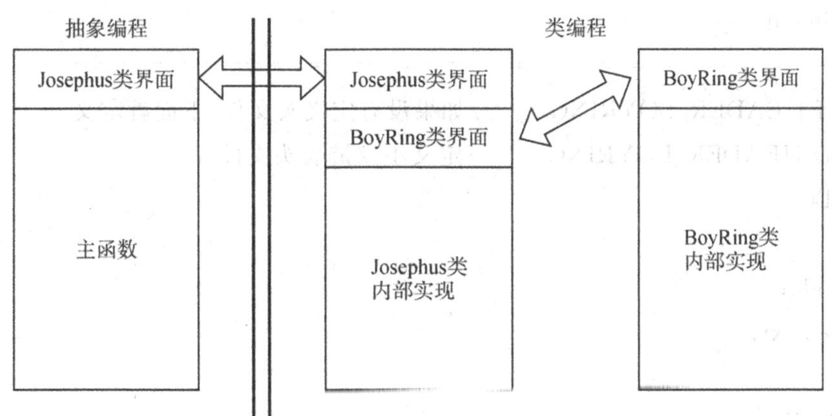

图 7-4　对象化实现中程序模块的相互关系

图中，main 函数用到了 Josephus 类，Josephus 类又用到 BoyRing 类，所以类也可以是其他类的使用者。

Josephus 类中的数据成员有小孩数、开始位置和计数间隔。因为有了这些数据，就可以确定一个 Josephus 问题的解。Josephus 类的成员函数只有两个：一个为构造函数，另一个为求胜利者。对于给定的数据成员，只需要简单操作(求解)一次就可以得出结果。当然，它也是求解 Josephus 问题的主算法，中间使用了 BoyRing 类的操作以创建环链表，然后进行各项环操作，从而得出结果。

我们看到，对象化编程和过程化编程的内在不同，使得各个操作的划分不同，“求胜利者”与“循环计数，排除 n－1 个小孩”的过程化虽然相似，但操作序列的划分还是存在一定的差异，更不用说别的操作了。

将一个问题分解成一个个的类，而类又都是独立的，仅以界面示人，编程格式又有规范，比函数布局要容易。由于类自成体系，也就容易阅读、容易维护、容易调试。

基于对象编程就是各不相同的抽象层次之下的编程。只要将问题中的对象描述清楚，层次划分清楚，C++便能用语言描述。待到类结构描述清楚了，余下的事就是简单地创建对象和编写更高抽象层次的应用代码了。描述问题变得抽象，变得简单。很显然，这里的抽象是以许多具体操作的实现为基础的。

基于对象的编程方式将程序编制分成两类：

一类是抽象代码的设计，也就是应用程序设计，由于采用“拿来主义”的工作方式，使用别人设计好的类资源而使这部分工作变得简单。过去的所谓的大规模程序，是因为编制什么程序都要程序员亲手动手，显得工作量大，现在看过去那种规模的程序就不叫大程序了。正像过去的大型计算机，就速度而论，连现在微型计算机都比不上。

另一类是类库设计，类库设计需要有专业背景，比如设计数学库的人要懂数学。所设计的类也是软件产品，通过商业流通就成为程序员可以获得的资源了。由于类设计有鲜明的结构和规范，有很强的数据针对性，所以编程和调试都比过程化编程要容易。

下面是 Josephus 问题的基于对象的解决方法，它有两个头文件和三个源代码文件：

```
//========================================
//boyring.h
//========================================
#ifndef HEADER_BOYRING        //如果没有定义头文件，下面就定义
#define HEADER_BOYRING        //定义小孩链表头文件
struct Boy
{
  int code;
  Boy * next;
};
class BoyRing
{
  Boy * pBegin, * pivot, * pCurrent;
  public:
    BoyRing(int n);
    void countBy(int m);
    int getNum() const;
    void disengage();
    void printAll() const;
```

```
    ~BoyRing();
};
#endif      //小孩链表头文件

//=========================================
//boyring.cpp
//=========================================
#include<iostream>
#include "boyring.h"
using namespace std;
BoyRing::BoyRing(int n)
{
  if(n<2)
    throw exception();
  pBegin=new Boy[n];
  for(int i=1;i<=n;i++)
  {
    pBegin[i-1].next=&pBegin[i%n];
    pBegin[i-1].code=i;
  }
  pivot=pCurrent=&pBegin[n-1];
}

void BoyRing::countBy(int m)
{
  for(int i=1;i<=m;++i)
  {
    pivot=pCurrent;
    pCurrent=pCurrent->next;
  }
}

int BoyRing::getNum() const
{
  return pCurrent->code;
}
void BoyRing::disengage()
```

```
{
  pivot->next=pCurrent->next;
  pCurrent=pivot;
}

void BoyRing::printAll()const
{
  int numinLine=0;
  Boy * p=pCurrent;
  do
  {
    cout<<" "<<p->code;
    if(!(++numinLine%10)) cout<<"\n";
    p=p->next;
  }while(p!=pCurrent);
  cout<<"\n";
}

BoyRing::~BoyRing()
{
  delete[] pBegin;
}

//=========================================
//josephus.h
//=========================================
#ifndef HEADER_JOSEPHUS
#define HEADER_JOSEPHUS
class Josephus
{
  int n,m,s;
  public:
    Josephus(int boys,int interval,int begin=1);
    void getWinner()const;
};
#endif     //JOSEPHUS 问题头文件
//=========================================
```

```
//josephus.cpp
//===========================================
#include "boyring.h"
#include "jose.h"
#include <iostream>
using namespace std;
Jose::Jose(int boys,int interval,int begin):n(boys),m(interval),s(begin)
{
  if(n<2 || m<1 || m>=n || s<1 || s>=n)
  {
    cerr<<"data error.\n";
    throw exception();
  }
}

void Josephus::getWinner()const
{
  cout<<"There are "<<n<<" boys.\nBoys leaved in order:\n";
  BoyRing x(n);
  x.countBy(s-1);
  for(int i=1,numinLine=0;i<n;++i)
  {
    x.countBy(m);
    cout<<" "<<x.getNum()<<(++numinLine%10 ? "":"\n");
    x.disengage();
  }
  cout<<"\nthe winner is\n"<<x.getNum()<<"\n";
}

//===========================================
//Josephus 问题基于对象的实现
//===========================================
#include "josephus.h"
#include <iostream>
using namespace std;
void main()
{
```

```
    cout<<"please input boyNum/interNum/startPos:\n";
    int n,m,s;
    cin>>n>>m>>s;
    Jose jose(n,m,s);
    jose.getWinner();
}
```

程序输出：

```
Please input boyNum/interNum/startPos:
10 3 3
There are 10 boys.
Boys leaved in order:
3 6 9 2 7 1 8 5 10
The winner is
4
```

说明：BoyRing 类定义了环链表的数据属性与操作，其数据成员采用了指针指向动态申请的 Boy 结构的数组形式。这是为 Josephus 类特地制作的。从意义上说，Boy 结构应该与环链表分离，以使环链表具有更大的共享性，这里为程序格式上的紧凑，在充分表现了对象化编程特征的前提下，将二者并在了一起。

BoyRing 类所提供的操作也就是 BoyRing 类界面，它们是：数 m 个小孩，返回当前编号，输出所有小孩，小孩离队，以及构造和析构。这里使用 BoyRing 类的 Josephus 类用户，并没有全部用到 BoyRing 类界面中提供的所有操作，这是情理中的事。BoyRing 类不是针对 Josephus 类而设计的，而是以能够提供什么样的服务而设计的。这也是为什么就源代码长度而论，对象化编程的语句条数要多于过程化编程的原因。然而，需要明确的是程序的复杂度不是主要以语句条数的多少来衡量，而是首先衡量可读性，然后才衡量读的篇幅。程序的复杂度还要看生成的代码及代码执行的复杂度，以及时间和空间的利用率等。而类代码和被调用的成员函数是不会生成到代码中去的，更不会影响运行的性能。

人们总是希望抽象，因为抽象能把握大局，抽象可以决定具体的对象，对象可以拥有自己的操作集合。如此依赖，各个不同的对象就各司其职了。对象只要在操作时才设计数据，所以抽象略去了处理数据的细节，因为可以在更高层次上考虑对象的活动细节，这就是较高层次的抽象编程。抽象编程基于对象来说，一定的对象具有一定的操作细节。因此，编程就是安排对象的工作，至于对象的工作细节是不用当前编程者考虑的。事实上，现在的大规模编程和高级编程都是以对象为基础的，基于对象的编程方法使我们永远可以在过去工作的积累中滚动前进。

本章小结

对象化编程是在模块化基础之上的进一步抽象编程。它强调分离抽象层次，让程序员分工,关心不同抽象层次中的细节。由于类机制做得好,使得程序员不用去关心不同抽象层次的联系,数据安全而隐蔽,不同抽象层次的职责分明。这一切,全归功于抽象数据类型(由类机制来支持)的设计与实现,所以程序若是以抽象数据类型来规范:

程序＝算法＋抽象数据类型

质量就更高。

相比之下,过程化编程强调功能。它以过程模块为中心,分层逐步展开程序设计。但是功能的大小界定没有统一的标准,不同程序员的设计会反映不同的思维、风格和习惯,这给理解带来了一定难度。同时它不能隐藏数据复杂性,强迫程序员必须全程了解编程过程的每个细节。

习　题

仔细阅读本章的内容,理解编程的实质,然后收集相关的资料,写一篇关于编程方法分析或议论的课程小论文。题目自定,字数 500～1000。

参考文献

[1]谭浩强. C＋＋程序设计. 北京:清华大学出版社,2004

[2]钱能. C＋＋程序设计教程(第二版). 北京:清华大学出版社,2006

第 8 章 多态与抽象类

多态，顾名思义，是指多种形态。在 C++程序设计中，多态性是指具有不同功能的函数可以用同一个函数名，这样就可以用一个函数名调用不同功能的函数。在面向对象程序设计中一般是这样描述多态的：向不同的对象发送同一个消息，不同的对象在接收时会产生不同的行为。也就是说，每个对象可以用自己的方式去响应共同的消息。所谓消息，就是调用成员函数，不同的行为就是指不同的实现，及执行不同的函数。在前面学习中，函数的重载、运算符重载都可以说是多态。运算符"+"使两个数值相加，就是发送一个消息，调用 operator+函数。实际上，整型、单精度型、双精度型的加法操作过程是互不相同的，是由不同内容的函数来实现的。显然，它们以不同的行为或方法来响应同一消息。

继承结构给描述问题带来了方便，让我们能够重用许多设计代码。继承中的多态实现又帮助我们走向面向对象编程。然而，编程中除了使用系统给出的资源外，我们对重用别人的类的依赖性越来越强，当资源提供者宣布类的版本已经修改，不过所有界面没有动时，我们自己的源代码可以不做任何修改。抽象编程的关键在于界面的相对稳定性。如何使界面保持相对稳定，或者说如何设计和维护界面，便是保证抽象编程质量的关键。

学习重点：

- 理解多态的概念；
- 掌握虚函数的应用；
- 理解抽象类及具体类的概念；
- 掌握纯虚函数。

8.1 派生类同化问题

函数调用的实际参数，随运行程序所获得的数据信息而变化，程序员理所当然也希望函数随着信息的改变而改变其行为。明确地说，既然一个集合中允许类家族的不同类的对象共存，则希望处理该容器中每个元素的操作（如下例中的 test 函数）具有分辨不同类对象的能力。但是在一个函数中派生类作为基类的引用式形参时被同化，没有表现多态性。也就是说，派生类不能表现出自己的特性，而是表现基类的特性。例如：

```
//======================================
//0801.cpp
//派生类同化的实例
//======================================
#include <iostream.h>
```

```
class Parent
{
  public:
    void print()
    {
      cout<<"This is Parent class"<<endl;
    }
};
class Child:public Parent
{
  public:
    void print()
    {
      cout<<"This is Child class"<<endl;
    }
};
void test(Parent& a)//派生类被同化为基类
{
  a.print();
}
void main()
{
  Parent p;
  Child c;
  c.print();
  test(p);
  test(c);
}
程序输出:
This is Child class
This is Parent class
This is Parent class
```

说明:Child 类继承了 Parent 类,在以自己的身份表现时,显示了自己的特色。如语句 c.print()输出的结果是 This is Child class,当父母对象 p 和子女对象 c 作为参数传递给 test 函数时,子女对象 c 在 test 函数中并不被看作为子女。当以 test(p)调用时,形参 a 为 Parent 类对象,a.print()表示 Parent 的操作。以 test(c)调用时,形参 a 引用 Child 类对象,a.print()应该表示 Child 的类操作,但结果仍然是 Parent 的类操作。c 虽然是子女对象,但传递给 Parent 引用对象 a 之后，一切都表现为 Parent 的类操作。

为了实现一个操作随着所传递或捆绑的对象类型不同而能够作出不同的反应这一目标，在 C++中引入了虚函数这一概念。那么，虚函数是如何实现的呢？

8.2 多态与虚函数

在 C++类机制中利用滞后捆绑的技术来解决抽象编程问题。通过这种技术预先设定其成员函数的虚函数性质，使得任何捆绑该成员函数的未定类型的对象操作在编译时，都以一个不确定的指针来编码，到了运行时，遇到确定的类型，才指定其真正的行为。即滞后到运行时，根据具体类型的对象来捆绑成员函数。当然如要实现这一目标，必须用到C++中虚函数的概念。

虚函数是实现多态技术的关键。因为在 C++中，要想取得多态性的行为，所调用的函数就必须是虚函数。一个包含虚函数的类称为多态类。在包含多态类的继承层次中，程序将根据指针所指向的对象类型来确定所要调用的函数。声明虚函数的形式如下：

virtual　返回值类型　函数名(参数表)；

例如，设计一个人员类 Person，其中包含显示人员姓名的虚函数 Disp()，然后派生出本科类 Student 和研究生类 GraduateStudent，最后在主函数中通过该虚函数实现多态性调用。

在设计了一个 Person 类后，派生出学生类 Student 和研究生类 GraduateStudent。每个类中都有自己的 Disp()函数，但是本科类和研究生类的 Disp()函数输出的信息不同。用户希望程序只需使用基类 Person 指针调用 Person 成员函数，就能够输出任何一种不同类的信息。为此，程序必须能够在运行时确定基类 Person 指针所指向的派生类对象所属的具体类型，以便能够正确调用派生类的 Disp()函数。要达到以上目的，必须把函数 Disp()定义为虚函数。实现代码如下：

```
//========================================
//0802.cpp
//虚函数的实例
//========================================
#include<iostream>
using namespace std;
class Person
{
  protected:
    char * name;
  public:
    Person(char * s)
```

```
    {
      name=new char[strlen(s)+1];
      strcpy(name,s);
    }
    virtual void Disp()//虚函数
    {
      cout<<"My name is "<<name<<"(Person)"<<endl;
    }
};
class Student:public Person
{
  private:
    int id;
  public:
    Student(char *s,float i):Person(s),id(i){};
    void Disp()
    {
      cout<<"My name is "<<name<<"(Student)"<<endl
       <<"My id is "<<id<<endl;
    }
};
class GraduateStudent:public Person
{
  private:
    int j;
  public:
    GraduateStudent(char *s,int n):Person(s),j(n){};
    void Disp()
    {
      cout<<"My name is "<<name<<"(GraduateStudent)"<<endl;
      cout<<"I have "<<j<<" publications"<<endl;
    }
};

void test(Person &a)            //会表现出多态性
{
  a.Disp();
```

```
}

void main()
{
    Person x("psg");
    test(x);
    Student y("sst",5);
    test(y);
    GraduateStudent z("ggs",6);
    test(z);
}
```

程序输出：

```
My name is psg(Person)
My name is sst(Student)
My id is 5
My name is ggs(GraduateStudent)
I have 6 publications
```

说明：在以上程序中，a. Disp()表现出多态，其编译不能立即确定 Disp()的位置，即不能确定是基类 Person 的 Disp()函数，还是派生类 Student 或派生类 GraduateStudent 的 Disp()函数。当编译器看到 Disp()的虚函数标志时，便先记下来，等遇到 Disp()这个虚函数的调用时，便将该捆绑操作滞后到运行中，以实际的对象类型来捆绑其对应的成员函数操作，如程序中语句 test(y)，便知调用的是 Student 类的成员函数 Disp()；而到语句 test(z)时，便知是调用 GraduateStudent 类的成员函数 Disp()。当然，编译器不可能跟到运行的程序中去，而是在捆绑操作 a. Disp()处避开函数调用，只做一个指向实际对象的成员函数的间接访问。如此，实际对象是基类，则调用的就是基类成员函数；若是派生类，则调用的就是派生类的成员函数。如上程序语句 test(x)，调用的是基类成员函数，而 test(y)和 test(z)则调用派生类的成员函数。

在 test 函数中，a 是 Person 类的引用式形参，Person 类对象、Student 类对象和 GraduateStudent 类对象都可以作为实参传给形参 a。如果是引发实际复制动作的传递，则子类对象完全变成基类对象了，即不会有多态了。例如：

```
void test(Person a)
{
    a. Disp();
}
```

因为在参数传递的过程中已经将对象的性质做了肯定的转变，而对于确定的对象，是没有选择操作的。因此，仅对于对象的指针和引用的间接访问，才会有多态现象。

注意：一旦将基类的某个成员函数声明为虚函数，即使派生类在重载该函数时没有将其声明为虚函数，在继承层次中，这个基类的所有派生类也会默认地将该函数视为虚函数。在此，建议在重载函数时，最好使用关键字 virtual 显式地声明它，以提高程序的可读性。

8.3　抽象类

如果声明了一个类，一般可以用它定义对象。但是在面向对象程序设计中，往往有一些类，它们不用来生成对象。定义这些类的唯一目的是用它们作为基类去建立派生类。它们作为一种基本类型提供给用户，用户在这个基础上根据自己的需要定义出功能各异的派生类，用这些派生类建立对象。这样的类称为抽象类。因为在继承层次结构中，抽象类通常作为基类，所以一般将它称为抽象基类。抽象类在定义上是不完整的，因此不能实例化抽象类的对象。它代表了一个非常广泛的概念，如交通工具。相应地，具体类是可以进行实例化的类，代表一个较为容易描述的概念，如汽车、飞机、轮船等。这些都属于交通工具，但是它们更加具体，更易于理解和描述。继承层次不必非要包含抽象类，但是大多数优秀的面向对象软件系统都以抽象类作为继承层次中的顶级类。

在 C++中，想要将一个类声明为抽象类，就必须将该类中一个或多个成员函数定义为纯虚函数，换句话说，抽象类必须至少包含一个纯虚函数。所谓纯虚函数是指那些没有提供具体实现的虚成员函数。纯虚函数的声明形式如下：

virtual　返回值类型　函数名(参数列表)＝0；

纯虚函数不提供函数的实现细节。因为纯虚函数是不能被调用的，所以包含纯虚函数的类是无法建立对象的。抽象类的每个具体派生类都必须重载所有基类纯虚函数，并根据本派生类的实际需要，定义这些函数的具体实现细节。与纯虚函数相比，虚函数通常提供实现细节，并允许派生类重载它；而纯虚函数不提供实现细节，并要求派生类必须提供适合自身的实现细节。

尽管不能实例化抽象类的对象，但是可以使用抽象基类来声明引用，这些引用可以指向从抽象类派生而来的任何具体类的实例。程序可以利用抽象基类的引用，对派生的具体类进行多态处理。例如：

```
//=========================================
//0803.cpp
//抽象类的实例
//=========================================
#include <iostream.h>
class Display
{
  public:
    virtual void init()=0;
    virtual void write(char * pstr)=0;
```

```
};
class Monochrome:public Display
{
  virtual void init();                          //覆盖纯虚函数
  virtual void write(char * pstr);              //覆盖纯虚函数
};
class ColorAdapter:public Display
{
  public:
    virtual void write(char * pstr);            //覆盖纯虚函数
};
class SVGA:public ColorAdapter
{
  public:
    virtual void init();                        //覆盖纯虚函数
};
void Monochrome::init(){}
void Monochrome::write(char * pstr)
{
  cout<<"Monochrome:"<<pstr;
}
void ColorAdapter::write(char * pstr)
{
  cout<<"ColorAdapter:"<<pstr;
}
void SVGA::init(){}

void g(Display& d)
{
  d.init();
  d.write("hello.\n");
}
int main()
{
  Monochrome mc;
  SVGA svga;
  g(mc);
```

```
    g(svga);
}
程序输出:
Monochrome:hello.
ColorAdapter:hello.
```

说明:Display 类有两个基本的纯虚函数:init 和 write。对不同的显示器,初始化 init 和写屏 write 的操作是不同的,所以 Display 类无法实现这两个成员函数。Display 的子类 Monochrome 不是抽象类,因为它覆盖定义了 init 和 write 操作。SVGA 类也不是抽象类,介于 Display 类和 SVGA 类之间,有一个 ColorAdapter 类。因为 ColorAdapter 类中仍然含有纯虚函数,所以 ColorAdapter 还是抽象类。在 SVGA 类中,覆盖实现了 init 虚函数,所以,SVGA 中不再有纯虚函数了。SVGA 是具体类,由它可以创建具体的对象。

由此可见,从语法上看,抽象类是一种特殊的、动态的多态类。

比起多态类来,抽象类更侧重于表达类的抽象层次。抽象类和它的实现类的关系虽然也是一种继承关系,但这种继承与前面讲的继承有一种质的区别。非抽象类的继承着眼点在于代码重用,称为类继承;抽象类的继承着眼点在于为一组具有某些共性的具体类提供统一的访问接口,称为接口继承。接口继承的目的是为复杂对象提供构造基础。

抽象接口是一种特殊的抽象类,它只含有一组纯虚函数而无任何其他成员。抽象接口甚至可以在不同平台上用不同语言实现,是目标代码级重用技术的基础,也是分布式对象技术的基础。

8.4　案例解析

该案例描述一个简单的职工工资管理系统,说明多态性在实际中的应用。

编写一个程序,实现高校职工工资管理。为简单起见,假设高校职工分两类:一类是教学人员,一类是行政人员。职工工资由两部分组成:基本工资(basesalary)和奖金(prize),其中教学人员的奖金是按每月课时数与相应的职称(教授、副教授、讲师、助教等)计算,助教每课时 40 元,其他职称分别比前一级职称每课时增加 10 元。行政人员的奖金是按行政级别(局级 4000 元、处级 2000 元、科级 1000 元及一般人员 500 元等)计算。要求计算职工的月工资,并显示职工的基本信息。代码实现如下:

```
#include<iostream>
#include<sstream>
using namespace std;
class Staff                              //抽象类
{
  protected:
    int staffno;                         //工号
```

```
    char * name;                              //姓名
    int month;                                //月份
    int basesalary;                           //基本工资
    int prize;                                //奖金
  public:
    Staff(int,char * ,int,int);
    ~Staff();
    virtual void countprize()=0;              //纯虚函数
    virtual void display()=0;                 //纯虚函数
};
class Teacher:public Staff
{
  protected:
    char status[10];                          //职称
    int coursetimes;                          //课时数
  public:
    Teacher(int,char *,int,int,char *,int);
    void countprize();
    void display();
};
class Administrator:public Staff
{
  protected:
    char grade[10];                           //行政级别
  public:
    Administrator (int,char *,int,int, char *);
    void countprize();
    void display();
};

Staff::Staff(int s, char * n,int m,int b)
{
  staffno=s;
  name=new char[strlen(n)+1];               //动态申请内存空间
  strcpy(name,n);
  month=m;
  basesalary=b;
```

```
}
Staff::~ Staff()
{
  delete name;
}
Teacher::Teacher(int sn,char * n,int m,int bs,char * s,int ct)
: Staff(sn, n, m,bs)
{
  strcpy(status,s);
  coursetimes=ct;
}
void Teacher::countprize()                          //计算课时津贴
{
  int rate=40;                                      //助教课时单价
  if (!strcmp(status,"教授"))
    rate=rate+3 * 10;                               //教授课时单价
  else if (!strcmp(status,"副教授"))
    rate=rate+2 * 10;                               //副教授课时单价
  else if (!strcmp(status,"讲师"))
    rate=rate+10;                                   //讲师课时单价
  prize= rate *  coursetimes;                       //课时津贴
};
void Teacher::display()
{
  cout<<"月份：    "<<month;
  cout<<"工号：    "<<staffno;
  cout<<"姓名：    "<<name;
  cout<<"职称：    "<<status<<endl;
  cout<<"基本工资:"<<basesalary;
  cout<<"课时津贴:"<<prize;
  cout<<"工资总额:"<< basesalary+ prize<<endl;
}
Administrator::Administrator (int sn,char * n,int m,int bs,char * g)
:Staff(sn, n, m,bs)
{
  strcpy(grade,g);
}
```

```
void Administrator::countprize()                    //计算月奖金
{
  if(!strcmp(grade,"局级"))
    prize=4000;                                     //局级奖金
  else if(!strcmp(grade,"处级"))
    prize=2000;                                     //处级奖金
  else if(!strcmp(grade,"科级"))
    prize=1000;                                     //科级奖金
  else
    prize=500;                                      //一般人员
}
void Administrator::display()
{
  cout<<"月份：     "<<month;
  cout<<"工号：     "<<staffno;
  cout<<"姓名：     "<<name;
  cout<<"行政级别:"<<grade<<endl;
  cout<<"基本工资:"<<basesalary;
  cout<<"奖金：     "<<prize;
  cout<<"工资总额:"<< basesalary+ prize<<endl;
}

void main()
{
  Teacher t1(1001,"wang",3,3000, "教授",24);
  Teacher t2(1002,"Li",3,1500, "讲师",20);
  Administrator a1(2001,"zhang",3,2500,"处级");
  Administrator a2(2001,"zhao",3,1500,"科级");
  Staff *ss[4]={&t1,&t2,&a1,&a2};                  //用基类的指针数组存放各对象地址
  for(int i=0;i<4;i++)                             //依次调用各派生类对象的成员函数
  {
    ss[i]->countprize();
    ss[i]->display();
  }
}
```

程序输出：

```
月份： 3 工号： 1001 姓名： wang 职称： 教授
```

```
基本工资:3000 课时津贴:1680 工资总额:4680
月份:  3 工号:  1002 姓名:  Li 职称:  讲师
基本工资:1500 课时津贴:1000 工资总额:2500
月份:  3 工号:  1003 姓名:  zhang 行政级别:处级
基本工资:2500 奖金:2000 工资总额:4500
月份:  3 工号:  1004 姓名:  zhao 行政级别:科级
基本工资:1500 奖金:1000 工资总额:2500
```

说明:在本案例中,设计一个基类 Staff 类,然后派生出 Teacher 类和 Administrator 类。基类 Staff 应包含教师和行政人员共同的信息,如工号、姓名、月份、基本工资、奖金等。将基类 Staff 类设计为抽象类,其中包括纯虚函数 countprize()和 display(),countprize()函数用于计算月奖金,display()函数用于显示职工信息,这两个纯虚函数的实现需要由派生类 Teacher 和派生类 Administrator 完成。为了计算工资,派生类 Teacher 除了继承基类的属性外,还应有职称和课时数,Administrator 类应有行政级别。

从程序中可以看到,由于基类中定义了纯虚函数,用基类类型的指针数组来处理不同的派生类对象时,通过指针访问的便是派生类的成员函数,因此主程序中可以用循环结构,在循环体中用统一的形式调用不同派生类对象的成员函数,实现计算月奖金和显示职工工资信息的功能。

本章小结

继承实现多态,而且是机制中本来就具有的多态,这是抽象编程一个完美特性。如果没有继承,类就少了层次结构,代码重用和数据共享就不能够实现;有了继承,就会有抽象编程中的多态问题。只有从机制内部真正解决了多态表现问题,对象的数据封装、信息隐藏、代码重用等特性才能很好地发挥。

在 C++中,虚函数在其中充当了多态的重要角色。只要设置了虚函数,该类所代表的类层次结构就具有多态性了。虚函数一般都设在基类,然后“虚性”向下传递。虚函数的实现是要付出代价的,它让每个对象空间度凭空多出了一个指向类中虚函数地址表的指针。因此,设立了虚函数的类和没有虚函数的类有本质上的区别,而设立了一个虚函数和设立几个虚函数的类则没有什么本质区别了。继承中的多态是语言内在机制的多态,而不是应用编程中人为实现的多态。

因为有了抽象类,类代码便能彻底模块化,可以在动态链接库中作为产品提供给用户,而外包装便是抽象类的定义,通俗地说,就是抽象类的头文件。这是抽象类带给我们的根本意义。用抽象类去划分模块的编程,才能让类库实现者与应用编程者互不照面地彻底分工。不仅如此,据此还可以设计类层次代码。于是,概念设计便可以直接放在 C++里,类层次结构代码本身就可以作为设计文档,这又方便了我们的编程。

习 题

1. 分析下面程序的运行结果。

```
#include <iostream.h>
class A
{
  public:
    virtual void display()
    {
      cout<<"A::display()"<<endl;
    }
};
class B:public A
{
  public:
    void display()
    {
      cout<<"B::display()"<<endl;
    }
};
class C:public B
{
  public:
    void display()
    {
      cout<<"C::display()"<<endl;
    }
};
void function(A *ptr)
{
  ptr->display();
}
void main()
{
  A a, *pointer;
  B b;
```

```
    C c;
    pointer=&b;
    function(pointer);
    pointer=&c;
    function(pointer);
}
```

2. 下面程序的功能是计算圆的面积，请补全程序，并运行得出结果。

```
#include<iostream.h>
class CShape
{
    protected:
        double s;
    public:
        CShape(){s=0;}
        virtual double Area()____1____;
};
class CCircle:____2____
{
    private:
        double r;
    public:
        CCircle(double x){r=x;}
        double Area()
        {
            s=3.14159*r*r;
            ____3____;
        }
};
void main()
{
    CShape *p;
    CCircle c(3.0);
    ____4____;
    cout<<"Area="<<p->Area()<<endl;
}
```

3. 试定义一个 Shape 抽象类，在此基础上派生出 Square 类、Rectangle 类、Circle 类和 LadderShape 类，四个派生类都由成员函数 CalculateArea 计算几何图形的面积，CalculatePerim

计算几何图形的周长。

参考文献

[1]谭浩强.C++程序设计.北京:清华大学出版社,2004

[2]钱能.C++程序设计教程(第二版).北京:清华大学出版社,2006

[3]王育坚.Visual C++面向对象编程教程(第二版).北京:清华大学出版社,2007

[4]郑莉,张瑞丰,李莉,等.C++语言程序设计案例教程.北京:清华大学出版社,2005

[5]施平安,段超,郝清赋.C++程序设计教程.北京:冶金工业出版社,2007

第 9 章 模板

模板是实现类机制的一种工具，拥有强大的功能。在 C＋＋中，模板支持一种称为参数化数据类型的程序设计，它使程序开发人员在设计和定义函数和类时，能够使用类型作为参数。这样，模板就提供了一种更加通用、泛型的程序设计方法。它只关注实际使用的参数性质，而并不要求那些用作参数的类型相互之间存在任何显式或隐式的联系，甚至这些类型不必来自于同一个类层次结构。

通过模板技术，程序开发人员就不必再为本质相同而处理的数据类型不同的编程任务重复地编写相似的代码了。有了模板这种强大的编程技术，能够节省大量的开发时间，并且使所编写的代码更具有一般性。

学习重点：

- 理解函数模板的定义与实现；
- 掌握类模板。

9.1 模板

模板是对具有相同特性的参数或类的再抽象，是一种参数化的多态性工具。所谓参数化多态性，是指将程序所处理的对象的类型参数化，使一段程序代码可以用于处理多种不同类型的对象。

模板分为函数模板和类模板，但一个模板并非通常意义上可直接使用的函数或类，它仅仅是对一组函数或类的描述，是参数化的函数和类。即模板是一种使用类型参数来产生一组函数或类的机制，它由其他通用代码构成。称为参数化是因为模板不是以数据为参数，而是以它所使用的数据类型为参数。如图 9-1 所示，模板通过参数实例化可以构建具体的函数或类，称为模板函数和模板类。

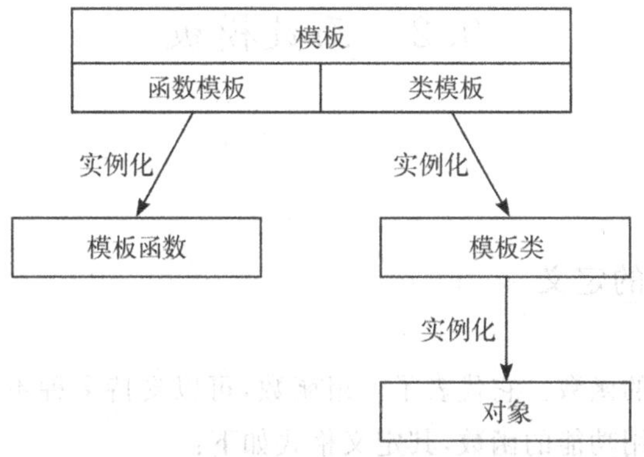

图 9-1　模板的实例化

假设一个程序需要比较用户输入的两个数据的大小，但是该程序事先并不知道用户会输入何种基本类型的数据，换句话说，该程序事先并不知道用户是会输入整数还是会输入浮点数。为了预备各种可能的情况，可能需要定义不同基本数据类型的比较函数(假设该函数名为 Compare)，如下所示：

```
bool Compare(int x,int y);
bool Compare(float x,float y);
```

假设用户突发奇想，想要比较两个输入字符的大小。对于这种情况，在没有模板的情况下，程序员不得不定义两个函数，然后将程序代码重复写一遍，如下所示：

```
bool Compare(char x,char y);
```

与以前的同名函数相比，这个执行字符比较操作的新 Compare 函数除了参数类型不同以外，其他方面，包括函数的执行逻辑和返回值，基本上都是相同的。

在 C++中，通过将 Compare 函数定义为一个函数模板，就能够应对上述情况。这时，程序能够使用不同数据类型的参数来调用相同的函数，具体调用的是哪一种数据类型的函数将由编译器在进行编译时决定。编译器将根据程序代码，自动地从函数模板中生成相应的编译代码。因此，模板使程序能够对不同数据类型进行同样的操作。

模板声明的一般格式为：

```
template <模板参数名>
```

模板参数表可以包含一个或多个模板参数声明，如果有多个模板参数，参数与参数之间以逗号隔开。例如，带有一个参数的模板以以下形式开头：

```
template <class T>
```

带有两个参数的模板以以下形式开头：

```
template <class T1,class T2>
```

注意：这里的 class 与类定义中的 class 没有关系，它表示参数 T 是一个数据类型。在使用该模板时，T 可以用用户定义的数据类型，也可以用 C++固有的数据类型，如 int、float、char、double 等。

类模板参数除了可以是数据类型外，还可以是其他类型的数据。例如，整型数据：

```
template <class T,int i>
```

9.2 函数模板

9.2.1 函数模板的定义

函数模板是参数化的函数。它代表了一组函数，可以支持多种不同的形参。函数模板可以用来创建一组具有通用功能的函数，其定义格式如下：

```
template <模板参数名>
返回值类型  函数名(参数表)
{
  ⋮                          //函数体
}
```

template 是模板定义的关键字,<模板参数表>中包含一个或多个逗号分开的模板形式参数,每一项均由关键字 class 或 typename 引导一个由用户命名的标识符。此标识符为模板参数,表示一种数据类型,可以是基本数据类型或类类型。这样定义的函数模板,不是一个实实在在的函数,只是对函数的描述。该数据类型在发生实际函数调用时将被实例化,即用调用处的实际数据类型替代它。模板参数和基本数据类型一样,可以在函数中的任何地方使用。在函数模板中可以使用模板参数定义函数体中的变量类型、函数返回值类型及参数类型等。例如:

```
int max(int x,int y)                    //求两个整型变量的最大值
{
  return(x>y)? x:y;
}

float max(float x,float y)              //求两个实型变量的最大值
{
  return(x>y)? x:y;
}
```

这两个函数的内容相同,只是参数类型和返回值类型不同,则可用函数模板表示,代码如下:

```
template<T a,T b>
T max(T x,T y)
{
  return(x>y)? x:y;
}
```

说明:这样定义的 max 代表的是一组函数。在 max 函数进行求两数中最大值的操作时,首先必须将模板参数 T 实例化为一般的类型,如 int 或 float 型。

9.2.2 函数模板的实现

使用函数模板,就是以函数模板名为函数名的函数调用。其形式为:

函数模板名(数据实参表);

函数模板只是一种说明,并不是一个具体的函数,C++编译系统不会产生任何可执行代码。只有在编译过程中遇到具体的函数调用时,根据调用处的具体参数类型,在参数实例化以

后才生成相应的代码,此时的代码称为模板函数,即由函数模板生成的函数。利用函数模板可定义一个对该类型变量进行操作的函数。

函数模板是模板函数的抽象定义,不涉及具体的数据类型,而模板函数是函数模板的一个具体实例。模板函数≠函数模板,模板函数是模板参数实例化以后的一个可执行的具体函数。普通函数只能传递变量参数,而函数模板提供了传递类型的机制。例如:

```
//=============================================
//0901.cpp
//函数模板使用的实例
//=============================================
#include<iostream>
using namespace std;
template<class T>
T max(T x,T y)
{
  return(x>y)? x:y;
}

void main()
{
  int x=13;
  int y=14;
  double a=11.1;
  double b=13.4;
  char c='a';
  char d='b';
  cout<<max(a,b)<<endl;
  cout<<max(x,y)<<endl;
  cout<<max(c,d)<<endl;
}
程序输出:
13.4
14
b
```

说明:max 是一个函数模板,并不是一个可执行的具体函数。参数 T 称为模板参数,T 被实例化以后函数才具有相应的功能。在程序执行中调用 max(x,y)时,由于实参 x、y 为 int 型数据,模板函数中的类型参数 T 被实例化为 int 型,因此,系统根据模板函数生成一个如下的具体函数:

```
int max(int x,int y)
{
  return(x>y)? x:y;
}
```

同样,当程序执行中调用 max(a,b)时,由于 a、b 为 double 型参数,模板函数中的类型参数 T 被实例化为 double 型,并据此生成相应的具体函数。

9.3　函数模板的参数

9.3.1　形参类型

1. 数据形参

数据形参的类型分两种,一种是非引用型参数,例如上节 0901.cpp 中的 max 模板中的 T x,T y。另外一种是引用型参数,例如:

```
template<typename T>
T max (T& a,T& b)
{
  Return a<b ? b:a;
}
```

传引用比传值性能更高。为了提高参数传递的效率,作为编程经验,应多用引用型参数。

2. 常量引用型参数

常量引用型参数就是在引用型参数前加上 const,其数据形参值不允许发生改变,因而不会改变数据实参的值。例如上面的例子可以写成如下更好的形式:

```
template<class T>
T max(const T& x, const T& y)
{
  return(x>y)? x:y;
}
```

注意,“const T & a”与“T const & a”等价。

对于常量引用型参数,可以通过显式模板类型指定来规定调用的代码。对于调用中几个数据实参类型不同,而数据形参类型却要求相同时,用显式模板类型指定的方法是必要的,否则模板参数将拒绝匹配。例如:

```
//=========================================
//0902.cpp
```

```
//常量引用型形参的实例
//==========================================
#include<iostream>
using namespace std;
template<typename T>
T const max(T const& x,T const& y)
{
  return (x>y)? x:y;
}
void main()
{
  int a=3;
  double b=5.5;
  cout<<max<double>(a,b)<<endl;
  cout<<max(static_cast<double>(a),b)<<endl;
}
程序输出:
5.5
5.5
```

显式模板类型指定可以显式指定模板的类型实参，从而也就规定了数据形参的类型，免去了数据实参的演绎，同时也给出了模板函数名。如在 0902.cpp 中 max<double>实际上确定了模板函数名，使其成为普通函数，因而服从普通函数的匹配规则，从而让 int 隐式转换为 double。显然前提是 int 能够被隐式转换成 double，如果不是这样的调用，再怎么显式指定模板类型实参，也通不过编译，因为指针 &a 不能隐式转换为 double，像下面语句就是错误的：

```
max<double>(&a,b);
```

当然还可以预先将数据实参转换成预料的数据实参演绎所需要的类型。例如，在 0902.cpp中 max(static_cast<double>(a),b)先将 a 明确转换为 double，从而使数据实参类型符合匹配数据形参类型的条件，再根据数据形参类型(类型实参)到类型形参的演绎，获得模板类型匹配，从而获得真正的模板参数及其调用。

3. 引用型形参

对于引用型形参，由于要求数据形参与数据实参的捆绑，访问数据形参就是访问数据实参，因此要求数据实参应为左值表达式，不能是常量或字面值。例如：

```
template<typename T>
void A(T& x,T& y)
{
  T temp=x;
```

```
    x=y;
    y=temp;
}
void main()
{
    int a=3;
    const int b=5;
    A(a,7);                    //错,不能进行数据实参到数据形参的引用初始化
    A<int>(a,7);               //错,同上
    A(b,7);                    //错,不能进行引用型形参的写操作
    A<const int>(a,7);         //错,同上
}
```

语句"int &y=7;"和"int &y=b;"在 C++中是不被接受的,所以对于语句"A(a,7);"和"A<int>(a,7);",不能进行数据实参到数据形参的引用初始化,或者说,不能进行数据实参类型到数据形参类型的匹配,即使显式地指定模板类型实参(语句"A<int>(a,7);"),也不能通过编译。

语句"A(b,7);"和"A<const int>(a,7);"虽然能通过编译,却是以 const int 的模板类型实参匹配 T 的,不能进行引用型形参的写操作。因而,程序中形参 x 和 y 都是 const int& 型而做违法的赋值操作,终使编译无法进行下去。

9.3.2　类型匹配

模板函数调用是寻求函数模板的类型参数匹配,类型实参与类型形参的匹配规则与函数的数据实参类型与数据形参类型匹配规则不同。类型实参与类型形参匹配规则要求更严厉。例如:

```
template<typename T>
void A(T& x,T& y)
{
    T temp=x;
    x=y;
    y=temp;
}
void main()
{
    int a=3;
    double b=5.55;
    char s1[]="good";
```

```
    char s2[]="better";
    int x=add(a,b);                    //add 是普通函数,参数定为匹配
    A(a,b);                            //这是模板函数,类型匹配严格,参数定为不匹配
    A(s1,s2);
}
```

语句"x=add(a,b);"中函数的调用是普通函数调用,虽然 a 的类型与 double 类型不同,但通过数据的 int 型隐式转换到 double 型,实现了合法调用。

而语句"A(a,b);"的函数调用,由于 a 跟 b 的类型分别为 int 型和 double 型,不为同一个类型,且模板类型参数没有隐式转换之说,拒绝按假想转换到 double 型或 int 型,必须精确匹配,所以会引起编译错误。

语句"A(s1,s2);"对于应用型形式参数 T& x 来说,字符数据 s1 和 s2 甚至不被看作是字符指针,s1 和 s2 的类型为字符数组 char[5]和 char[7],由于 5 不等于 7,所以是不同的类型,按照模板类型参数精确匹配的原则,被定义为编译错误。而且即使 s2 中的字符长度为 4("best"),通过了模板类型参数匹配这一关,使模板类型实参 char[5]匹配类型形参 T,但还是不能通过"T temp=x;"定义语句的编译。因为它等价于"char temp[5]=a;",导致一个数据初始化非法的编译错误。

9.4 类模板

如同函数模板一样,类模板是参数化的类,即用于实现数据类型参数化的类。应用类模板可以使类中的数据成员、成员函数的参数及成员函数的返回值,能根据模板参数匹配情况取任意数据类型,这些类型既可以是 C++预定义的数据类型,也可以是用户自定义的数据类型。

9.4.1 类模板的定义

类模板代表一组类,它允许用户为类定义一种模式,使得类中的某些数据成员、某些成员函数的参数和某些成员函数的返回值能取任意类型。如果一个类中数据成员的类型不能确定,或者某个成员函数的参数或返回值的类型不能确定,就必须将类声明为类模板。

类模板的一般定义格式如下:

```
template<类型形式参数表>
class  类模板名
{
  ⋮                                    //类声明体
};
```

其中,<类型形式参数表>中包含一个或多个用逗号分开的参数项,每一参数至少应在类的说明中出现一次。参数项可以包含基本数据类型,也可以包含类类型。若为类类型,则必须

有前缀 class。模板形参表的类型用于说明数据成员和成员函数的类型。

类模板定义不是一个实实在在的类，只是对类的描述(称为类模板)。

类模板建立后，可以用下面的方式创建类模板的实例：

classname＜类型实参表＞；

例如：

```
template<class T>          //声明一个模板
class vector               //vector 是类模板名
{
  T * date;                //在类定义中，使用通用数据类型的成员函数或函数参数
                           //时，需要在它前面加上模板参数 T
  int size;
  public:
  vector(int);
  T& operator[](int);
    ⋮
};
```

在类定义体外定义成员函数时，如果该成员函数中有模板参数存在，则需要在函数体外进行模板声明，并且在函数名前的类名后加上"＜T＞"。基本格式如下：

```
template<模板实参名>
返回值类型  类模板名  类型名表::成员函数名(参数表)
{
  ⋮                        //成员函数体
}
```

例如：

```
template<class T>
T& vector<T>::operator[](int i)
{
  ⋮                        //函数体
};
```

9.4.2　模板类的实现

类模板的实现实际上是将类模板实例化成一个具体的类，它的格式为：

类模板名＜实际类型＞对象名(实参表)；

例如，下面是一个使用上面定义的类模板的 main()函数。

```
void main()
{
```

```
    vector<int>x(5)
    for(int i=0;i<5;i++)
    x[i]=i;
    for(i=0;i<5;++i)
    cout<<x[i]<<" ";
    cout<<endl;
}
```

实例化的类 vector<int>称为模板类。模板类是类模板实例化后的产物。

与函数模板一样,类模板也不能直接执行。因为类模板本身不是一个实实在在的类,它是参数化的类,只有当类模板在程序中被引用时,系统才根据引用处的参数匹配情况将类模板中的模板参数置换为确定的参数类型,生成一个具体的类。这种由类模板实例化生成的类称为模板类,即类模板必须先实例化为相应的模板类,并定义该模板类的对象以后才可以使用。

由于类模板只是对一个类族的抽象,因此,包括类模板中成员函数的定义在内,系统不会为类模板生成可执行代码,但是当程序中有模板引用时,类模板通过实例化以后即可以生成一个具体的类以及该类的有关对象等。例如:

```
//========================================
//0903.cpp
//模板类实现的实例
//========================================
#include <iostream.h>
template <class T>
class Sample
{
    T n;
    public:
    Sample(T i)
    {
        n=i;
    }
    void operator++();
    void disp();
};
template <class T>
void Sample<T>::operator++()
{
    n+=1;                       //不能用n++,因为若是double型则不能用++
```

```
}
template <class T>
void Sample<T>::disp()
{
  cout<<"n="<<n<<endl;
}
void main()
{
  Sample<char> s('a');
  s++;
  Sample<double> a(1.1);
  a++;
  s.disp();
  a.disp();
}
程序输出:
n=b
n=2.1
```

说明:Sample 是一个类模板,由它产生模板类 Sample<char>和 Sample<double>,通过构造函数给 n 赋初值,通过重载++运算符使 n 增 1,这里 n 由 a 增 1 变成 b,由 1.1 增 1 变成 2.1。

9.5 案例分析

设计一个 Sample 类,它有两个私有数据成员 A[]和 n(A 中元素个数),将对 A[]中数据进行各种排序。使用类模板的方式实现,代码如下:

```
#include <iostream.h>
#define Max 100
template <class T>
class Sample
{
  T A[Max];
  int n;
  void qsort(int l,int h);                //私有成员,由 quicksort()成员调用
  public:
```

```
    Sample()
    {
      n=0;
    }
    void getdata();                        //获取数据
    void insertsort();                     //插入排序
    void shellsort();                      //希尔排序
    void bubblesort();                     //冒泡排序
    void quicksort();                      //快速排序
    void selectsort();                     //选择排序
    void disp();
};
template <class T>
void Sample<T>::getdata()
{
  cout<<"元素个数:";
  cin>>n;
  for(int i=0;i<n;i++)
  {
    cout<<"输入第"<<i+1<<"个数据:";
    cin>>A[i];
  }
}
template <class T>
void Sample<T>::insertsort()               //插入排序
{
  int i,j;
  T temp;
  for(i=1;i<n;i++)
  {
    temp=A[i];
    j=i-1;
    while(temp<A[j])
    {
      A[j+1]=A[j];
      j--;
    }
```

```
        A[j+1]=temp;
    }
}
template <class T>
void Sample<T>::shellsort()                    //希尔排序
{
  int i,j,gap;
  T temp;
  gap=n/2;
  while(gap>0)
  {
    j=i-gap;
    while(j>=gap)
    {
      if(A[j]>A[j+gap])
      {
        temp=A[j];
        A[j]=A[j+gap];
        A[j+gap]=temp;
        j=j-gap;
      }
      else j=0;
    }
    gap=gap/2;
  }
}
template <class T>
void Sample<T>::bubblesort()                   //冒泡排序
{
  int i,j;
  T temp;
  for(i=0;i<n;i++)
  {
    for(j=n-1;j>=1;j--)
    if(A[j]<A[j-1])
    {
      temp=A[j];
```

```
            A[j]=A[j-1];
            A[j-1]=temp;
        }
    }
}
template <class T>
void Sample<T>::quicksort()                    //快速排序
{
    qsort(0,n-1);
}
template <class T>
void Sample<T>::qsort(int l,int h)
{
    int i=l,j=h;
    T temp;
    if(l<h)
    {
        temp=A[l];
        do
        {
            while(j>i && A[j]>=temp)
            j--;
            if(i<j)
            {
                A[i]=A[j];
                i++;
            }
            while(i<j && A[i]<=temp)
            i++;
            if(i<j)
            {
                A[j]=A[i];
                j--;
            }
        }while(i<j);
        A[i]=temp;
        qsort(l,j-1);
```

```
        qsort(j+1,h);
    }
}
template <class T>
void Sample<T>::selectsort()                    //选择排序
{
    int i,j,k;
    T temp;
    for(i=0;i<n;i++)
    {
        k=i;
        for(j=i+1;j<=n-1;j++)
            if(A[j]<A[k])
                k=j;
                temp=A[i];
                A[i]=A[k];
                A[k]=temp;
    }
}
template <class T>
void Sample<T>::disp()
{
    for(int i=0;i<n;i++)
        cout<<A[i]<<" ";
    cout<<endl;
}
void main()
{
    int sel;
    Sample<char> s;//由类模板产生 char 型的模板类
    s.getdata();
    cout<<"原来序列:";
    s.disp();
    cout<<"0:插入排序  1:希尔排序  2:冒泡排序  3:快速排序
    4:选择排序  其他排序"<<endl;
    cout<<"选择排序方法:";
    cin>>sel;
```

```
    switch(sel)
    {
      case 0:
        s.insertsort();
        cout<<"插入排序结果:";
        break;
      case 1:
        s.shellsort();
        cout<<"希尔排序结果:";
        break;
      case 2:
        s.bubblesort();
        cout<<"冒泡排序结果:";
        break;
      case 3:
        s.quicksort();
        cout<<"快速排序结果:";
        break;
      case 4:
        s.selectsort();
        cout<<"选择排序结果:";
        break;
    }
    s.disp();
}
```

程序输出:

```
元素个数:4
输入第 1 个数据:3
输入第 2 个数据:5
输入第 3 个数据:1
输入第 4 个数据:8
原来序列:3 5 1 8
        0:插入排序  1:希尔排序  2:冒泡排序  3:快速排序  4:选择排序
选择排序方法:0
插入排序结果为:1 3 5 8
```

分析:Sample 是一个类模板,该类模板是以类型 T 为参数的模板定义,模板名为 Sample。类模板当然不是类,但可以借此生成模板类。由它产生模板类 Sample<char>,可以对输入的字符进行排序。若要对浮点型数据进行排序则可以通过这个类模板定义一个模板类 Sample<float>,而不必重新去写同样的代码,而且编译器仍然有能力对代码做类型检查,能保持代码的简捷与优雅,是很理想的方式。

本章小结

模板作为高级编程的一种手段,充分强调性能安全,使之当之无愧地成为面向对象编程的极好补充。

模板分函数模板和类模板,函数模板的类型参数强调数据实参演绎,而类模板没有数据实参,只有类型实参。调用模板函数的参数匹配规则比调用普通函数的规则严格得多,这种严格是一种很好的类型检查,在生成自动代码之前,做越严格的类型检查就越能保证程序的质量,模板因而也受到青睐。模板的数据形参与函数形参类似,当传递类型时,多引用参数,能使传递效率和类型安全兼顾。

因为模板发展空间很大,所以可以展望,C++编译器今后的发展,变动最大的将莫过于模板。

事实上,程序员已经离不开模板了。STL 所包含的强大模板类库,使其在编程中如虎添翼。模板甚至影响了设计模式,采用模板进行高级程序设计所占的比重必将越来越大。

习　题

1. 阅读程序,写出程序运行结果。

```
#include<iostream>
using namespace std;
template<class T>
void order(T& x,T& y,T& z)
{
   T a;
   if(x>y){a=x;x=y;y=a;}
   if(y>z){a=y;y=z;z=a;}
   if(x>y){a=x;x=y;y=a;}
}
void main()
{
   int a=19,b=7,c=10;
   double x=50.5,y=2.5;
   double m=34;
```

```
  order(a,b,c);
  cout<<a<<" "<<b<<" "<<c<<endl;
  order(x,y,m);
  cout<<x<<" "<<y<<" "<<m<<endl;
}
```

2. 实现一个求整型、实型数据类型绝对值的模板。

3. 根据下面的 List 类创建一个模板。

```
class List
{
  public:
    List():head(0),tail(9),theCount(0){}
    virtual~List();
    void insert(int value);
    void append(int value);
    int is_present(int value)const;
    Int is_empty()const{return head==0;}
  private:
    class ListCell
    {
      Public:
      ListCell(int value,ListCell * cell):val(value),next(cell){}
      int val;
      ListCell * next;
    }
  ListCell * head;
  ListCell * tail;
  int theCount;
}
```

参考文献

[1]钱能. C++程序设计教程(第二版). 北京:清华大学出版社,2006

[2]谭浩强. C++程序设计. 北京:清华大学出版社,2004

[3]施平安,段超,郝清赋. C++程序设计教程. 北京:冶金工业出版社,2007

[4]陈天华. 面向对象程序设计与 Visual C++6.0 教程. 北京:清华大学出版社,2006

[5]成岩,周露,杨嘉伟. C++语言与应用基础. 北京:科学出版社,2002

第10章 异常

人们在应用不同软件时,可能会遇到各种各样的异常或错误,软件运行中产生的异常给应用带来了不便,因此,设计软件时,在保证软件能正确完成任务的同时,还应当使软件具有良好的容错性。所谓容错性是指软件的一种执行能力,即软件不仅在正确的环境及用户正确操作的条件下能正确运行,而且当环境条件出现异常或用户使用不当时,软件依然能合理处理运行过程中可能出现的各种异常,而不会产生各种意想不到的结果,使软件系统因出现异常产生的影响降至最低。

由于目前软件技术和软件环境本身并非尽善尽美,软件产生错误的可能性始终存在,因此在软件设计阶段,开发人员就应当充分分析各种可能出现的异常或错误,并给出合理的处理,这就是通常所说的异常处理。

学习重点:

- 理解异常处理的语法机制;
- 掌握异常处理的使用方法;
- 理解异常申述。

10.1 异常处理

异常处理是对所能预料的运行错误进行处理的一套实现机制,是一种程序控制机制,与函数机制独立和互补。

函数是一种以栈结构展开的上下函数衔接的程序控制系统,异常是另一种控制结构,它依附于栈结构,却可以同时设置多个异常类型作为网捕条件,从而以类型匹配在栈机制中跳跃回馈。

在C++中,异常处理机制的基本思想是将异常的检测与处理分离。当在一个函数体中检测到异常条件存在,但无法确定相应的处理方法时,该函数就引发一个异常,由函数的直接或间接调用者捕获这个异常并处理这个错误。如果程序始终没有处理这个异常,最终它会传到C++运行系统那里,运行系统捕获异常后,通常只是简单地终止这个程序。

异常处理机制将程序中的正确处理代码与异常处理代码显式区别开来,提高了程序的可读性。

10.1.1 错误种类

异常错误不等于程序设计错误,它是可预测的运行错误。常见的异常情况包括:数组下表越界,算法溢出(一个值超出了其表示的范围),除数为0,无效的函数参数,操作系统资源不可用,公共语言运行库遇到意外情况(如无法验证代码)等。

C++语言是按函数调用机制展开执行程序的。在这种结构化的框架中,一般对处理错误的编程有如下一些常规手段:

(1)遇到错误,立即终止程序。在运行程序时,如果出现错误,在程序员认为已经没有有效手段可以恢复状态以让程序继续运行下去的情况下,只能终止请求。这种做法低级粗暴。

(2)返回一个表示错误的值给上层函数。最常见的是逻辑值返回函数,如判断是否是素数 isPrime,判断是否是字母 isAlpha,栈操作中,判断是否为空栈 isEmpty。这种做法是把问题上交给调用者,忽略了模块的独立性。

(3)返回一个合法值,但通过全局沟通手段,设置错误状态。这种方法不常用,是为了远距离传递错误信息而采用的一种以破坏程序结构为代价的编程方法。

(4)调用预先准备好的处理函数,让它去决定是停止运行还是继续运行。此时,错误处理函数处理完后便返回到调用处,即出错处。但很多错误不是现场能恢复的,如文件不能打开,错误处理后仍然不能打开。因此,做了错误处理,让程序继续运行下去不一定是可行的。

在面向对象理念开始进入编程实践时,异常机制随之产生,它是专门针对抽象编程中的一系列错误处理的。显然,在 C++中,它不能借助函数机制,因为栈结构的本质是先进后出,依次访问,无法进行跳跃。但错误处理的特征是遇到错误就想要转到若干级之上以便进行重新尝试。异常超脱于函数机制,决定了其对函数的跨越式回跳。

提供异常处理是为了使程序捕获和处理错误,而不是"放生"错误并影响后面的工作。异常处理机制在设计上是用于处理像除数为 0 这样的同步错误(这种错误是在程序执行指令时产生的),而不用于处理像磁盘 I/O 结束、网络信息到达、单击鼠标、点击键盘等类型的异步事件(这些异步事件最好用中断等其他方法进行处理)。

一般说来,在异常产生时,异常应由产生异常的函数的调用者进行处理,或由该调用者的调用者进行处理,或者一直向上追溯,直到异常的处理者。

10.1.2 异常处理三部曲

1. 框定异常(try 语句块)

在祖先函数处,框定可能产生错误的语句序列。它是异常的根据。如不框定异常,则没有异常这回事。

try 语句格式:

```
try
{
  try 语句块;                    //一般为复合语句
}
```

try 语句后的复合语句是代码的保护段。如果预料某段程序代码(或对某个函数的调用)有可能发生异常,就将它放在 try 语句之后。如果这段代码(或被调函数)运行时真的遇到了异常情况,其中的 throw 表达式就会抛掷这个异常。

2. 定义异常处理(catch 语句块)

将出现异常后的处理过程放在 catch 块中，以便当异常被抛出，因类型匹配而捕捉时，就处理之。

catch 语句格式如下：

```
catch(异常类型 1　参数 1)
{
  针对异常类型 1 的处理语句;
}
catch(异常类型 2　参数 2)
{
  针对异常类型 2 的处理语句;
}
      ⋮
catch(异常类型 n　参数 n)
{
  针对异常类型 n 的处理语句;
}
```

catch 语句后的复合语句是异常处理程序，它捕获由 throw 表达式抛掷的异常。异常类型声明部分指明语句所处理的异常类型，它与函数的形参类似，可以是某个函数的值，也可以是引用。这里的类型可以是任何有效的数据类型，包括 C++类。当异常被抛掷后，catch 语句便依次检查，若某个 catch 语句的异常声明与被抛掷的异常类型一致，则执行该段异常处理程序。

3. 抛掷异常(throw 语句块)

在可能产生异常的语句中进行错误检测，如果有错，则抛掷异常。

throw 语句格式如下：

throw<表达式>;

前两个步骤是在一个函数中定义的，而抛掷异常可以跨函数使用。当直接在 try 语句块中使用时，异常处理则退化为一般的处理模式；在 try 语句块中，会有一些语句调用了其他函数，构成一个函数链，在调用链中的某一个节点上，如果出现抛掷语句，便是一般意义上的异常了。

10.2　异常捕捉

10.2.1　类型匹配

对于 try 语句块中的语句，只要是涉及类的，不管是对象的创建(调用构造函数)还是操作符运算，本质都是函数调用。异常机制虽然与函数机制正交(互不干涉)，但捕捉的方式仍然是基于类型匹配的。捕捉相当于函数返回类型的匹配，而不是函数参数的匹配，所以捕捉不用考虑一个抛掷多种数据类型匹配的问题。例如：

```
//==========================================
//1001.cpp
//类型匹配实例
//==========================================
#include<iostream>
using namespace std;
class A{};
class B{};
void main()
{
  try
  {
    cout<<"Input the exception num:";
    int k;
    cin>>k;
    switch(k)
    {
      case 1:throw 5;break;
      case 2:throw 2.33;break;
      case 3:throw "Andy";break;
      case 4:throw A();break;
      case 5:throw B();break;
      default:cout<<"No throw"<<endl;
    }
  }
  catch(int){cout<<"int exception"<<endl; }
  catch(double){cout<<"double exception"<<endl;}
  catch(char * ){cout<<"char * exception"<<endl;}
  catch(A){cout<<"class A exception"<<endl;}
  catch(B){cout<<"class B exception"<<endl;}
  cout<<"That is OK!"<<endl;
}
```

程序输出：

Input the exception num:2

```
double exception
That is OK!
```

catch 代码块必须出现在 try 块之后，并且在 try 块之后可以出现多个 catch 代码块，以捕捉各种不同类型的抛掷。就像抛绣球，一人抛而众人接。

异常机制是基于这样的原理：程序运行实质上是数据实体在做一些操作，因此发生异常现象的地方，一定是某个实体出了错，该实体所对应的数据类型便作为抛掷和捕捉的依据。

因此，抛掷的实体已经存在，不需要通过类型转换来创建一个临时实体，实参与形参之间就理所当然地不能用相容类型提升这一规则来套。在函数参数的匹配中，传递 char 型数可以匹配 int 型数，传递 int 型数可以匹配 double 型数的隐式转换规则在异常捕捉匹配中行不通。所以上述程序中的 switch 语句中如果抛掷一个 char 类型的“绣球”，则没有一个捕捉类型被匹配。若捕捉不住则错误上交，即继续往函数的上层抛掷；若还没有捕捉到，则最后将以程序终止运行而告终。

另一方面，捕捉处理并不一定需要实参传递。捕捉基于抛掷的类型匹配后，便着手处理异常了。而许多类总是具有自定义的特殊性，例如，日期类对象出现异常往往是数据超过年月日范围，所以捕捉日期类异常的处理就是报告日期值不符合常规。在这样的情况下，捕捉就简单地匹配类型，而无须传递该类型的实体值了。

10.2.2 捕捉异常

程序中可以设置一道道捕捉的关卡。如果抛掷的异常循着调用链往上，在最近的捕捉关卡不被捕捉，则还会被更上端的捕捉关卡捕捉，直逼系统的最后一道防线。

```
void f()
{
   try
   { throw 12; }
   catch(char)
   { cout<<"char exception.\n";}
}
int main()
{
   try
   {f();}
   catch(int)
   {cout<<"int exception.\n";}
}
```

如果异常错误类型为 C++的类，并且该类有其基类，则应该将派生类的错误处理程序放在前面，基类的错误处理程序放在后面。

```
class A{…};
class B:public A
{…}
main()
{
   try
   {
      ⋮
      throw B();
   }
   catch(B demo2)
   {…}
   catch(A demo1)
   {…}
}
```

catch 处理程序出现的顺序很重要，因为在一个 try 语句块内，异常处理程序将按照它出现的先后顺序进行检查。若找到了一个匹配的异常类型，后面的异常处理都将被忽略。

如果异常处理类型声明是一个省略号(…)，则表示 catch 语句可以处理任何类型的异常，即彻底捕捉。类型为省略号的 catch 处理程序必须是 try 块的最后一段处理程序。

10.3 异常申述

10.3.1 异常抛掷声明

异常抛掷后总是沿着函数调用链往上，直到被某个函数捕捉住。因此，异常抛掷、捕捉以及处理都依附于函数，函数承载着异常。

异常沿着函数调用链向上抛掷的特点，给上游的函数造成了一定的压力，因为要做好捕捉的准备工作。模块的独立性使得调用模块者有可能不清楚下游模块中抛掷出来的异常类型，因为即使采用彻底捕捉的手段捕捉住这种异常，也不会处理这种异常，最后只能仓促停机了事。上游函数的这种粗暴的异常处理源于对下游抛掷的异常类型的无知。如果能够建立起上下游函数的联系，即通告可能抛掷的异常类型，那么上游函数就可以有的放矢地处理异常了。这可以通过异常申述来解决。

异常申述就是在函数声明和函数定义的头部加上可能抛掷的异常集合。

1. 指定异常类型

类型 函数名(参数表) throw(A1,A2,…,An)

该函数原型声明可以抛出的异常类型为 A1,A2,…,An 及这些类型的子类型。

2. 抛出任意类型异常

类型 函数名(参数表)

该函数原型没有 throw 的说明,可以抛出任意类型的异常。

3. 不抛出异常

类型 函数名(参数表) throw();

throw 之后是一个空表,函数原型声明表示该函数不抛出任何类型的异常。

例如:

```
//======================================
//1002.cpp
//异常申述实例
//======================================
#include<iostream.h>
#include<exception>
class YearError{};
class MonthError{};
class DayError{};
int SetYear();
int SetMonth()throw(MonthError,DayError);        //异常申述为两个异常类型
int SetDay()throw(DayError);                     //异常申述为一个异常类型
void Disp();
int day,month,year;
void main()
{
  try
  {
    Disp();
  }
  catch(DayError)
  {
    cout<<"输入的日期错误";
  }
  catch(YearError)
  {
    cout<<"输入的年份错误";
```

```
    }
}
int SetDay() throw(DayError)
{
    cout<<"请输入日期:";
    cin>>day;
    if(day>32)
        throw DayError();
    return day;
}
int SetMonth() throw(DayError,MonthError)
{
    cout<<"请输入月份:";
    cin>>month;
    try
    {
        if(month>13)
            throw MonthError();
    }
    catch(MonthError)
    {
        cout<<"输入的月份错误";
    }
    if(month==2)
        if(day>29)
            throw DayError();
        return month;
}
int SetYear()
{
    cout<<"请输入年份:";
    cin>>year;
    if(year<2007)
        throw YearError();
    return year;
}
void Disp()
{
```

```
    int day,month,year;
    day=SetDay();
    month=SetMonth();
    year=SetYear();
    cout<<"the Date is:"<<year<<"-"<<month<<"-"<<day<<endl;
}
```

程序输出:

请输入日期:30

请输入月份:2

输入的日期错误

说明:设置月份的函数 SetMonth()捕捉了月份异常 MonthError 异常,却放纵了对日期异常的抛掷,因此作了申述。设置年份的函数抛掷 YearError 异常,但并没有捕捉该异常,因此也申述了异常。

异常申述是一种对设计的描述,从而给程序员一个编程的参照,所以应作为界面放在函数声明中,不应通过头文件的形式扩散到程序员那里。

其次,要使用异常申述,函数声明和函数定义中的异常申述必须保持一致,否则无法一一对应。

10.3.2 异常终止函数

如果代码中没有彻底捕捉(catch(…))的异常处理,则对于抛掷的异常,有可能发生捕捉不住的情况。例如:

```
void f()
{ if(…) throw A;}
void g()
{
    try{f();}
    catch(B)
    {cout<<"exception B\n";}
}
int main()
{g();}
```

上例中,throw A 将穿透函数 f、g 和 main,抵达系统的最后一道防线——激发 terminate 函数。该函数是系统资源,它的默认操作是调用系统的 abort 函数,从而无条件地终止程序的执行。

另外,未料到异常,如果不去理它,被系统截获后会转而去执行 unexpected 函数,而 unexpected 函数的默认行为也是执行 terminate 函数。

一旦进入了 terminate 函数,就无法再回头,因为它已经完全脱离了原先函数的栈结构,而进入非常有限的异常处理机构。到达 terminate 之后，一般就是准备终止运行。

为了避免这种粗暴的停机，可以由程序员设置最后一道防线的函数，从而使得发生捉不住异常时，被自定义函数处理。例如：

```
void myterminate(){cout<<"this is my terminate";}
set_terminate(myterminate);
```

用户亦可自定义终止函数，其被执行次序优先于 abort 函数。

例如：

```
//=============================================
//1003.cpp
//终止函数实例
//=============================================
#include <iostream>
#include <exception>
using namespace std;
class someclass1{};
class someclass2{};
void catchunexpected()
{
  cout<<"catch the unexpected exception. "<<endl;
  exit(-1);  //退出程序
}
int main()
{
  try
  {
    set_terminate (catchunexpected);//告诉系统终止函数为 catchunexpected()
    cout<<"throw a someclass2 type exception. "<<endl;//抛出 someclass2 异常
    throw someclass2();
  }
  catch(someclass1)
  {
    cout<<"catch the someclass1 type exception. "<<endl;
  }
  return 0;
}
```

程序输出：

```
throw a someclass2 type exception.
catch the unexpected exception.
```

10.4　案例分析

多路异常捕获的应用：

```
#include <iostream>
#include <exception>
#include <string>
using namespace std;
class String
{
  public:
    String(char * str,int si);
    class exception1                                   //嵌套类 exception1
    {
      public:
        exception1(int j)
        {
          e1=j;
        }
        int e1;
    };
    class exception2                                   //嵌套类 exception2
    {
      public:
        exception2()
        {
          e2=0;
        }
        double e2;
    };
    char &operator[](int k)
    {
      if(k>=0&&k<len)
        return p[k];
      throw exception1(k);
    }
```

```
    private:
        char * p;
        int len;
        static int max;
};

int String::max=28;                            //静态变量赋初值
String::String(char * str,int si)
if(si<0||si>max)
  throw exception2();
p=new char[si];
strncpy(p,str,si);
len=si;
}

void display(String &str)                      //显示字符
{
  int num=10;
  for(int n=0;n<num;n++)
    cout<<str[n];
  cout<<endl;
}

void fun()
{
  try
  {
    String s("aaaaaaaaa",10);
    display(s);
  }
  catch(String::exception1 abnormal)          //捕获异常类型 1
  {
    cout<<"out of range:"<<endl;
    cout<<"Exception One:"<<abnormal.e1<<endl;
  }
  catch(String::exception2 abnormal2)         //捕获异常类型 2
  {
```

```
        cout<<"Size Error:"<<endl;
        cout<<"Exception Two:"<<abnormal2.e2<<endl;
    }
    cout<<"Continued Here."<<endl;
}

void main()
{
    fun();
    cout<<"End of the program."<<endl;

}
```

程序输出：

```
aaaaaaaaa
Continued Here.
End of the program.
```

案例解析：String 类包含了两个内嵌的异常类(称为嵌套类)exception1 和 exception2，嵌套类的成员函数可以在包含该类的外部定义。该程序可以捕获多路异常，当在函数 fun 中抛出了异常，该异常的类型与 catch 参数的数据类型匹配，由相应的 catch 块捕获异常。当下标值超出范围，则下标运算符“[]”抛出一个 exception1 异常。当 String 构造函数的参数 si 不在给定的范围内时，则抛出一个 exception2 异常。若把 try 语句块中的第一条语句修改为 String s("aaaaaaaaaaaaaaaa",30)，则参数 si 不在给定的范围，产生 exception2 异常。

本章小结

随着面向对象设计出现，异常也就随即出现了。程序中的错误是多样化的，但发现错误总要加以纠正。错误处理对于嵌套调用深处的模块来说，有点勉为其难，因为调用者的用意只有调用者自己明白，错误处理理当由调用者承担。

异常机制则通过规定异常发生的可能区域，以及异常捕捉，来处理发生异常的善后问题(通过抛掷的对象类型与捕捉对象类型的匹配来完成)。异常处理，虽然破坏了所跨越的若干函数的数据栈，但对于各个函数中的局部对象的析构是必要的。

异常终究给我们带来了另一份厚礼——非错误处理。尤其是在递归函数中，嵌套搜索树结构中的节点时，在找到相应树节点后迅速撤离现场到原始发出搜索调用的函数处，异常处理表现独特。然而，更深刻的意义在于，异常设计虽然源于处理错误的需求，但其实现机制并没有咬定非错误不做那么刻板。更何况，什么是错误没有定论。所以，我们深刻地认识异常，是非错误处理的异常带给我们的厚礼。

习 题

1. 阅读程序，分析并得出运行结果。

```
#include<iostream>
using namespace std;
int a[5]={1,2,3,4,5};
int f(int);
void main()
{
  try
  {
    cout<<"a[5]="<<f(5)<<endl;
  }
  catch(char * )
  {
    cout<<"数组取下标出错"<<endl;
  }
}

int f(int x)
{
  if(x>=5)
    throw"error";
  return a[x];
}
```

2. 使用 try、catch 和 throw 语句实现求解实系数一元二次方程(a * x * x+b * x+c=0)的实数根，当方程没有实数根时产生异常，由 throw 抛出异常，catch 语句块捕获异常。

3. 设有下列类声明：

```
class A
{
  private:
   int n;
  public:
   A()
   {
     n=new int;
```

```
        init();
    }
}
```

写出 init()引发异常的处理程序。

参考文献

[1]钱能.C++程序设计教程(第二版).北京:清华大学出版社,2006
[2]谭浩强.C++程序设计.北京:清华大学出版社,2004
[3]郑莉,张瑞丰,李莉,等.C++语言程序设计案例教程.北京:清华大学出版社,2005
[4]施平安,段超,郝清赋.C++程序设计教程.北京:冶金工业出版社,2007
[5]陈天华.面向对象程序设计与 Visual C++6.0 教程.北京:清华大学出版社,2006
[6]成岩,周露,杨嘉伟.C++语言与应用基础.北京:科学出版社,2002

第 11 章 I/O 流

计算机语言不可避免地要涉及与外部设备交换信息的环节。外部设备总体上可分为人机交互设备和存储设备两个大类。在过程式程序设计语言中通常以文件方式来统一这两大类设备的输入/输出操作，即将人机交互设备当作一种特殊文件对待。以文件方式统一管理外部设备可以屏蔽实际物理设备的差异，有利于整体上简化程序设计语言与外部设备交换信息的处理过程。

C++语言对输入/输出的处理引入了“流”这个比文件抽象程度更高的概念。输入/输出操作被看作数据在源设备对象与目标设备对象之间的流动。完成输入/输出操作的类称为流类，C++语言提供了可重用的流类库。在输入/输出设备更加多样化、复杂化、网络化的环境中，引入流类和流类库充分体现了面向对象技术的优势，使外部设备更容易使用和扩展。

学习重点：

- 熟悉标准 I/O 流；
- 掌握文件操作和文件流。

11.1 标准 I/O 流

C++中数据之间的传输操作称作流(stream)。在 C++中，流既可以表示数据从内存传送到某个载体或设备上，即输出流；也可以表示数据从某个载体或设备传送到内存缓冲区变量中，即输入流。在进行 I/O 操作中，先打开操作，使流和文件发生联系，建立联系后的文件才允许数据流入或流出。输入或输出结束后，使用关闭操作使文件与流断开联系。

C++中所有流都是相同的，但文件可以不同。使用流以后，程序用流统一对各种计算机设备和文件进行操作，使程序与文件无关，提高了程序设计的通用性和灵活性。也就是说，无论与流相联系的实际物理设备差别有多大，流都采用相同的方式进行。这种机制使得流可以跨越物理设备平台，实现透明操作，而与实际的物理设备无关。例如，往显示器上输出字符和向磁盘文件或打印机输出字符，尽管接受输出的物理设备不同，但具体的操作过程是相同的。

标准 C++输入/输出类构成很复杂的层次。图 11-1 描述了其中最重要的类。我们已经用过 I/O 类。例如，取出运算符>>是 istream 类的成员，而插入运算符<<是 ostream 类的成员。这两个类都是从 ios 类派生的。

要进行文件输入与输出操作，就要在程序中包括 fstream.h 头文件。这个头文件定义了几个类，包括 ifstream、ofstream 和 fstream。这些类分别从 istream 和 ostream 派生，而 istream 和 ostream 又是从 ios 类派生的。这样，istream、ostream 和 fstream 都能访问 ios 定义的操作。

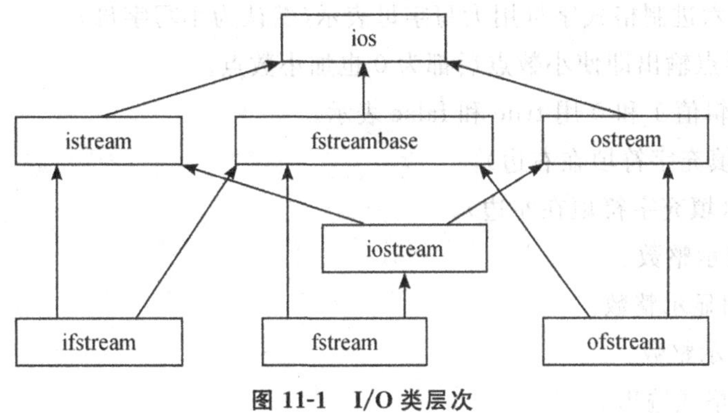

图 11-1　I/O 类层次

11.1.1　输入流

在 C++中，默认的标准输入设备是键盘，在 iostream 文件中定义了 cin 输入流对象。

需要说明的是，cin 不是 C++关键字，而是 istream 对象，它与提取运算符>>、变量名或数组名一起构成输入语句，形式为"cin>>…>>…>>…;"，能够连续输入多项内容。只要是基本数据类型，不管哪种形式，都可以写成这种格式。执行时，系统会将输入内容自动转换为所定义变量或数组的类型，并存放到对应变量或数组中去。如果要让这种格式也能输入用户自己定义的类型数据，就要用友员函数重载>>运算符。而对于字符，在 C++中，有 get()函数和 getline ()函数用于输入字符。

11.1.2　输出流

在 C++中，默认的标准输出设备是屏幕，在 iostream 头文件已定义了 cout、cerr 和 clog 三个输出流对象：

(1)cout：不是 C++关键字，是 ostream 对象，它与插入运算符<<、输出内容一起构成输出语句，形式为："cout<<…<<…<<…;"，能够连续输出多项内容。只要是基本数据类型，不管是 int、double、float，还是 char、char * 等，都可以写成这种形式。执行时，系统会自动判断，选择相应的重载函数进行输出，这给用户提供了很大的方便。如果输出用户自己定义的类型数据，就要用友员方式重载<<运算符。

(2)cerr：是 console error 的缩写，表示标准错误流，在屏幕上显示出错信息。其功能、用法与 cout 类似，不同之处是只能在屏幕上，不能在磁盘文件上写入错误信息。

(3)clog：也是标准错误流，是 console log 的缩写，它的作用与 cerr 一样，都是在屏幕上显示错误信息。两者之间的差别：clog 带有缓冲区，而 cerr 不带有缓冲区。

以下介绍输出流输出格式：

1. 常用的流状态

showpos：在正数(包括 0)之前显示十号。

showbase：十六进制正数前加 0X，八进制数前加 0。

uppercase：十六进制格式字母用大写字母表示(默认为小写字母)。

showpoint：浮点输出即使小数点后都为 0 也加小数点。

boolalpha：逻辑值 1 和 0 用 true 和 false 表示。

left：左对齐(填充字符填在右边)。

right：右对齐(填充字符填在左边)。

dec：十进制显示整数。

hex：十六进制显示整数。

oct：八进制显示整数。

fixed：定点数格式输出。

scientific：科学计数法格式输出。

例如：

```
cout<< showpos<<12;                                  //输出：+12
cout<<hex<<18<<" "<<showbase<<18;                    //输出：12   0x12
cout<<hex<<255<<" "<< uppercase<<255;                //输出：ff   FF
cout<<123.0<<"| "<<showpoint<<123.0;                 //输出：123 123.000
cout<<(2>3)<<" "<<boolalpha<<(2>3);                  //输出：a    false
cout<<fixed<<12345.678;                              //输出：12345.678000
cout<<scientific<<12345.678;                         //输出：1.234568e+05
```

取消流状态的操作为：

noshowpos，noshowbase，nouppercase，noshowpoint，noboolalpha

left 和 right 是对立的，彼此之间是不能同时存在的。dec、oct、hex 三者也是相互独立的。而 fixed 与 scientific 和一般显示方式三者也是独立的，取消方式为 cout 捆绑函数调用的方式：

cout.unsetf(ios::scientific)；

2. 有参数的三个常用的流状态

另外还有三个常用的流状态是有参数的：

width(int)：设置显示宽度。

fill(char)：设置填充字符。

precision(int)：设置有效位数(普通显示方式)或精度(定点或科学计数法方式)。

这些流状态是以 cout 捆绑调用它们的形式设置的，不能与流出符<<连用。

特别注意 width(n)为一次性操作，即第二次显示时将不再有效。默认为 width(0)，表示仅显示数值。例如：

```
cout.width(5);
cout.fill('S');
cout<<23<<23;                    //输出：SSS2323
```

即输出数值 23 可以规定其长度，如果数值本身的长度(23 的长度为 2)不到该设置长度(5)，则可以在前面补加一些符号，这些符号由 fill('X')设定，默认时为空，即 fill('')输出的两个

23中，只有前面那个受宽度格式控制，长度为5，而后面那个不受长度控制。

3. 与<<连用的设置方式

还有一种与流出符<<连用的设置方式，但在使用时，要包含一个头文件iomanip。

setw(int)

setfill(int)

setprecision(int)

例如：

```
//==========================================
//1101.cpp
//输出流案例
//==========================================
#include<iostream>
#include<iomanip>
using namespace std;
void main()
{
  for(int n=1;n<=4;n++)
  {
    cout<<setfill(' ')<<setw(n)<<" "
        <<setfill('M')<<setw(9-2*n)<<"M"<<endl;
  }
}
程序输出：
MMMMMMM
 MMMMM
  MMM
   M
```

11.2 文件操作与文件流

文件是程序设计中一个重要的概念，如果想把数据资料长期保存起来，就必须以文件形式存储于外存中，使用时把外存内容直接调入内存，不必通过键盘一一输入，从而节省了录入时间。

文件有两种：一种是文本文件，其任何内容总是与字符码表（如ASCII码）对应。另一种是二进制文件，它不硬性规定与字符码表的对应关系，可以将内容看成是自始至终的0/1串。因此，操作二进制文件时，虽说还是以字节为单位，但往往不考虑字符的识别，更谈不上数据类型的识别了，有的只是字节的整数值。而在生活中，大量的信息是用文本数据文件来保存和传输的。

11.2.1 文件流类

在 C++中，对文件的操作是由文件流来完成的，文件流分为以下三种。

(1)文件输入流：对应 ifstream 类，进行文件输入操作，即从文件(外存)输入到内存中；

(2)文件输出流：对应 ofstream 类，进行文件输出操作，即从内存输出到文件(外存)中；

(3)文件输入输出流：对应 fstream 类，进行文件输入输出操作，既可以从内存输出到文件(外存)中，也可以从文件(外存)输入到内存中。

在学习中，重点考虑始终以内存为中心来考虑数据流向，将外存中的内容读入内存使用的是文件输入流，将内存中的内容写入外存使用的是文件输出流，既要读入又要写出则使用文件输入输出流。

生成文件对象跟生成任何对象一样，即通过实例化。例如，通过 ifstream、ofstream、fstream 三个类定义的对象称为文件流对象。代码表示如下：

```
ifstream infile;                    //定义文件输入流对象
ofstream outfile;                   //定义文件输出流对象
fstream in_out_file;                //定义文件输入输出流对象
```

11.2.2 文件的操作

1. 打开文件进行输出操作

在文件输入与输出操作中，不管何种环境下，都要先打开文件之后才可以读取或写入。程序中的 open 语句向文件处理系统提供操作文件的必要信息。这些信息包含文件名、所要访问方式、读取和写入文件。

自然地，我们也可以用 open()成员函数打开文件。例如，下列语句打开 data.txt 文件，进行输出操作：

```
outFile.open("data.txt");
```

对所要打开的文件也可使用完整路径，例如：

```
outFile.open("C:\mydata\data.txt");
```

打开 C 盘 mydata 目录中的 data.txt 文件。反斜杠\是转义符，路径名中使用两个反斜杠(\\)。

open()函数需要三个参数：第一个参数为字符串，即打开文件的文件名；第二个参数为文件模式，缺省为 ios::out，表示按输出方式打开，其他文件操作模式见表 11-1；第三个参数为文件的保护模式，有 8 种取值，其中，0 表示普通文件，1 表示只读文件，2 表示隐含文件，4 表示系统文件。例如，打开一个 test1.dat 文件可以用如下语句：

```
ofstream aFile();
```

aFile. open("test1. dat",ios::out|ios::binary);//或 aFile. open("test1. dat");

表 11-1 文件操作模式

操作模式	说明
ios::in	使文件只用于数据输入
ios::out	使文件只用于数据输出
ios::app	使文件指针移至文件尾,并只允许向文件尾输出数据
ios::nocreate	若打开的文件不存在,则返回打开失败信息;若存在,则打开
ios::noreplace	若打开的文件存在,则返回打开失败消息;若不存在,则建立新文件
ios::binary	以二进制方式打开文件

2. 用构造函数打开文件

可以和上例一样用 open()成员函数打开特定文件,也可以用类构造函数打开特定文件。可以实例化 ofstream 文件对象,只要调用它的构造函数,提供文件名变元,然后,构造函数即打开文件。例如:

```
ofstream outFile("data. txt");              //生成文件对象 outFile 并打开特定文件
```

文件名 data. txt 传入构造函数,从而打开文件进行输出。如果生成 ofstream 对象时不提供文件名变元,则不能打开文件。下列语句都能打开文件 data. txt。

```
//打开文件进行输出                              //打开文件进行输出
//使用 open()成员函数                          //使用 oftream 构造函数
ofstream outFile;                             ofstream outFile("data. txt");
outFile. open("data. txt");
```

3. 写入文件

打开文件进行输出后,可以用插入运算符写入文件。这个运算符与 cout 使用的运算符相同。由于 cout 和输出文件都是 ostream 对象,因此可以使用 cout 的地方,也可以使用这个对象。例如以下语句:

```
outFile<<"aaabbbcccddd"<<endl;              //写入文件
```

这个语句是要字符串"aaabbbcccddd"输入到 outFile 对象所指的文件中,这里指data. txt。

4. 关闭文件

当程序不再需要使用文件时,用 close()成员函数来关闭文件。例如,下面语句关闭 ofstream 对象所指的文件,这里指 data. txt。

```
outFile. close();                           //关闭文件
```

改变文件时,大多数操作系统并不直接将数据写入磁盘,而是将其存放起来,直到足够大为止。关闭文件时,它强制操作系统将所有的数据写入磁盘中。为此,完成之后一定要关闭文件。

5. 用析构函数关闭文件

也可以不用 close()方法关闭文件。ofstream 对象离开范围时,和其他对象一样调用析构函数。这时,ofstream 的析构函数会关闭文件,如果要在文件对象离开范围之前关闭文件,则要显式地调用文件对象的析构函数关闭文件。事实上，下列语句都可以关闭文件：

```
//关闭文件                                //关闭文件
//使用 close()函数                         //使用析构函数
outFile.close();                          outFile.~ofstream();
```

注意：

(1)实例化的输出文件对象名可以是任何合法 C++标识符。

(2)文件用文件名标识，是 ofstream 对象构造函数的参数，而不是 ofstream 对象名。

(3)如果有文件对象的指针，则不会自动调用这个对象的析构函数。因此，应该显式地关闭函数或用 delete 删除对象，从而确保正确地关闭文件。

例如：

```
//==========================================
//1102.cpp
//文件输出案例
//==========================================
#include<iostream>
#include<fstream>
using namespace std;
void main()
{
  ofstream outFile;
  outFile.open("C:\data.txt");
  outFile<<"aaabbbcccddd"<<endl;
  outFile.close();
}
```

此程序运行结果为向 C 盘目录下文件 data.txt 输入字符串"aaabbbcccddd"。

6. 打开文件进行输入操作

要打开文件进行输入，可以用 open()成员函数。例如，下列函数调用语句可打开文件 data.txt 进行输入操作：

```
inFile.open("data.txt");                  //打开文件 data.txt
```

7. 用构造函数打开文件进行输入

打开文件进行输入时，也可以用类构造函数打开特定文件。可以用构造函数生成ifstream文件对象，提供文件名变元，然后构造函数打开文件。例如，下列语句实例化对象inFile并打开文件 ifstream 进行输入：

```
ifstream inFile("data.txt");              //实例化文件对象并打开文件进行输入
```

事实上，下列语句都可以打开文件 ifstream：

```
//打开文件进行输入                          //打开文件进行输入
//使用 open()成员函数                       //使用 iftream 构造函数
```

ifstream intFile;　　　　　　　　　　　ifstream intFile("data. txt");

inFile. open("data. txt");

8. 读取文件

打开文件进行输入后，可以用取出运算符读取文件。例如，下列语句将 inFile 对象 data. txt文件读取到 buffer 中(假设 buffer 是能够接受输入的对象)：

inFile>>buffer;　　　　　　　　　　　//从 inFile 读取到 buffer

相应的 buffer 可能是字符数组。

注意：

(1)实例化的输入文件对象名可以是任何合法 C++标识符。

(2)文件识别用的文件名，是 ifstream 对象析构函数的参数，而不是 ifstream 对象名。

(3)文件输入操作跟文件输出操作一样，也可以运用 close()函数跟析构函数关闭文件，即 ifstream 对象 inFile 也可以运用语句 inFile. close()和语句 inFile. ~ifstream()关闭函数。

例如：

```
//=============================================
//1103.cpp
//文件输入案例
//=============================================
#include<iostream>
#include<fstream>
using namespace std
void main()
{
  ifstream inFile;                    //声明文件输入对象
  char a[81];
  float b;
  inFile.open:("C:\data. txt");       //打开文件 data.txt 进行输入
  cout<<"~~Collection of old radios~~"<<endl;
  inFile>>a>>b;                       //从文件读第一个项目
  cout<<a<<" "<<b<<endl;              //显示 motorola  123
  inFile>>a>>b;                       //从文件读下一个项目
  cout<<a<<" "<<b<<endl;              //显示 emerson  123
  inFile.close();
  cout<<"End of my act!"<<endl;
}
程序输出：
~~Collection of old radios~~
motorola  123
emerson  123
End of my act!
```

说明：程序演示文件输入操作的语句顺序。程序执行时，在当前文件夹中打开 data. txt 文件，然后读取和显示文件中的数据，并关闭文件。

11.3 案例解析

设计一个通信录程序，通信录的记录格式为：姓名、单位、电话、住址和宅电，要求信息以文件形式保存，具有输入、查询和显示功能。

代码如下：

```
#include<iostream.h>
#include<string.h>
#include<stdlib.h>
#include<iomanip.h>
#include<fstream.h>
class Person
{
  char name[10];                                    //姓名
  char company[20];                                 //单位
  char phone[10];                                   //电话
  char address[20];                                 //住址
  char hphone[10];                                  //宅电
  public:
    Person(char *n="", char *c="", char *p="",char *a="", char*h="");
    void info(ofstream);                            //信息输入
    void search(ifstream);                          //信息查询
    void disp(ifstream);                            //信息显示
    friend ostream& operator<<(ostream& out, Person&);     //声明为友员函数
    friend istream& operator>>(istream& in, Person&);      //声明为友员函数
};

Person ::Person(char *n, char *c, char *p,char *a, char*h)
{
  strcpy(name,n);
  strcpy(company,c);
  strcpy(phone,p);
  strcpy(address,a);
  strcpy(hphone,h);
```

```
}
void Person::info(ofstream outf)
{
  cin>> *this;
  outf.write((char *)this,sizeof(*this));
  outf.close();
}
void Person::search(ifstream inf)
{
  char cname[20];
  int flag=1;
  if(!inf)
  {
    cout<<"can't open file"<<endl;
    exit(1);
  }
  cout<<"请输入姓名:";
  cin>>cname;
  while(!inf.eof())                          //是否找到,或文件读是否结束
  {
    inf.read((char *)this,sizeof(*this));
    if(!strcmp(name,cname)) {flag=0;break;}
  }
  if(flag)
    cout<<"查无此人"<<endl;
  else
    cout<< *this;
  inf.close();
}
void Person::disp(ifstream inf)
{
  if(!inf)
  {
    cout<<"can't open file"<<endl;           //文件打开失败
    exit(1);
  }
  inf.read((char *)this,sizeof(*this));      //从文件中读取信息
```

```
    while(!inf.eof())                                    //文件读是否结束
    {
        cout<<*this;                                     //将信息输出到屏幕
        inf.read((char*)this,sizeof(*this));             //从文件中读取信息
    }
}
ostream& operator<<(ostream& out, Person&p)              //插入运算符重载
{
    cout.setf(ios::left, ios::adjustfield);              //左对齐
    cout<<setw(10)<<p.name;                              //数据宽度为 10
    cout<<setw(20)<<p.company;
    cout<<setw(10)<<p.phone;
    cout<<setw(20)<<p.address<<setw(10)<<p.hphone<<endl;
    return out;
}
istream& operator>>(istream& in, Person&p)               //提取运算符重载
{
    cout<<"姓名:";                                       //从键盘输入信息
    cin>>p.name;
    cout<<endl<<"单位:";
    cin>>p.company;
    cout<<endl<<"电话:";
    cin>>p.phone;
    cout<<endl<<"住址:";
    cin>>p.address;
    cout<<endl<<"宅电:";
    cin>>p.hphone;
    cout<<endl;
    return in;
}

void main()
{
    Person pp;
    ofstream outf("person.dat",ios::app|ios::binary);    //二进制文件,添加模式
    ifstream inf("person.dat",ios::binary);              //二进制文件,读模式
    char ch;
```

```
    while(1)                                //建立循环操作
    {
      cout<<"                               ------------通信录------------"<<endl;
      cout<<"                               1. 输入 2. 查询 3. 显示 4. 退出"<<endl;
      cout<<"请选择:";
      cin>>ch;
      switch(ch)
      {
        case '1': pp.info(outf); break;
        case '2': pp.search(inf); break;
        case '3': pp.disp(inf);break;
        default: cout<<"                               GOOD BYE!"<<endl;
        exit(1);
      }
    }
}
```

分析:在 Person 类中定义了姓名、单位、电话、住址和宅电数据成员,该类包括 3 个成员函数,分别为 info()、search()和 display(),其中 info()函数用于输入人员信息,search()函数用于查询某人通信地址,display()函数显示所有人员的通信地址。信息存储在 person.dat 文件中。数据的输入/输出操作通过重载插入与提取运算符实现。

主函数 main()首先建立 Person 类 pp 对象,通过文件输入/输出流分别实例化了文件输出流对象 outf 和文件输入流对象 inf,以二进制模式对文件 person.dat 进行读写并打开二进制文件 person.dat(通过流类参数,把流对象 outf 传递给 info()函数,把流对象 inf 传递给 search()函数和 disp()函数)。最后通过一个循环结构来选择相应的操作,每个操作对应一个成员函数的实现。

本章小结

数据的 I/O 操作可以理解为字符序列在计算机内存与外设之间的流动,C++将这种数据从一个对象到另一个对象的流动抽象为流,将实现设备之间交换信息的类称为流类。C++提供了支持输入/输出操作的 I/O 流类库,简称 I/O 流库。

按数据的组织形式,C++文件分为文本文件和二进制文件。文本文件又称为 ASCII 码文件,它的每一个字节以 ASCII 码形式存放一个字符,代表一个字符。二进制文件以计算机内部的二进制形式存储字符和数据。进行文件 I/O 操作时,必须首先创建一个 I/O 流,并将创建的流与文件相关联(即打开文件),才可以对文件进行读写操作,操作完成之后需要关闭打开的文件。

习 题

1. 阅读程序，写出运行结果。

```
#include<iostream>
#include<iomanip>
using namespace std;
void main()
{
   cout<<hex<<100<<endl;
   cout<<oct<<100<<endl;
   cout<<setfill('x')<<setw(10);
   cout<<showpoint<<255.0<<endl;
   cout<<fixed<<110<<endl;
}
```

2. 下列程序是统计 C 盘目录下 aaa.txt 文件中字符个数，请填空完成程序。

```
#include<iostream>
#include<fstream>
#include<stdlib.h>
using namespace std;
void main()
{
   fstream file;
   file.open("aaa.txt",ios::in);
   if(____1____)
   {
      cout<<"E:\aaa.txt can not open"<<endl;
      abort();
   }
   char ch;
   int i=0;
   while(!file.eof())
   {
      ____2____;
      ____3____;
   }
   cout<<"文件字符个数:"<<i<<endl;
   ____4____;
```

}

3. 设计一个 Student 类，包括一个学生数据的基本操作。

要求：

(1)输入一系列数据(学号、姓名、性别、班级)，存放在文件 student.txt 文件内；

(2)从该文件中读取这些信息并显示出来。

参考文献

[1][美]阿弗扎尔(Afzal A.)著，吴平译. 纯粹 C++编程教程. 北京：科学出版社，2005

[2]钱能. C++程序设计教程(第二版). 北京：清华大学出版社，2006

[3]谭浩强. C++程序设计. 北京：清华大学出版社，2004

第 12 章 创建应用程序框架

本章开始介绍利用 C++进行 Windows 应用程序设计的方法。与 DOS 应用程序相比，Windows 应用程序以窗口的形式出现，内部采用消息处理机制，编程方法相对复杂。虽然应用程序的类型很多，但同一类型的 Windows 应用程序具有类似的界面风格（菜单栏和工具栏），其程序结构也大致相同，因此，可以为同一类型的应用程序设计一个模板，即应用程序框架（Application FrameWorks，AFX）。

学习重点：

- 熟悉应用程序的创建过程；
- 了解 MFC AppWizard[exe]应用程序生成的文件；
- 掌握 Class Wizard 类向导；
- 掌握程序调试的方法。

12.1 应用程序的创建

在 Visual C++环境下，应用程序向导实质上是一个源程序生成器，它所完成的工作包括产生源代码、添加资源和设置编译选项。利用不同的应用程序向导可以自动创建不同类型或风格的应用程序，实现代码的重用，很大程度上减轻程序员手工编写代码的工作量，使得程序员可以集中精力编写具体应用的代码。即使用户不十分熟悉 Visual C++编程，也可以利用应用程序向导编写简单的应用程序。

12.1.1 projects 类型

Visual C++集成开发环境提供了创建各种类型应用程序的向导，执行“文件|新建”命令就列出了所有应用程序向导，供使用者选择。下面给出 Visual C++集成开发环境下 projects 类型及简单的说明。

- ATL COM AppWizard：创建一个包含 ActiveX 控件的活动模板库 ATL（Active Template Library）。
- Cluster Resource Type Wizard：创建能够在微软群服务器上模拟和管理的项目。
- Custom AppWizard：利用用户定制的模板向导创建项目。
- Database Project：创建数据库项目。
- DevStudio Add_in Wizard：创建一个用 C++或汇编语言编写的，类似于 Developer Studio 形式的外接程序。

- Extended Stored Proc Wizard：在 SQL Server 上创建一个建立扩展存储的程序。
- ISAPI Extension Wizard：利用 ISAPI(Internet Server API)创建网页浏览程序。
- Makefile：制作 Makefile 文件，定制自己项目的集成环境。
- MFC ActiveX Control Wizard：创建基于 MFC 的 ActiveX 控件。
- MFC AppWizard[dll]：创建基于 MFC 的动态链接库。
- MFC AppWizard[exe]：创建基于 MFC 的应用程序，这是最常用的向导。
- New Database Wizard：在 SQL 服务器上创建一个 SQL Server 数据库。
- Utility Project：创建自定义编译规则的项目。该项目可以作为一些子项目的主项目，它不产生 LIB、DLL 或 EXE 文件。
- Win32 Application：创建 Win32 应用程序，采用 API 方法编程。
- Win32 Console Application：创建 DOS 环境下的 Win32 控制台应用程序，采用 C++ 或 C 语言进行编程。
- Win32 Dynamic-link Library：创建 Win32 动态链接库，采用 API 方法编程。
- Win32 Static Library：创建 Win32 静态链接库，采用 API 方法编程。

Visual C++集成开发环境提供的关于程序的向导种类很多，除了创建基于 MFC 应用程序的向导外，还有创建其他类型应用程序的向导。在以上列出的所有向导中，MFC 应用程序向导 MFC AppWizard[exe]是最常用的向导。

12.1.2 创建 MFC AppWizard[exe]应用程序流程

区别于 DOS 应用程序，即使一个简单的 Windows 应用程序，也必须以窗口的形式显示运行，这就需要编写比较复杂的程序代码。同一类型应用程序的框架窗口风格一般相同，如具有相同的菜单栏、工具栏、状态栏和客户区，并且基本菜单命令的功能也相同，如具有相同的文件操作和编辑命令。因此，同一类型应用程序建立框架窗口的基本代码都是一样的，尽管有些参数不一定相同。为了避免程序员重复编写这些代码，一般的可视化软件开发工具都提供了创建 Windows 应用程序框架的向导。

MFC AppWizard[exe]是创建一个基于 MFC 的 Windows 应用程序的向导，当利用 MFC AppWizard[exe]创建一个项目时，它能够自动生成一个 MFC 应用程序的框架。MFC 应用程序框架将那些每个应用程序都需要的代码封装起来，这些代码完成的任务包括初始化应用程序、建立应用程序界面和处理基本的 Windows 消息，这样使得程序员不必花费时间去做那些重复的工作，而把精力放在编写实质性的代码上。

即使不添加任何代码，当执行编译、链接命令后，Visual C++集成开发环境也将利用 MFC 应用程序框架生成一个 Windows 界面风格的应用程序。

MFC AppWizard[exe]向导按步骤引导用户创建一个应用程序框架。在向导的每一步都提供了一个对话框和一些选项，程序员通过选择不同的选项，可以创建不同类型和风格的 MFC 应用程序，并可定制不同的程序界面窗口。例如，程序是单文档应用程序还是多文档应用程序，是否是基于对话框的应用程序，是否支持数据库操作，是否可以使用 ActiveX 控件以及是否具有联机帮助等。

下面以建立一个 SDI 单文档应用程序为例说明 MFC AppWizard[exe]应用程序向导的使用方法和每一个操作步骤对话框中各选项的含义。

例 12-1 编写一个单文档应用程序 Mypro，程序运行后在程序视图窗口显示文本串“这是一个单文档程序！”。

(1)在 Visual C++ IDE 中执行“文件|新建”命令，打开如图 12-1 所示的 New 对话框。

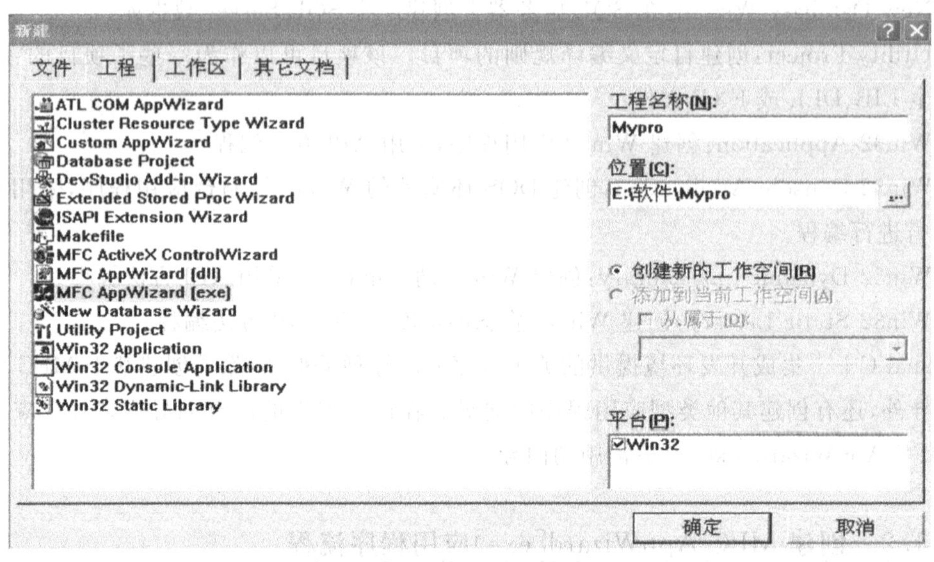

图 12-1 New 对话框

(2)确认 New 对话框的当前页面为 Projects，在左栏的项目类型列表框中选择 MFC AppWizard[exe]项，在“工程名称”框中输入项目的名称，本例为 Mypro。在“位置”框中输入项目所在的目录，可以单击其右侧的“…”按钮对默认的目录进行修改。向导将在该目录先建立一个名为 Mypro 的子目录，用于存放这个项目的所有文件。设计好后，单击“OK”按钮，打开 MFC AppWizard-Step 1 对话框，如图 12-2 所示。

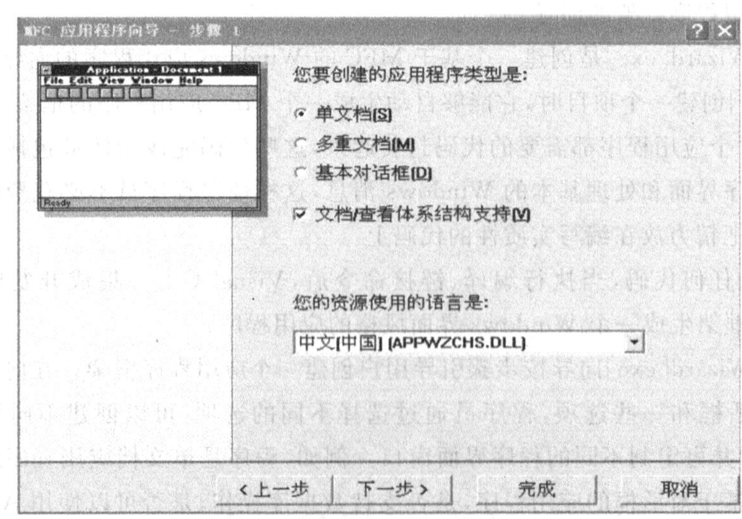

图 12-2 MFC AppWizard-Step 1 对话框

(3)在 MFC AppWizard-Step1 对话框中选择要创建应用程序的类型向导可以创建以下 3 种类型的应用程序。

● 单文档:单文档(SDI)应用程序,程序运行后出现标准的 Windows 界面,由框架(包括菜单栏、工具栏和状态栏)和用户组成。程序运行后一次只能打开一个文档,如 Windows 的记事本 Notepad 就是一个 SDI 应用程序。

● 多重文档:多文档(MDI)应用程序,程序运行后出现标准的 Windows 界面,并且可以同时打开多个文档,如 Microsoft Word 就是一个 MDI 程序。

● 基本对话框:基于对话框的应用程序,程序运行后首先出现一个对话框界面,如计算器 Calculator 就是一个基于对话框的应用程序。

"文档/查看体系结构支持"框选择是否支持文档/视图结构。"您的资源使用的语言是"下拉列表框用于选择资源语言的种类。

在本例中,选择"单文档"项,其他使用向导的默认选项,然后单击"下一步"按钮,打开 MFC AppWizard-Step 2 对话框,如图 12-3 所示。

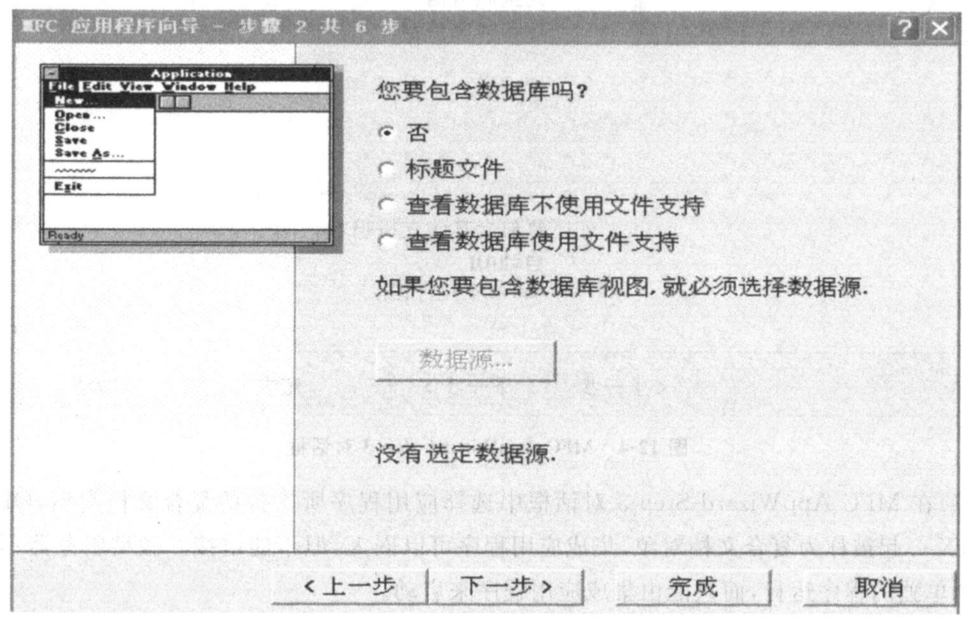

图 12-3　MFC AppWizard-Step 2 对话框

(4)在 MFC AppWizard-Step 2 对话框中选择应用程序支持数据库的方式,其中包括以下选项。

● 否:Visual C++集成开发环境默认选项,创建的应用程序不包括任何对数据库的操作功能,但程序员以后可以手工添加对数据库的操作代码。

● 标题文件:提供最简单的数据库支持,仅在项目 StdAfx.h 文件中使用 #include 指令,包含 afxdb.h 和 afxdao.h 两个用于定义 MFC 数据库类的头文件,但并不生成与数据库相关的类,程序员需要时可以自己生成。

● 查看数据库不使用文件支持:包含所有的数据库头文件,并生成了相关的数据库类和视图类，但不支持文档的序列化。向导创建的应用程序的 File 主菜单中将不包含有关文件操作的菜单命令项。

● 查看数据库使用文件支持：包含所有的数据库头文件，生成相关的数据库类和视图类，并支持文档的序列化。

注意：后两个选项必须在上一步选中“文档/查看体系结构支持”项时才有效。并且，若选择了后两项，还必须通过“数据源”按钮设置数据源。

本例使用 Visual C++集成开发环境默认选项，单击“下一步”按钮，打开 MFC AppWizard-Step 3 对话框，如图 12-4 所示。

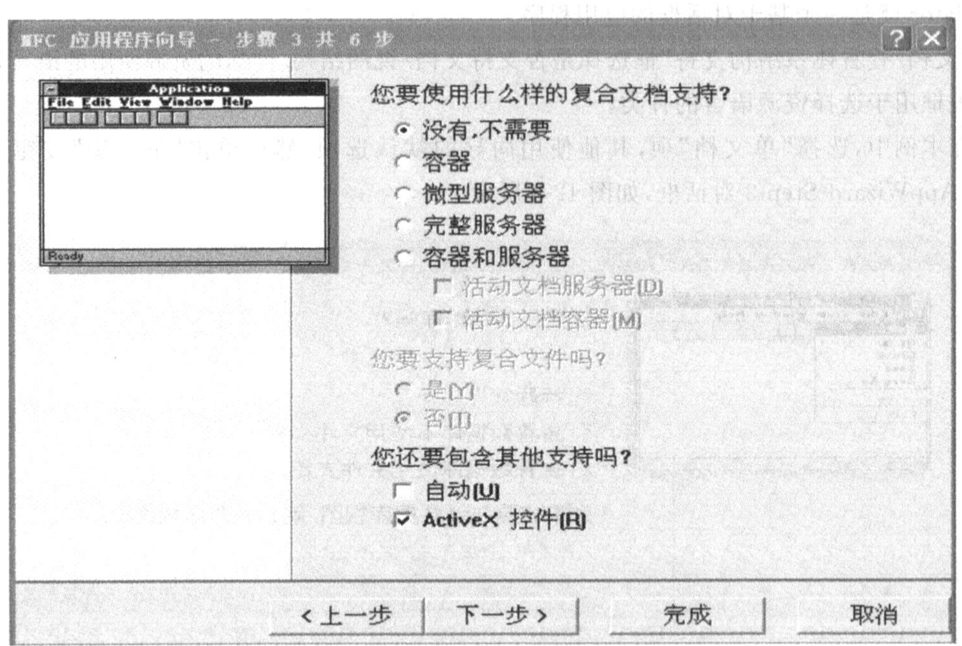

图 12-4　MFC AppWizard-Step 3 对话框

(5)在 MFC AppWizard-Step 3 对话框中选择应用程序所支持的复合文档类型，OLE 和 ActiveX 一起被称为复合文档对象，集成应用程序可以嵌入，但不能链接。微型服务器不能作为一个单独的程序运行，而只能由集成应用程序来启动。

● 没有，不需要：应用程序不支持任何复合文档，在 Visual C++集成开发环境中此项为默认项。

● 容器：应用程序作为复合文档容器，能容纳所嵌入或链接的复合文档对象。

● 微型服务器：微型复合文档服务器，应用程序可以创建和管理复合文档对象，但对于它所创建的复合文档对象，集成应用程序可以嵌入，但不能链接。微型服务器不能作为一个单独的程序运行，而只能由集成应用程序来启动。

● 完整服务器：完全复合文档服务器，除了具备上面微型服务器的功能外，应用程序支持链接式对象，并可作为一个单独的程序运行。

● 容器和服务器：应用程序既可作为一个复合文档容器，又可作为一个可单独运行的复合文档服务器。

- 是[Y]:应用程序支持复合文档文件格式的序列化,可以将复合文档对象保存在磁盘中。
- 否[T]:应用程序不支持复合文档文件格式的序列化,只能将复合文档对象加载到内存,不能保存在磁盘中。
- 自动[U]:应用程序支持自动化,可以操作其他程序创建的对象,或提供自动化对象给自动化客户访问。
- ActiveX 控件[R]:应用程序可以使用 ActiveX 控件,此项为 Visual C++集成开发环境默认项。

在本例中,保留"否"选项,取消 ActiveX 控件选项。点击"下一步"按钮,打开 MFC AppWizard-Step 4 对话框,如图 12-5 所示。

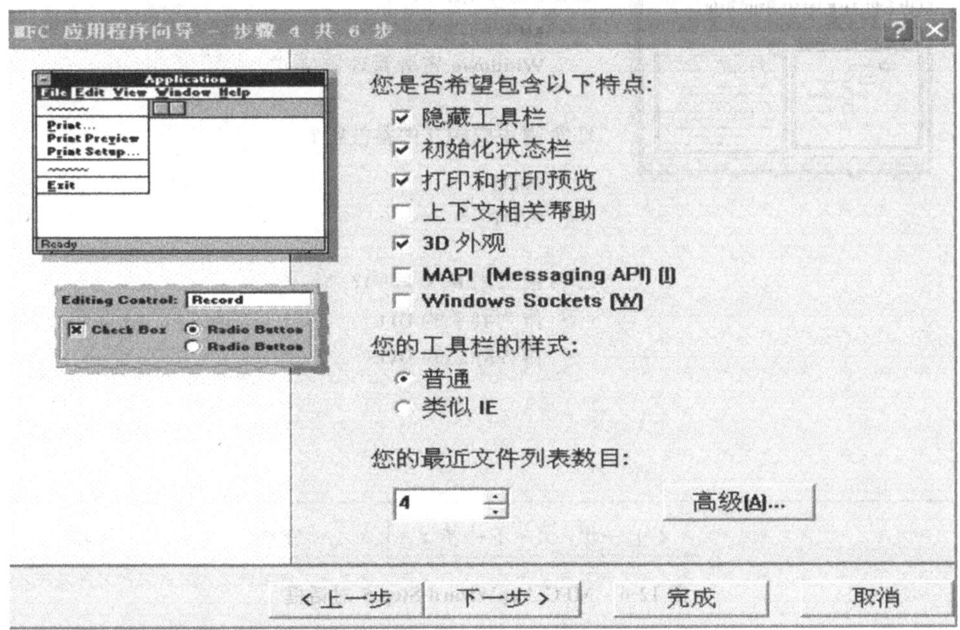

图 12-5 MFC AppWizard-Step 4 对话框

(6)在 MFC AppWizard-Step 4 对话框中指定应用程序的外观特征,如设置工具栏和状态栏。其他包括以下选项。

- 隐藏工具栏:Visual C++集成开发环境默认选项,为应用程序添加一个标准的工具栏。
- 初始化状态栏:Visual C++集成开发环境默认选项,为应用程序添加一个标准的状态栏。
- 打印和打印预览:Visual C++集成开发环境默认选项,应用程序支持打印和打印预览的功能。
- 上下文相关帮助:应用程序具有上下文相关帮助功能。
- 3D 外观::Visual C++集成开发环境默认选项,应用程序具有三维外观。
- MAP[Message API]:应用程序能使用邮件 API,具有发送电子邮件的功能。
- Windows Sockets:应用程序能使用 WinSock 套接字,支持 TCP/IP 协议。

在该对话框中还可以设置应用程序工具栏的风格,有以下两个选项:

- 普通:应用程序工具栏采用传统风格,此项为 Visual C++集成开发环境默认选项。

● 类似 IE:应用程序工具栏采用 IE 浏览器风格。

在应用程序的 File 主菜单中会列出最近使用过的文档,“您的最近文件列表数目”框中的数字为可列出文档的最多个数,默认值为 4.

单击对话框中右下角的“高级”按钮可以进行更高一级的设置,可以修改文件名或扩展名,也可以进一步调整程序用户界面窗口的样式,如设置边框厚度和最小化、最大化、关闭按钮等。

本例使用默认选项。点击“下一步”按钮,打开 MFC AppWizard-Step 5 对话框,如图 12-6 所示。

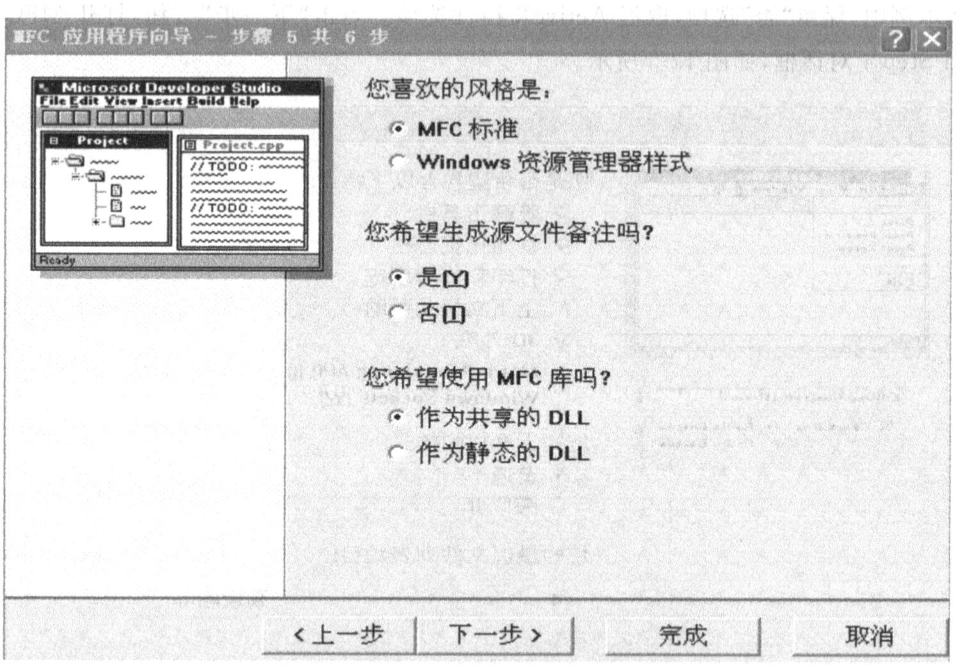

图 12-6 MFC AppWizard-Step 5 对话框

(7)在 MFC AppWizard-Step 5 对话框中设置应用程序的风格,包括以下选项。

● MFC 标准:Visual C++集成开发环境默认选项,应用程序采用 MFC 标准风格。

● Windows 资源管理器模式:应用程序采用 Windows 资源管理器风格。

在该对话框中还可以选择 MFC AppWizard[exe]向导是否为源代码生成注释。

● 是[Y]:Visual C++集成开发环境默认选项,向导在源程序中自动加入注释。

● 否[T]:向导不在源程序中加入注释。

在该对话框中还可以设置 MFC 库与应用程序的链接方式。

● 作为共享的 DLL: Visual C++集成开发环境默认选项,采用共享动态链接库的方式,即在程序运行时才调用 MFC 库。采用此方式可减少程序所占空间。

● 作为静态的 DLL:采用静态链接库的方式,即在编译、链接时把要用到的 MFC 库与应用程序链接。采用此方式能提高运行速度,且不用考虑程序最终运行环境中是否有 MFC 库。采用这种方式增加了程序所占空间。同样地,本例使用默认选项。点击“下一步”按钮,打开 MFC AppWizard-Step 6 对话框,如图 12-7 所示。

图 12-7　MFC AppWizard-Step 6 对话框

(8)在 MFC Appwizard-Step 6 对话框中列出了向导将要创建的类,可以修改一些类默认的类名和对应的头文件名、原文件名。对某些类(如 CMyproView)还可以选择不同的基类。在“基类[A]”下拉菜单中选择 CView 类名,点击“完成”按钮,打开“新建工程信息”对话框,如图 12-8 所示。

图 12-8　生成项目的信息

(9)在“新建工程信息”对话框中，根据用户在前面各步骤对话框中所做的选择将创建项目的有关信息，如应用程序的类型、创建的类和文件名、应用程序的特征以及项目所在的目录。若要修改这些内容，可单击“取消”按钮返回到前一个对话框中。最后，单击“确定”按钮，MFC AppWizard[exe]向导将开始创建应用程序框架。

当应用程序框架创建成功后，Developer Studio 将装入应用程序项目，并在 Workspace 窗口打开这个项目。一个应用程序是以项目为单位来进行组织和管理的。

注意：若要在同一个目录下重新创建一个同名的项目，必须首先将原来的项目删除或移走。

利用 MFC AppWizard[exe]向导创建应用程序 Mypro 的框架后，用户无须添加任何代码，就可以对程序进行编译、链接，生成一个应用程序。但一般情况下，用户应根据程序具体功能，利用 Developer Studio 中的集成工具向应用程序框架添加具体的代码。

在本例中，需要在成员函数 CMyproView::OnDraw()中添加显示文本“这是一个单文档程序!”的代码。在 Workspace 窗口单击 ClassView 标签，然后将 CMyproView 类展开，打开成员函数 OnDraw()，则在编译窗口出现该成员函数的代码，在指定位置书写如下程序代码：

```
pDC->TextOut(100,100,"这是一个单文档程序!");//在坐标(100,100)处显示文本串
```

函数 TextOut()是 CDC 类的成员函数，其功能是在指定位置输入字符串。第 1、2 个参数是坐标值，第 3 个参数是要输出的字符串。MFC 应用程序一般在视图类的成员函数 OnDraw()中实现屏幕输出，因为在重画程序窗口时将自动调用函数OnDraw()，这样保证了要显示的内容在每一次重画窗口时都能够显示。

执行 Build(F7)命令编译链接程序，程序运行后将在程序视图窗口显示文本串“这是一个单文档程序!”，其运行结果如图 12-9 所示。

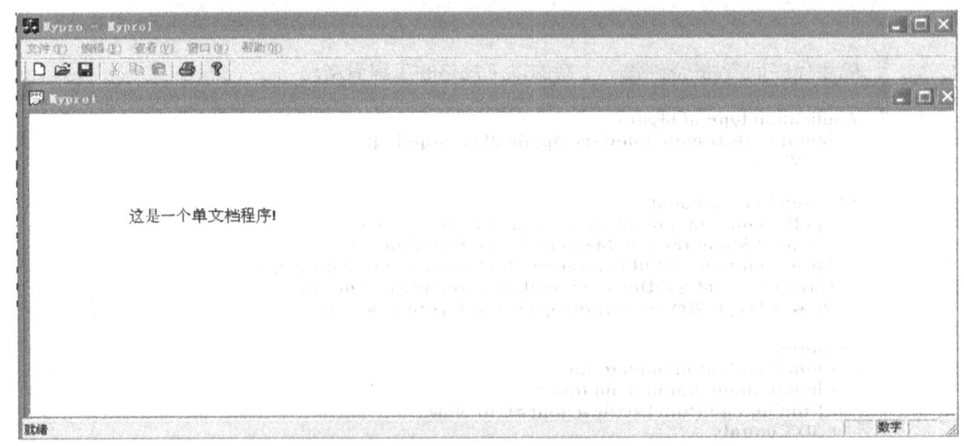

图 12-9　运行程序 Mypro 的结果

在 Workspace 窗口中 ClassView 页面展开一个类，可以看到每一个类的成员变量和成员函数的左边都有一个小图标，表示成员函数和成员变量的三种访问属性，如表 12-1 所示。

表 12-1　ClassView 页面中图标的含义

图标	说明	图标	说明
	表示共有成员变量		表示共有成员函数
	表示私有成员变量		表示私有成员函数
	便是保护成员变量		表示保护成员函数

若在 MFC AppWizard-Step 1 对话框(图 12-2)中选择"基本对话框"项,向导将创建一个基于对话框的应用程序。这时,MFC AppWizard[exe]向导将给出与创建单文档和多文档应用程序有所不同的操作步骤,其主要原因是基于对话框的应用程序一般不包含文档,不支持数据库和复合文档的使用。基于对话框的应用程序运行后首先弹出一个对话框,一般软件安装程序就是由一系列对话框组成的。下面举例说明如何利用 MFC 应用程序向导创建一个对话框应用程序。

例 12-2　编写一个基于对话框的应用程序 MyDlg,程序运行后显示一个对话框。

(1)执行"文件|新建"命令,打开如图 12-1 所示的 New 对话框。在 New 对话框的"工程"页面选择 MFC AppWizard[exe]选项,在"工程名称"框中输入程序名 MyDlg,然后点击"确定"按钮,打开如图 12-2 所示的 MFC AppWizard-Step 1 对话框。

(2)在 FC AppWizard-Step 1 对话框中选择"基本对话框"选项,点击"下一步"按钮,打开如图 12-10 所示的 MFC AppWizard-Step 2 对话框。

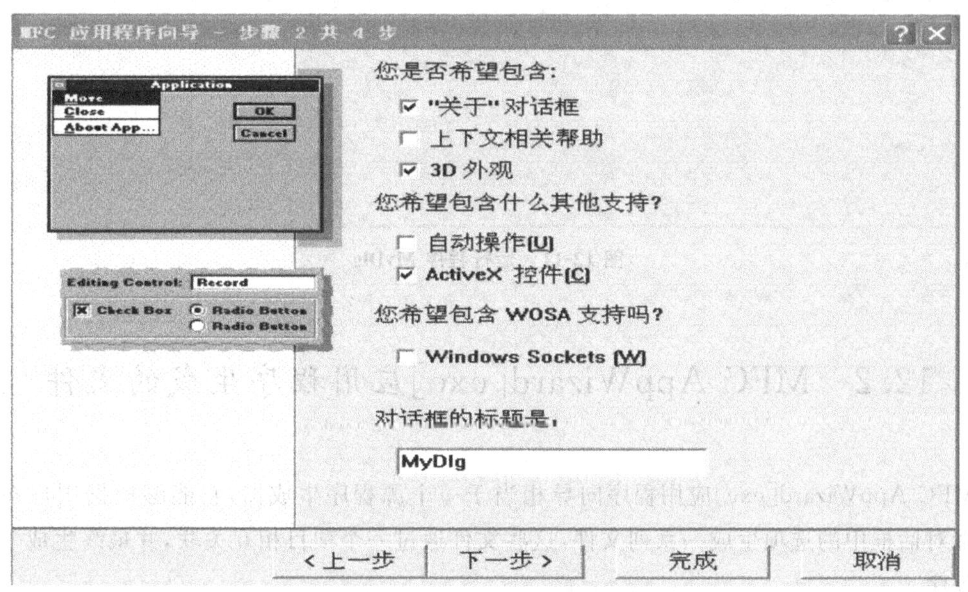

图 12-10　MFC 应用程序向导

(3)在 MFC AppWizard-Step 2 对话框中设置应用程序的外观特征,包含如下选项。

- "关于"对话框:在应用程序中加入显示程序版本信息的对话框。
- 上下文相关帮助:在应用程序中加入上下文相关帮助
- 3D 外观:应用程序界面具有三维外观。

- 自动操作[U]:应用程序支持自动化。
- ActiveX 控件[C]:应用程序可使用 ActiveX 控件。
- Windows Sockets:应用程序可使用 WinSock 套接字进行网络通信。

对话框的标题是:在该文本框中输入对话框的标题。

选择相应选项,点击“下一步”按钮。

(4)创建对话框应用程序后续的步骤与创建单文档或多文档程序的第 5 步和第 6 步相同(如图 12-6 和图 12-7 所示)。按照向导引导的步骤进行操作,就创建了应用程序的项目,并在 Developer Studio 中打开对话框编辑器和浮动的控件工具栏。

执行 Build(F7)编译链接命令得到应用程序 MyDlg,程序运行后打开一个对话框,如图 12-11 所示。

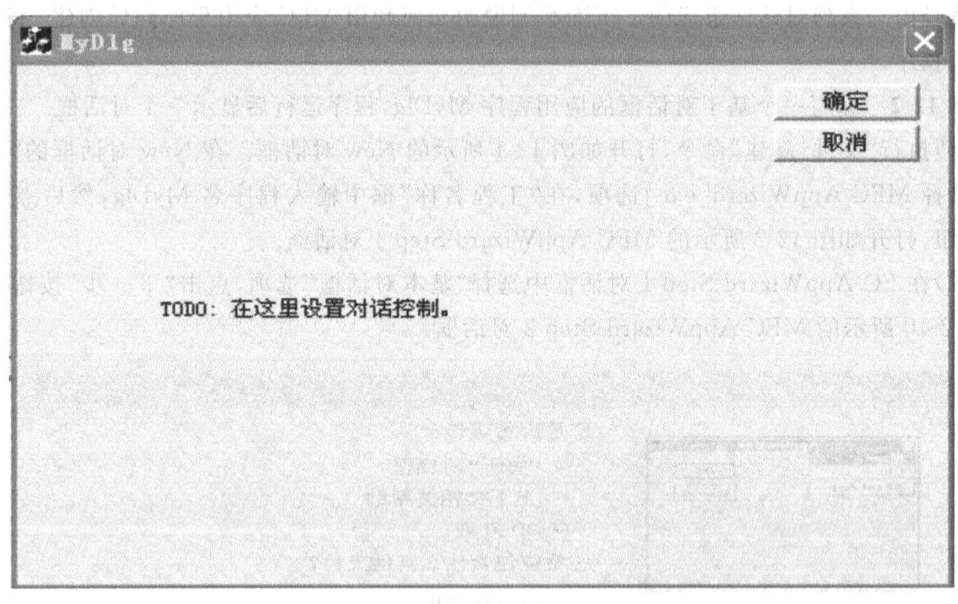

图 12-11　运行程序 MyDlg

12.2　MFC AppWizard[exe]应用程序生成的文件

MFC AppWizard[exe]应用程序向导相当于一个源程序生成器,它能够根据用户在向导各步骤对话框中的选项生成一系列文件,这些文件通过一个项目相互关联,并最终生成一个可执行程序。

12.2.1　文件种类

Visual C++中文件种类很多,项目类型不同,向导生成的文件的类型就不同。表 12-2 列出了 MFC AppWizard[exe]向导生成的文件类型,主要有 C++头文件、C++实现源文件、资源文件和项目文件。当进行编辑、编译和链接时，还要生成一些其他文件。

表 12-2 向导生成的文件的类型

后缀	工作区文件	说明
Dsw	工作区文件	将项目的详细情况组合到 Workspace 工作区中
Dsp	项目文件	存储项目的详细情况并替代 mak 文件
H	C++头文件	存储类的定义代码
Cpp	C++源文件	存储类的成员函数的实现代码
Rc	资源脚本文件	存储菜单、工具栏和对话框等资源
rc2	资源文件	用来将资源包含在项目中
Ico	图标文件	存储应用程序图标
Bmp	位图文件	存储位图
Clw	ClassWizard 类向导文件	存储 ClassWizard 类向导使用的类信息
Ncb	没有编译的浏览文件	保留 ClassView 和 ClassWizard 使用的详细情况
Opt	可选项文件	存储自定义的 Workspace 工作区的显示情况

MFC AppWizard[exe]应用程序向导为一般的 SDI 应用程序生成了 4 个类，这些类都是 MFC 的派生类。这里的“一般的 SDI 应用程序”是指向导为应用程序 Mypro 生成了框架窗口类 CMainFrame、文档类 CMyproDoc、视图类 CMyproView 和应用程序类 CMyproApp，这 4 个类分别是 CFrameWnd、CDocument、CView 类和 CWinApp 的派生类。

MFC AppWizard[exe]应用程序向导根据一定的规则为生成的派生类取名（用户可以在向导的第 6 步改变类名和有关的文件名），一般的命名规则如下：

Class Name＝C＋ProjectName＋ClassType

一个 C++类一般由头文件(＊.h)和源文件(＊.cpp)两类文件所支撑。头文件用于定义类，包括指明派生关系，声明成员变量和成员函数。源文件用于实现类，主要定义成员函数的实现代码和消息映射。例如，应用程序视图类 CMyproView 的两个支持文件是头文件 MyproView.h 和源文件 MyproView.cpp。

下面以上一节中创建的应用程序 Mypro 为例，介绍 MFC AppWizard[exe]向导所生成的各类文件及功能。

12.2.2 头文件

除了关于对话框类 CAboutDlg，应用程序向导为框架窗口类、文档类、视图类和应用程序类 4 个类生成了头文件，CAboutDlg 类的定义和实现代码放在应用程序类的源文件

Mypro.cpp中。此外，向导还创建了资源头文件和标准包含头文件。

在定义类的头文件中的开始位置(类的正式定义前)有一段编译预处理命令代码，这些代码是为 Developer Studio 自身准备的，如用于保证头文件在编译时仅被编译一次。Developer Studio 中的资源编辑器、ClassWizard 类向导和编译器都可能利用这些代码，用户可不必关心其详细的含义。这些代码形式如下：

```
#ifndefined(AFX_MAINFRM_H_DElF30C9_677C_11D6_888D_98F37B75EE70_INCLUDED_)
#define AFX_MAINFRM_H_DElF30C9_677C_11D6_888D_98F37B75EE70_INCLUDED_
#if _MSC_VER>1000
#pragma once
#endif //_MSC_VER>1000
```

1. 框架窗口类头文件

向导为项目 Mypro 生成了框架窗口类的头文件 MainFrm.h，该头文件用于定义框架窗口类 CMainFrame。不同的 SDI 应用程序，其框架窗口类名、文件名是相同的。CMainFrame 类是 MFC 的 CFrameWnd 类的派生类，主要负责创建标题栏、菜单栏、工具栏和状态栏。CMainFrame 类中声明了框架窗口中的工具栏 m_wndToolBar、状态栏 m_wndStatusBar 两个成员变量和四个成员函数。

2. 文档类头文件

向导为项目 Mypro 生成了文档类的头文件 MyproDoc.h，该头文件用于定义文档类 CMyproDoc。CMyproDoc 类是 MFC 的 CDocument 类的派生类，它主要负责应用程序数据的保存和装载，实现文档的序列化管理。

3. 视图类头文件

向导为项目 Mypro 生成了视图类的头文件 MyproView.h，该头文件用于定义视图类 CMyproView。视图类用于处理客户区窗口，它是框架窗口中的一个子窗口。CMyproView 类是 MFCView 类的派生类，主要负责客户区文档数据的显示，以及如何进行人机交换。

4. 应用程序类头文件

向导为项目 Mypro 生成了应用程序类的头文件 Mypro.h，该头文件用于定义应用程序类 CMyproApp。CMyproApp 类是 MFC 的 CWinApp 类的派生类，主要负责完成应用程序的初始化、程序的启动和程序运行结束时的清理工作。

5. 资源头文件

在项目中，资源通过资源标识符 ID 加以区别，通常将一个项目中所有的资源标识符放在头文件 Resource.h 中定义。向导为项目 Mypro 生成了资源头文件 Resource.h，该文件用于定义项目中所有的资源标识符，给资源 ID 分配一个整数值，如 About 对话框 ID、主框架 ID 等。标识符的命名有一定的规则，如 IDR_MAINFRAME 代表有关主框架的资源，包括主菜单、工具栏以及图标等。标识符以不同的前缀开始，下表中列出了 MFC 所规定的资源标识符前缀和所表示的资源类型。

表 12-3 MFC 资源标识符前缀

标识符前缀	说明
IDR_	主菜单、工具栏、应用程序图标和快捷链表
IDD_	对话框
IDC_	控件和光标
IDS_	字符串
IDP_	信息对话框的字符串
ID_	菜单命令项

6. 标准包含头文件

向导为项目 Mypro 生成了标准包含头文件 StdAfx. h,该文件用于包含一般情况下要用到的头文件,如 MFC 类的声明文件 afxwin. h、使用工具栏和状态栏的文件 afxext. h,这些头文件一般都存放在路径“…\Microsoft Visual Studio\VC98\MFC\Include”下。StdAfx. h 文件和 StdAfx. cpp 文件用来生成预编译文件。

12. 2. 3 源文件

对应于一个头文件中定义的类,都有一个类的实现源文件。在源文件中主要定义在头文件中声明的成员函数的实现代码和消息映射。资源文件也是源文件,将在下一小节中详细介绍。

注意:向导生成的成员函数也有很大的,用户不要因为没有使用某个成员函数而删除其声明和实现代码。并且,用户一般不要轻易修改文件中那些以灰色字体显示的代码,因为这些代码一般是通过资源编辑器或 ClassWizard 类向导进行维护的。

1. 框架窗口类源文件

向导为项目 Mypro 生成了框架窗口类的源文件 MainFrm. cpp,该文件包含了框架窗口类 CMainFrame 的实现代码,主要是 CMainFrame 类成员函数的实现。它实现的框架窗口是应用程序的主窗口。

CMainFrame 类的 4 个主要成员函数中,AssertValid()和 Dump()函数是用于调试的,其中函数 AssertValid()用来诊断 CMainFrame 对象是否有效,函数 Dump()用来输出 CMainFrame 对象的状态信息。第 3 个成员函数 OnCreate()的主要功能是创建工具栏 m_wndToolBar 和状态栏 m_wndStatusBar,而视图窗口是由基类 CFrameWnd 的成员函数 OnCreate()通过调用 OnCreateClient()函数创建的。第 4 个成员函数是虚函数 PreCreateWindow(),如果要创建一个非默认风格的窗口,可以重载该函数,在函数中通过修改 CREATESTRUCT 结构参数 cs 来改变窗口类、窗口风格、窗口大小和位置等。

例 12-3 修改例 12-1 中的程序,使程序运行窗口“最大化”按钮失效。

在 Workspace 工作区窗口的 ClassView 页面打开 CMainFrame 类,双击成员函数 PreCreateWindow(),在编辑窗口打开该函数,添加如下粗体所示的代码。

```
BOOL CMainFrame::PreCreateWindow(CREATESTRUCT& cs)
{
  if(!CFrameWnd::PreCreateWindow(cs))
  return FALSE;
  // TODO: Modify the Window class or styles here by modifying
  // the CREATESTRUCT cs
  cs.style&=~WS_MAXIMIZEBOX;
  return TRUE;
}
```

运行程序,可以看到程序窗口右上角最大化按钮处于禁用状态。

2. 文档类源文件

向导为项目 Mypro 生成了文档类的源文件 MyproDoc.cpp。与框架类 CMainFrame 类似,文档类 CMyproDoc 也定义了两个用于调试的成员函数 AssertValid()和 Dump(),还定义了成员函数 OnNewDocument()和 Serialize()。当用户执行"文件|新建"命令时,MFC 应用程序框架会调用函数 OnNewDocument()来完成新建文档的工作。函数 Serialize()负责文档数据的磁盘读写操作。

由于 SDI 单文档应用程序处理一个文档对象,当执行 New 命令时,文档对象已经生成,因此文档类 CMyproDoc 的构造函数不会再被调用。所以,SDI 应用程序不要在构造函数中进行文档对象成员变量的初始化,而应在 OnNewDocument()函数中。

注意:在文档派生类 CMyproDoc 重载的 OnNewDocument()函数中,首先需要调用基类 CDocument 的 OnNewDocument()函数。

3. 视图类源文件

向导为项目 Mypro 生成了视图类的源文件 MyproView.cpp,该文件主要定义视图类的成员函数。与框架窗口类和文档类一样,视图类 CMyproView 也定义了两个用于调试的成员函数 AssertValid()和 Dump(),还定义了两个视图类特有的成员函数 GetDocument()和 OnDraw()。

视图对象用来显示文档对象的内容,函数 GetDocument()用于获取当前文档对象的指针 m_pDocument。如果建立程序的 Release 发布版,函数 GetDocument()作为内联(inline)函数来实现。

OnDraw()函数是一个虚函数,它负责文档对象的数据在用户视图区的显示输出,在例 12-1 和例 12-4 中就是在成员函数 OnDraw()中添加显示输出文本串的代码。在向导生成的成员函数 OnDraw()中调用了函数 GetDocument()。

例 12-4 修改例 12-1 中的程序,为 CMyproDoc 文档类定义一个字符串型的成员变量,在 OnNewDocument()函数中初始化成员变量。在 OnDraw()函数中访问该成员变量,并在程序视图窗口输出。完成步骤如下:

第一步:在头文件 MyproDoc.h 文档类 CMyproDoc 的定义中增加成员变量 m_szText,用于保存将要显示的文本信息。

```
public:
    char * m_szText;
```

第二步:在文档类源文件 MyproDoc. cpp 中找到成员函数 OnNewDocument(),添加初始化 m_szText 的代码:

```
BOOL CMyproDoc::OnNewDocument()
{
    if (!CDocument::OnNewDocument())
    return FALSE;

    // TODO: add reinitialization code here
    // (SDI documents will reuse this document)
    m_szText="这是一个单文档程序!";          //初始化 m_szText
    return TRUE;
}
```

第三步:在视图类源文件 MyproView. cpp 中找到成员函数 OnDraw(),向导创建的函数框架中已自动添加了函数 GetDocument()的调用语句,以获取与当前视图相关联文档的指针 pDoc。可以手工添加如下代码,通过 pDoc 访问文档类 CMyproDoc 的成员变量 m_szText,用于在运行结果中出现文本串。代码如下:

```
oid CMyproView::OnDraw(CDC * pDC)
{
    CMyproDoc * pDoc = GetDocument();
    ASSERT_VALID(pDoc);
    // TODO: add draw code for native data here
    pDC->TextOut(100,100,pDoc->m_szText); //通过 pDoc 访问文档对象的成员变量
}
```

运行程序,得出跟例 12-1 同样的结果,试分析之。

4. 应用程序类源文件

向导为项目 Mypro 生成了应用程序类的源文件 Myro. cpp,该文件是应用程序的主文件,MFC 应用程序的初始化、启动运行和结束都是由应用程序对象完成的。在 Mypro. cpp 文件中定义了应用程序类 CMyproApp 的成员函数,还定义了关于对话框类 CAboutDlg 和它的实现代码。

5. 标准包含文件

向导为项目 Mypro 生成了标准包含文件 StdAfx. cpp,该文件用于包含 StdAfx. h 标准包含头文件。StdAfx. cpp 文件用于生成项目的预编译头文件(Mypro. pch)和预编译类型信息文件(StdAfx. obj),预编译文件用于提高项目的编译速度。

由于大多数 MFC 应用程序的源文件都包含 StdAfx. h 头文件,如果在每个源文件中都重

新编译 StdAfx.h 头文件，整个编译过程将浪费大量的时间。为了提高编译速度，Visual C++编译器可以首先将项目中那些共同要使用的头文件编译出来，编译后将结果存放在一个名为预编译头文件的中间文件中，以后再编译时直接读出存储的结果，而无须重新编译，这样就节约了编译时间。

12.2.4 资源文件

Windows 编程的一个主要特点是资源和代码的分离，即将菜单、工具栏、字符串表和对话框等资源与基本的源代码分开，这样使得对这些资源的修改独立于源代码。例如，可以将字符串表翻译成另一种语言，而无须改动源代码。当 Windows 装入一个应用程序时，一般情况下，程序的资源数据并不同时装入内存，而是在应用程序执行过程中需要时(如创建窗口、显示对话框等)才从硬盘读取相应的资源。

使用资源使 Windows 应用程序的外观和功能更加标准化，编程也更容易。利用 MFC AppWizard[exe]向导创建一个 Windows 应用程序时，向导将自动生成一些有关资料的文件。项目主要在一个扩展名为.rc 的资源文件中定义资源，该资源文件是文本文档，可用文本编辑器阅读，但在 Visual C++ IDE 中是利用资源编辑器进行编辑的。在资源文件中只定义了菜单脚本和字符串等内容，没有定义位图和图标等图形资源，但保存了它们所在的文件名和路径。位图和图标等图形资源分别保存在单独的文件中。

1. 资源文件

向导为项目 Mypro 生成了资源文件 Mypro.rc 和 Mypro.rc2。Mypro.rc 是Visual C++ IDE 生成的脚本文件，它使用标准的 Windows 资源定义语句，可通过资源编辑器转换为二进制资源，并添加到应用程序的可执行文件中。资源编辑器是 Visual C++ IDE 编辑器的一部分。一般利用 Visual C++ IDE 的资源编辑器对资源进行可视化编辑，也可以通过 Open 命令以文本方式打开一个资源文件进行编辑。Mypro.rc2 文件一般用于定义 Visual C++ IDE 资源编辑器不能编辑的资源。

2. 图标文件

向导为项目 Mypro 生成了应用程序的图标文件 Mypro.ico。在资源管理器中显示时图标作为应用程序的图形标识，在程序运行后图标将出现在主窗口标题栏的最左端。在 Visual C++集成开发环境中，可利用图像编辑器编辑和修改应用程序的图标。

3. 文档图标文件

向导为项目 Mypro 生成了文档图标文件 MyproDoc.ico。文档图标一般用于多文档应用程序中，在程序 Mypro 中没有显示这个图标，但编程时用户可以利用相关函数获取该图标资源并显示图标。文档图标资源的 ID 为 IDR_MYPROTYPE。

4. 工具栏按钮位图文件

向导为项目 Mypro 生成了工具栏按钮的位图文件 ToolBar.bmp，该位图是应用程序工具栏中所有按钮的图形表示。可利用工具栏编辑器对按钮位图进行编辑。

例 12-5 修改 12-1 中的程序 Mypro，在视图区显示文档图标。编写代码如下：

打开项目 Mypro，在成员函数 CMyproView::OnDraw()中添加以下粗体代码。

```
void CMyproView::OnDraw(CDC * pDC)
{
    CMyproDoc * pDoc = GetDocument();
    ASSERT_VALID(pDoc);
    // TODO: add draw code for native data here
    pDC->TextOut(100,100,"这是一个单文档程序!");
    HICON hDocIcon=AfxGetApp()->LoadIcon(IDR_MYSDITYPE); //加载文档图标
    pDc->DrawIcon(10,10,hDocIcon);                        //显示图标
}
```

12.2.5　其他文件

除了上述用于生成可执行程序的源代码文件和资源文件外，向导还为项目生成了一些在 Developer Studio 开发环境中必须使用的文件，如项目文件、项目工作区文件和 ClassWizard 类向导文件等。

1. 项目文件

Visual C++ IDE 以项目作为程序设计的基本单元，项目用于管理组成应用程序的所有元素。项目用项目文件 DSP(developer studio project)来描述，向导为项目 Mypro 生成了项目文件 Mypro.dsp，该文件将项目中的所有文件组织成一个整体。项目文件保存了项目中的源文件和资源文件的信息(如文件名和路径)，同时还保存了项目的编译设置等信息(如 debug 等设置)。

Workspace 工作区窗口的 FileView 页面以树形结构形式列出了项目中所有的文件，可通过 File 菜单和 Project 菜单中的有关命令添加源文件、资源文件和其他文件到项目中。如果要从项目中删除文件，在 FileView 页面选中要删除的文件，然后按 Delete 键。

2. 工作区文件

为了创建应用程序，必须在 Developer Studio 的工作区中打开项目，这些应用程序工作区的设置信息保存在工作区文件 DSW(developer studio project)中。向导为项目 Mypro 生成了工作区文件 Mypro.dsw，该文件将一个 DSP 项目文件与具体的 Developer Studio 结合在一起，保存了上一次操作结束时 Developer Studio 窗口的状态、位置以及针对该项目工作区所做设置的信息。

注意:在集成开发环境中一般通过打开项目工作区文件(*.dsw)来打开指定的项目，也可通过打开项目文件(*.dsp)来打开项目，但此时 Developer Studio 将提示用户是否需要创建一个新的项目工作区。

3. 类向导文件

向导为项目 Mypro 生成了类向导文件 Mypro.clw，该文件存储了 MFC ClassWizard 类向导使用的类信息，如类信息的版本、类的数量、每个类的头文件和源文件、项目所用到的对话框

控件和菜单命令的编号。利用 ClassWizard 类向导添加新的类，及为类添加成员变量和成员函数时使用该文件，利用 ClassWizard 类向导建立和编辑消息映射、创建成员函数原型时所需的信息也存储在该文件中。在 Developer Studio 中以文本方式打开该文件后，可以看到该文件的内容。如果丢失了 clw 文件，下次使用 ClassWizard 类向导时会出现提示对话框，询问是否想重新创建这个文件。

4. 项目自述文件

向导为项目 Mypro 生成了自述文件 Readme.txt。该文件介绍了向导所创建文件的内容和功能，并告诉用户在什么位置添加自己的代码以及如何更改资源语言。

12.3 ClassWizard 类向导

利用应用程序向导生成 MFC 应用程序框架后，程序员需要为自己的 MFC 派生类添加消息处理成员函数，为对话框控件添加关联的成员变量，有时还需要为程序添加一个 MFC 类的派生类，这时需要使用 ClassWizard 类向导。MFC ClassWizard 类向导根据程序员的要求以半自动化的方式添加程序代码，它是进行 MFC 应用程序设计时一个必不可少的交互式工具，在以后的程序设计中会经常用到它。

12.3.1 Class Wizard 介绍

ClassWizard 类向导可以用来定制现有的类或建立新的类，如把消息映射为类的成员函数，把对话框的一个控件与类的成员变量相关联。用户编程时，利用 ClassWizard 类向导能够大大简化一些细节问题，如成员变量和成员函数的声明和定义放在何处，它们如何命名以及成员函数如何与消息联系在一起。

只有在打开或创建一个项目后，View 主菜单才会出现 ClassWizard 菜单项，这时才能使用 ClassWizard 类向导。一般通过 Ctrl+W 组合键启动 ClassWizard 类向导。

如图 12-12 所示，MFC ClassWizard 对话框共有 5 个页面，Message Maps 页面用来处理消息映射，为消息添加或删除处理函数，查看已被处理的消息并定位响应函数代码；Member Variables 页面用来给对话框类添加或删除成员变量，这些成员变量必须与控件关联；Automation 页面提供了对 OLE 自动化类的属性和方法的管理；ActiveX Events 页面用于管理 ActiveX 类所支持的 ActiveX 事件；Class Info 页面显示应用程序中所包含类的消息，如一个类的头文件、源文件和基类等信息。

在 MFC ClassWizard 对话框中，编程时经常要使用的是 Message Maps 页面和 Member Variables 页面。本节主要介绍利用 ClassWizard 类向导添加响应函数的方法。

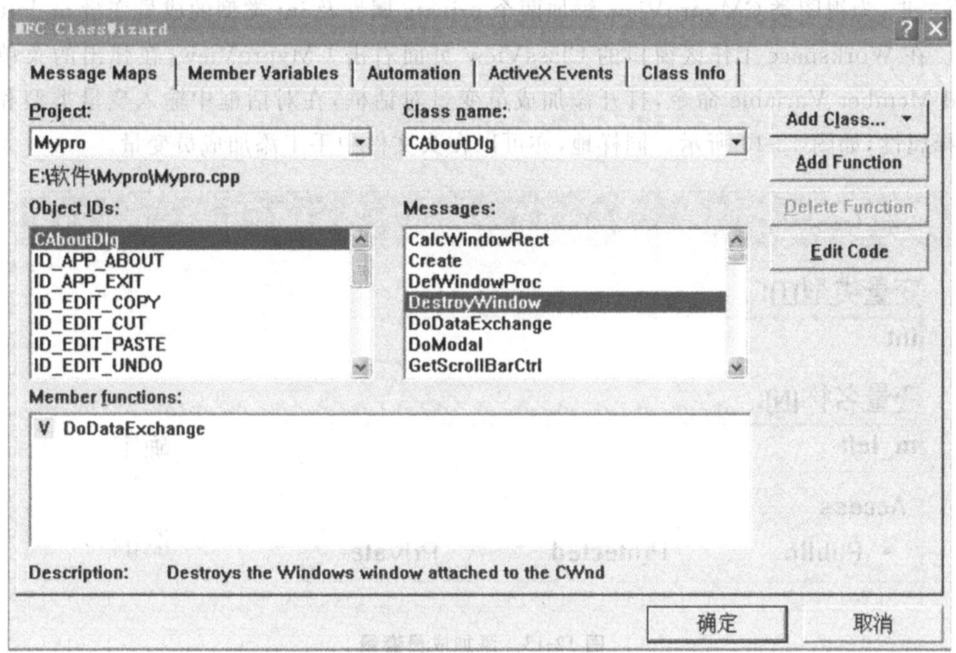

图 12-12 ClassWizard 类向导

12.3.2 添加响应函数

ClassWizard 类向导的 Message Maps 页面主要用于添加与消息处理有关的代码，包括添加消息映射和响应函数(handler)。如图 12-12 所示，Message Maps 页面有 5 个列表框。Project 下拉表框列出了当前工作区中的项目；Class name 下拉列表框列出了当前项目中的类；Object IDs 列表框列出了当前类所有能接收消息的对象(ID)，包括类、菜单项和控件；Messages 列表框列出了在 Object IDs 列表框中所选对象可处理的消息和可重载的 MFC 虚函数；Member functions 列表框列出了当前类已创建的消息处理函数，其中的 V 标记表示该函数是虚函数，W 标记表示该函数是窗口响应函数。

当在 Member functions 列表框中用鼠标单击一个函数时，在 Messages 列表框中将定位与函数对应的消息。当在 Messages 列表框中选择一个消息后，单击 Add Function 按钮可为指定的消息添加一个响应函数。单击 Edit Code 按钮将退出 ClassWizard 类向导，打开源代码编辑器并定位到指定的响应函数，用户可以添加具体的函数代码。

单击 Delete Function 按钮可以删除已建立的响应函数。注意，为了避免误删函数代码，单击此按钮只是在头文件中删除函数声明，在源文件中删除消息映射项，实际的函数代码必须用户自己删除。否则，编译时会给出出错提示。

例 12-6 编写一个 SDI 应用程序 Mypro，程序运行后在程序视图窗口左击或右击鼠标时分别打开不同的消息对话框，显示左击或右击鼠标的次数。步骤如下：

第一步：利用 MFC AppWizard[exe]向导建立一个单文档应用程序 Mypro。

第二步：为视图类 CMyproView 添加两个 private 属性及 int 类型的成员变量 m_left 和 m_right。在 Workspace 工作区窗口的 ClassView 页面右击 CMyproView，在弹出的菜单中选择 Add Member Variable 命令，打开添加成员变量对话框，在对话框中输入变量类型和变量名，选择属性，如图 12-13 所示。同样地，亦可以在头文件中手工添加成员变量。

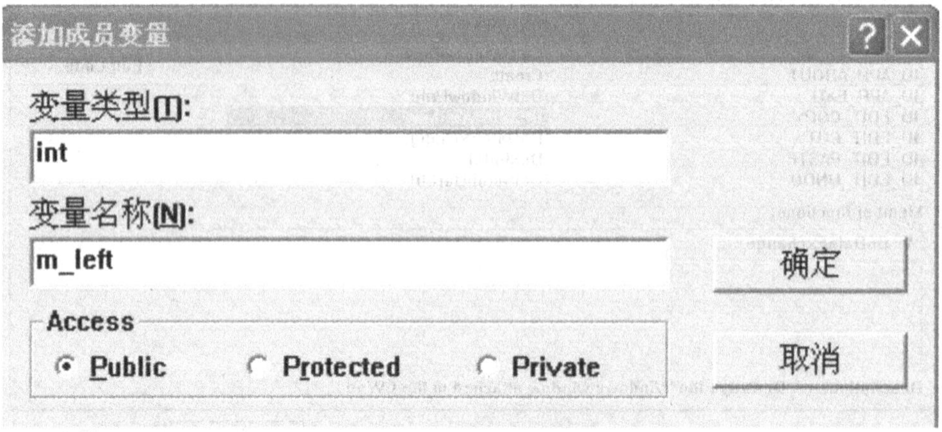

添加成员变量
变量类型(T):
int
变量名称(N):
m_left
Access
Public　Protected　Private
确定
取消

图 12-13　添加成员变量

第三步：在视图类 CMyproMessageView 的构造函数中添加初始化成员变量的代码：

```
CMyproView::CMyproView()
{
    // TODO: add construction code here
    m_left=0;                    //初始化成员变量
    m_right=0;                   //初始化成员变量
}
```

第四步：分别添加鼠标左击右击的响应函数。按 Ctrl+W 打开 MFC ClassWizard 对话框，选择 Messages Maps 页面。在 Class name 下拉列表框和 Object IDs 列表框中选择 CMyproView，在 Messages 列表框中选择 WM_LBUTTONDOWN（左击鼠标）和 WM_RBUTTONDOWN（右击鼠标）消息，单击 Add Function 按钮。然后单击"确定"按钮退出 MFC ClassWizard 对话框，这时 ClassWizard 类向导将在视图类 CMyproView 的头文件中声明响应函数 OnLButtonDown()和 OnRButtonDown()，在源文件中生成响应函数的框架代码，并在 BEGIN_MESSAGE_MAP()和 END_MESSAGE_MAP()中定义消息映射。

第五步：在 MFC ClassWizard 对话框中单击 Edit Code 按钮可编写具体的函数代码。本例在响应函数 OnLButtonDown()和 OnRButtonDown()中的指定位置添加如下代码，以累加左击或右击鼠标的次数，并弹出一个信息提示框。

```
void CMyproView::OnLButtonDown(UINT nFlags, CPoint point)
{
    // TODO: Add your message handler code here and/or call default
    m_left++;                              //左击数目加 1
    CString strOutput;
```

```
    strOutput.Format("The times of left button is:%d,m_left");
    MessageBox(strOutput);                    //弹出提示信息框
    CView::OnLButtonDown(nFlags, point);
}

void CMyproView::OnRButtonDown(UINT nFlags, CPoint point)
{
    // TODO: Add your message handler code here and/or call default
    m_right++;                                //右击数目加 1
    CString strOutput;
    strOutput.Format("The times of left button is:%d,m_right");
    MessageBox(strOutput);                    //弹出提示信息框
    CView::OnRButtonDown(nFlags, point);
}
```

编译、链接并运行程序 Mypro，每当在视图窗口左击或右击鼠标时，将弹出显示左击或右击鼠标次数的信息提示框。

添加一般成员函数可以采用手工方法直接在头文件和源文件中分别添加函数声明和函数代码，也可以右击 Workspace 的 ClassView 页面，从弹出式菜单中选择 Add Member Function 命令添加成员函数，如图 12-14 和图 12-15 所示。

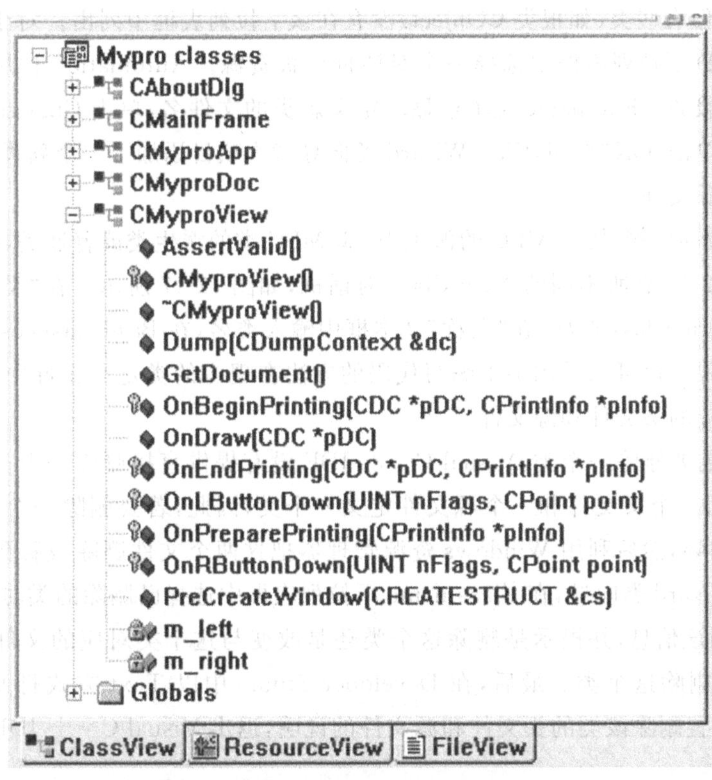

图 12-14 在工作区使用弹出式菜单

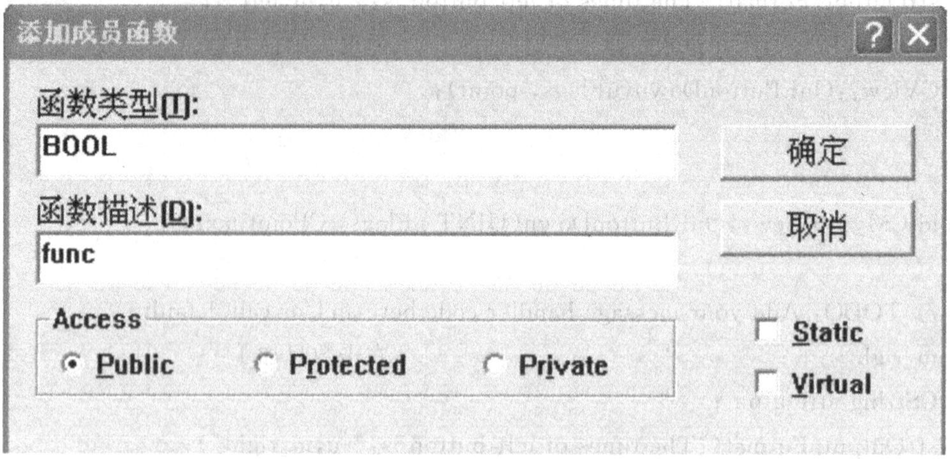

图 12-15 添加一般成员函数

12.3.3 添加新类

MFC ClassWizard 对话框的每个页面都有 Add Class 按钮，利用 ClassWizard 类向导可以为项目添加新的类，但只能添加 MFC 类的派生类。单击 Add Class 按钮会出现一个弹出式菜单，选择 New 命令将打开如图 12-16 所示的 New Class 对话框。在 Name 文本框中输入新类的名称；在 Base class 下拉列表中选择一个 MFC 类作为新成员的基类，该下拉列表框列出了常用的 MFC 类，但有些类(如根类 CObject)没有在该下拉列表框中列出。对于基于对话框的类，可从 Dialog ID 下拉列表框中选择一个对话框模板资源。Automation 栏用于选择是否使用基类的自动化服务。File name 文本框显示定义新类的文件名，单击 Change 按钮可以修改默认的文件名。单击"OK"按钮，ClassWizard 类向导就为项目添加了一个新类，并生成了与类对应的头文件和源文件。

若要为项目添加一个其他 MFC 的派生类、非 MFC 类的派生类或普通类，执行"插入|类"命令，打开与图 12-16 有所不同的 New Class 对话框，如图 12-17 所示。在"类的类型"下拉列表框中选择 Generic Class 选项，在"名称"文本框中输入类名，在 Base class(es)列表框中输入基类名和访问权限。也可以采用手工编写代码的方法在现有的类定义文件中添加一个新类，但项目中没有对应的头文件和源文件。

编程时有时需要删除一个类，Visual C++ IDE 没有提供直接删除一个类的方法。按照编程习惯，一般用一个头文件和一个源文件定义一个类，因此，若要删除一个类，首先要退出 ClassWizard 类向导，然后利用 Windows 资源管理器把这两个文件删除或移到别的地方。当重新打开 ClassWizard 类向导，在 Class name 下拉列表框中选择已删除的类时，系统将给出信息框，提示找不到该信息，并提示是删除这个类还是改变与这个类对应的文件，单击 Remove 按钮则从项目中删除这个类。最后，在 Developer Studio 中以 Text 方式打开 DSP 文件，在 SOURCE 说明位置删除该类的头文件和源文件的说明，退出 Visual C++ IDE 后重新打开项目文件。

注意：若是其他文件中包含（＃include）被删除的头文件或使用了被删除的类，就必须手工修改或删除相应的代码。

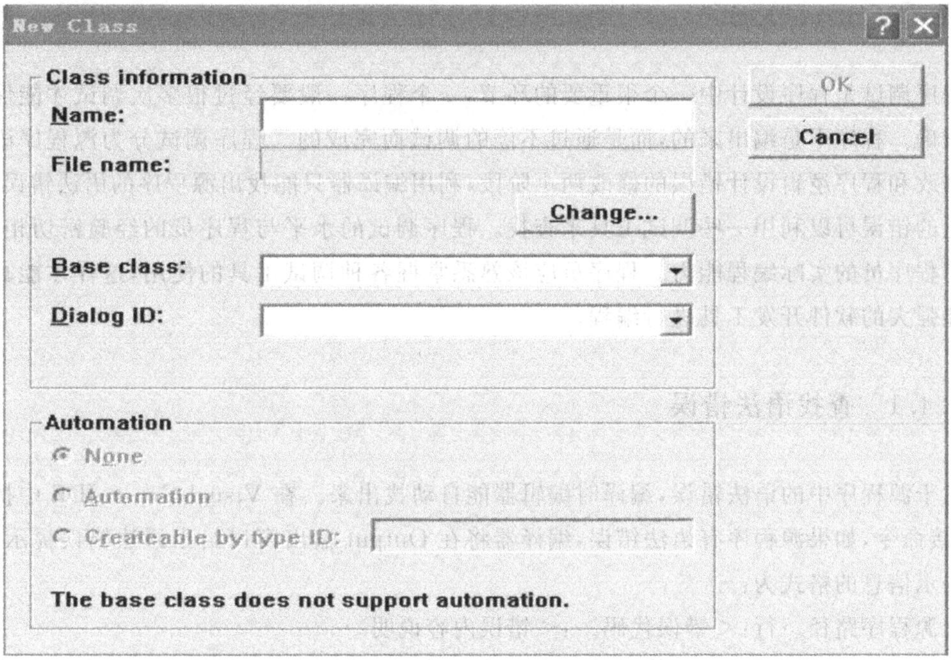

图 12-16　利用 ClassWizard 类向导添加新类

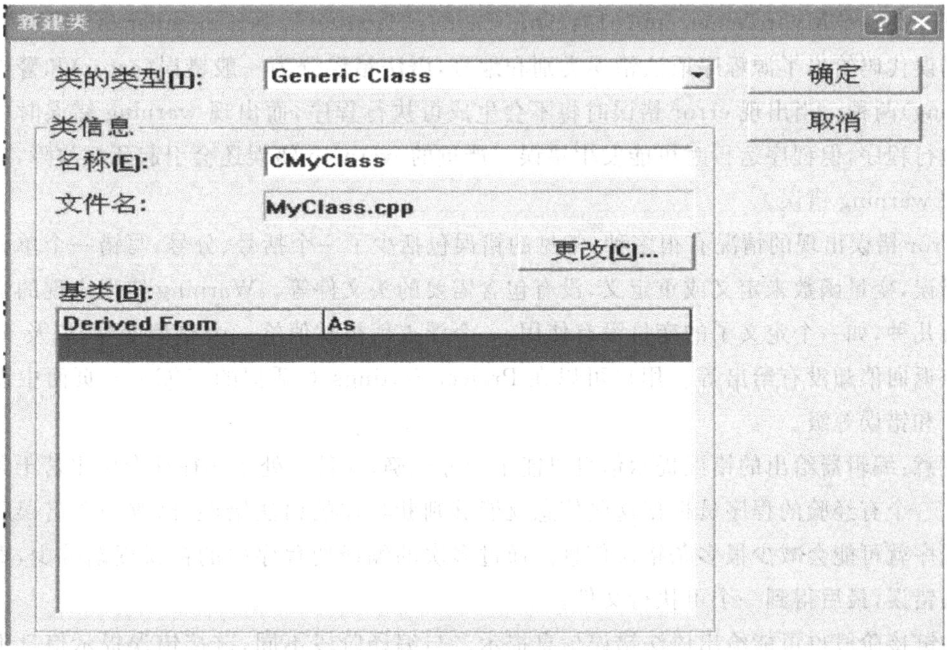

图 12-17　利用插入|类命令添加类

12.4 程序调试

程序调试是程序设计中一个很重要的环节,一个程序一般要经过很多次调试才能保证其基本正确。程序不是编出来的,而是通过不停的调试而完成的。程序调试分为源程序语法错误的修改和程序逻辑设计错误的修改两个阶段,利用编译器只能找出源程序的语法错误,程序逻辑上的错误可以利用一些调试工具来查找。程序调试的水平与程序员的经验密切相关,也决定了程序员的实际编程能力。程序员应该熟悉掌握各种调试工具的使用,这样才能真正利用功能强大的软件开发工具进行编程。

12.4.1 查找语法错误

对于源程序中的语法错误,编译时编辑器能自动找出来。在 Visual C++ IDE 中执行编译、链接命令,如果源程序有语法错误,编译器将在 Output 输出窗口给出语法错误提示信息。错误提示信息的格式为:

＜源程序路径＞行:＜错误代码＞:＜错误内容说明＞

例如,假如编辑源程序时,将函数名 TextOut 中的大写字母 O 误写为 0,则编译器会给出如下形式的语法错误提示信息:

D:\Mypro\MyproView.cpp(61):error C2039:'Text0ut': is a member of 'CDC'

错误代码给出了源程序语法错误类别和编号,语法错误分为一般错误(error)和警告错误(warning)两种。当出现 error 错误时将不会生成可执行程序,而出现 warning 错误时可以生成可执行程序,但程序运行时可能发生错误。严重的 warning 错误还会引起死机故障,应该尽量消除 warning 错误。

error 错误出现的情况有很多种,常见的错误包括少了一个括号、分号,写错一个单词或大小写错误,变量函数未定义或重定义,没有包含需要的头文件等。Warning 错误出现的情况一般只有几种,如一个定义了的变量没有使用,一个浮点值被赋值给一个整型变量,以及 main() 函数有返回值却没有给出等。用户可以在 Project Settings 对话框的 C/C++页面中设置调试选项和错误等级。

注意:编辑器给出的错误提示信息可能不十分正确,并且一处错误往往会引出若干条错误信息。一个有经验的程序员根据这些信息就能够判断具体的语法错误,修改一个错误后马上编译程序就可能会减少很多条错误信息。通过多次的编译使程序中的错误逐渐减少,直到没有语法错误,最后得到一个可执行文件。

在链接阶段也可能给出语法错误信息提示。与编译阶段不同,链接错误提示信息不给出错误发生的具体位置,这是因为链接的程序是目标文件(*.obj),无法确定错误发生的准确位置。发生链接错误时,一般是程序中调用了某个函数,而链接程序却找不到该函数的定义,这时应该注意函数名是否正确或动态链接库的设置是否正确。另外,由于程序规模较大,需要分为几个文件分别编译，然后再链接，这时可能出现全局变量没有声明或重复声明的错误。

在 Output 错误窗口中双击错误提示信息可以返回到源程序编辑窗口，并通过一个箭头符号定位到产生错误的语句。在 Output 窗口选择一个错误提示信息后，单击 F1 键可打开 MSDN 联机控制，显示该错误代码更详细的说明和有关例子。

12.4.2　debug 调试器的应用

为了查找和修改程序的逻辑设计错误，Visual C++ IDE 提供了一个重要的集成调试环境工具——Debug 调试器。利用 Debug 调试器可以在开发程序的同时方便、动态地进行程序调试，如使程序执行到断点处暂时停下来，然后通过单步执行跟踪，观察变量、表达式和函数调用关系，可以分析程序的实际执行情况。即使程序没有设计错误，程序也可以使用 Debug 调试器分析一个程序的执行过程。

编程时可以生成 Debug 和 Release 两种版本的程序。Debug 版本生成的中间文件以及可执行文件放在项目下的 Debug 目录中，目标文件包含所有的调试信息，但程序没有进行优化。Release 版本生成的文件放在 Release 目录中，目标文件不包含任何调试信息，不能进行程序调试，但程序进行了优化。编程时一般先生成一个 Debug 调试版程序，程序经过调试确认无误后，再编译、链接生成一个 Release 发布版程序。

在启动 Debug 调试器前，应先编译、链接生成一个 Debug 版本的程序。Developer Studio 默认设置是 Debug 版本，但若生成一个 Release 版本程序后需要重新设置为 Debug 版本，通过执行 Build|Set Active Configuration 命令可以设置当前的程序版本。

Build 主菜单中有一个 Start Debug 子菜单，其中包含启动 Debug 调试器的命令。如执行其中的 Go(F5)命令后，程序便在调试器中运行，直到断点处停止。启动调试器后，Debug 菜单取代 Build 菜单出现在菜单栏中，同时出现一个停靠式 Debug 工具栏和一些调试窗口。将光标放在程序的某个变量上，它的当前值就会显现出来。

在调试过程中，屏幕可同时出现调试器窗口和程序运行窗口。调试时有时需要切换到程序运行窗口，可以通过反复按 Alt+Tab 键进行切换。

除了 Debug 工具栏外，Debug 调试器还提供了一些辅助窗口即调试窗口，用于显示程序的调试信息。调试窗口汇集了很多信息，但通常并不需要观察所有信息，而且有限的屏幕空间也限制了打开窗口的个数。一般情况下，当进入程序调试时，除了打开常见的 Output 输出窗口外，Debug 调试器还自动打开 Variable 和 Watch 窗口。

Output 输出窗口用于显示有关的 Build 和 Debug 操作的信息，包括编译、链接错误提示信息和调试时一些调试宏的输出信息。

Variable 变量窗口用于观察和修改某个应用域内所有变量的当前值，调试器可根据当前程序运行过程中变量的变化情况自动选择应显示的变量。用户可以在 Variable 窗口的 Context 下拉列表框中选择要查看的函数，然后调试器会在窗口中显示函数的局部变量的当前值。该窗口有三个页面：Auto 页面显示当前语句或前一条语句中变量的值和函数的返回值；Locals 页面显示当前函数中局部变量的值；This 页面以树形方式显示当前类的对象的所有数据成员,单击"+"号可展开指针所指对象。

Watch 查看窗口用于观察和修改变量或表达式的值,但需要程序员在该窗口手工设置要观察的变量或表达式。单击 Watch 窗口 Name 栏下的空白框,可添加要观察的变量或表达式。可以将要查看的变量分为 4 组,分别放在 Watch1、Watch2、Watch3 和 Watch4 这 4 个页面内。

在调试窗口中用红色表示变量的值在程序当前的执行过程中发生了改变。程序员可以在调试窗口中手工改变变量的值,程序将采用新的变量值向后继续进行。若变量是一个对象、对象引用或指针,调试窗口将自动展开变量,显示其成员信息。

除了上述主要调试窗口,使用 Debug 调试器测试程序时还可根据特殊的需要打开其他一些调试窗口。Registers 寄存器窗口用于显示通用寄存器和 CPU 状态寄存器的内容,Memory 内存窗口用于显示当前内存的内容,Call Stack 调用栈窗口用于列出所有调用未结束的函数,Disassembly 反汇编窗口用于列出反汇编后的汇编语言代码。

在其他主菜单中也含有一些与调试有关的调试命令,如通过 View 主菜单中的 Debug Windows 子菜单可以打开指定的调试窗口,通过 Edit 主菜单中的 Breakpoints 命令可以进行断点的设置、取消、使用或禁用等操作。

12.4.3 跟踪调试程序

即使源程序没有语法错误,最后生成的可执行程序也可能不能正常运行或没有达到设计要求,这类程序设计上的错误称为逻辑设计错误或缺陷。跟踪调试程序是查找此类逻辑设计错误最常采用的动态方法。跟踪调试的基本原理就是让程序按照源代码设计流程一步一步地执行,通过观察和分析程序执行过程中数据和代码执行流程的变化来查找程序的逻辑错误。

采用传统的程序设计工具调试程序时,程序员为了进行跟踪调试,一般需要在程序中人为设置断点,如加入输出变量值的语句。而在 Visual C++ IDE 中除了可以采用诸如 TRACE 调试宏输出需要的信息外,更方便的调试手段是利用 Visual C++集成调试器直接进行程序的跟踪调试,而 Debug 调试器是其中最常用的调试器。Debug 调试器可以帮助程序员查找和分析程序中的逻辑设计错误,通过代码的逐条执行,检查程序中任何位置变量的内容,以找到发生错误的大致位置。使用 Debug 调试程序最有效的手段主要有设置断点、单步执行和观察数据变化。

所谓断点,就是程序源代码中的某个位置,在调试器中运行程序时可以强制程序执行到该位置暂时停止运行。设置断点的方法很简单,只需在源代码编辑窗口将光标移到要设置断点的代码行,右击鼠标,然后单击 Insert/Remove Breakpoint 手掌按钮(快捷键为 F9)即可,如图 12-18 所示。可以在启动 Debug 调试器后再设置断点。断点用一个红色的圆点表示,当被调试的程序停在某个断点时,该圆点中出现一个黄色箭头,表示被调试程序当前的执行位置。如要在一个成员函数开头处设置断点,可在 Workspace 工作区的 ClassView 页面中选择该成员函数,单击鼠标右键,在弹出的菜单中选择 Set Breakpoint 命令。

当程序运行到断点后程序暂时停止运行,此时可查看或设置程序中的数据内容,并可对代

图 12-18 设置断点

码做小的修改。接下来也可采用单步执行的方法跟踪程序的设计。

单步执行也是一个有效的调试手段，它使程序按照源代码的编写流程一行一行地执行。Debug 工具栏提供的单步执行操作分为以下三种情况。

(1)单步执行程序，若遇到函数调用语句，则进入函数内部。单击 Debug 工具栏上的 Step Into 按钮(F11)即可完成该功能。

(2)单步执行程序，如遇到函数调用语句，不能调用函数的内部，跳过该函数。单击 Debug 工具栏上的 Step Over 按钮(F10)即可完成该功能。一般而言，刚开始调试时，如果不能断定一个函数是否有错，可以暂时执行该命令先跳过函数。

(3)从当前的函数中跳出，有时无意进入某个不想跟踪的函数，可单击 Debug 工具栏上的 Step Out 按钮，此时光标将指向该函数调用结束后要执行的语句。

单步执行程序的一个主要目的就是观察程序当前的数据变化情况。在 Visual C++测试环境下，单步执行程序时可以利用的信息非常丰富，程序员可通过观察变量、表达式，测试输出信息、内存、寄存器和函数栈的内容来了解程序的运行情况。跟踪调试时可以很方便查看某个变量的值，只需将光标在该变量上停留片刻，就会出现一个黄色的 DataTips 信息框，其中显示了光标所指定变量的值。但需注意必须用光标将该表达式全选上。

例 12-7 编写一个单文档应用程序 Mypro，程序运行后在程序视图窗口根据所提供的参数绘制 4 个纵向排列整齐的椭圆。

代码如下(在 Mypro 应用程序 OnDraw 函数下添加)：

```
void CMyproView::OnDraw(CDC * pDC)
{
  CMyproDoc * pDoc = GetDocument();
  ASSERT_VALID(pDoc);
  // TODO: add draw code for native data here
  int yLeft[4]={0,60,120,180};
  int yRight[4]={60,120,180,240};
  for(int i=1;i<=4;i++)
  {
    pDC->Ellipse(100,yLeft[i],300,yRight[i]);
  }
}
```

编译、链接并运行程序 Mypro，程序没有按要求绘制出 4 个椭圆。为了找到错误所在，首先应该跟踪绘制椭圆的函数 OnDrow()。将光标移到 OnDrow()函数的开头位置，选择手形图标，用来设置一个断点。按 F5 键启动 Debug 调试器使程序运行到断点处暂停，然后通过不断按 F10 键单步跟踪执行程序，在单步执行过程中观察椭圆参数的实际值。可以发现 i=1 时，yLeft[i]=70，yRight[i]=140，不是原意要求的 0 和 70。继续单步执行，在 i=4 时，yLeft[i]=3622088，yRight[i]=0，更不是所要求的值，如图 12-19 所示。

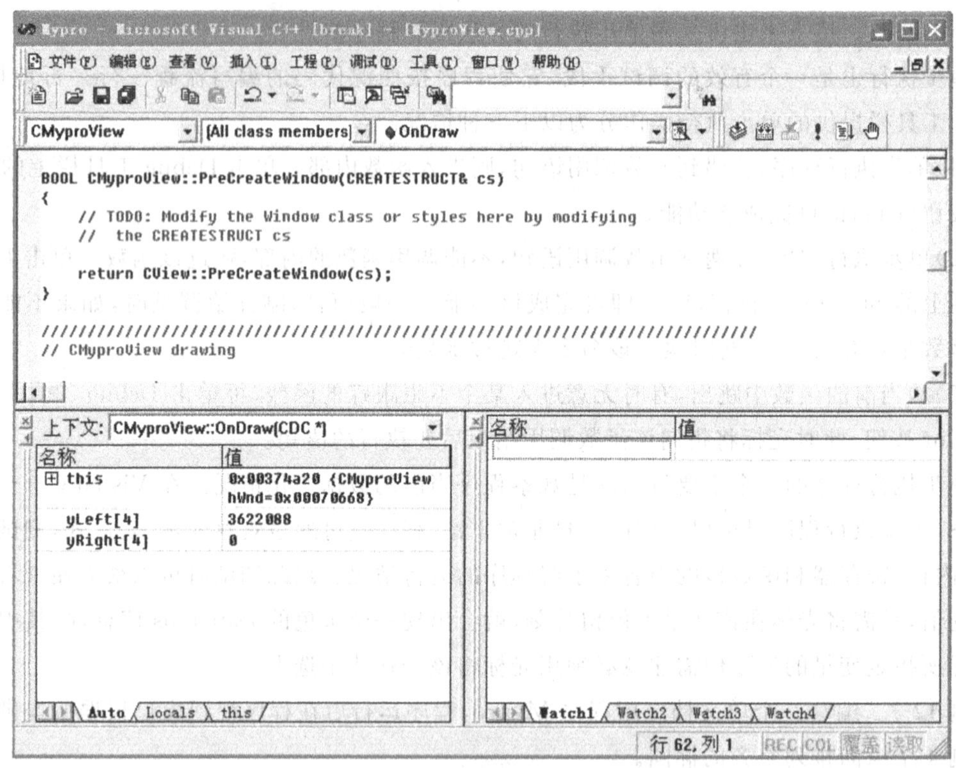

图 12-19　单步跟踪调试程序 Mypro

分析程序发现，在引用数组元素时 C++中数组下标是从 0 开始的，当 i=4 时，数组出现了越界错误。将 for 语句改为：

for(int i=0;i<4;i++)

重新编译、链接并运行程序 Mypro，便可得到 4 个纵向排列的椭圆。

利用 Debug 调试器单步跟踪 OnDraw()函数时将无法打开应用程序窗口，因为再从调试器窗口切换到应用程序窗口时，由于打开应用程序窗口需要调用 OnDraw()函数，而执行 OnDraw()函数时又进入单步跟踪，使得又重新切换到调试器窗口。在这种情况下可以使用 Visual C++ IDE提供的远程调试(remote debug)功能，即可将程序放在另外一台 PC 机上运行，然后在本机对程序进行调试。

本章小结

与其他可视化软件开发环境一样，Visual C++集成开发环境也提供了创建应用程序框架的向导 AppWizard 和相关的工具。本章主要介绍利用 MFC AppWizard 应用程序向导创建 Windows 应用程序的方法，并对应用程序向导生成的各种文件进行说明。此外，还介绍了 ClassWizard 类向导和 Debug 测试工具的使用方法。

习　题

1. 利用 MFC AppWizard[exe]向导建立一个 SDI 应用程序时，如何进一步设置程序界面窗口的边框厚度和最小化、最大化、关闭按钮？

2. MFC 应用程序框架的实质是什么？它与 MFC 应用程序向导有何区别？

3. MFC AppWizard[exe]向导为 SDI 应用程序创建了哪几个类？它们的基类分别是什么？这些类分别完成什么功能？

4. 利用 MFC AppWizard[exe]向导建立一个名为 SDILine 的单文档程序，除了默认选项外，程序还要求满足以下需求：

(1)程序不支持 ActiveX 控件，不具备打印功能；程序窗口没有最大化按钮；文件菜单中可列出最近 9 个曾使用过的文件。

(2)调用函数 LineTo()在视图窗口画一条直线。

5. 利用 MFC AppWizard[exe]向导建立一个 Win32 Console Application 项目，并编写下面的代码，程序将依据用户的键盘输入显示不同的信息。请判断程序是否有语法错误，并用 Debug 调试器找出程序的逻辑设计错误。

```
#include<stdio.h>
main()
{
  char cinputkey;
  printf("do you like visual C++ programming? (y or n):");
  cinputkey=getchar();
  if(cinputkey='y')
  printf("just wait until you see what you can do!\n");
  if(cinputkey='n')
  printf("keep trying! I bet you will change you mind\n");
}
```

参考文献

[1]王育坚. Visual C++面向对象编程教程(第二版). 北京：清华大学出版社，2007

[2]成岩，周露，杨嘉伟. C++语言与应用基础. 北京：科学出版社，2002

[3]王世同，李强等. Visual C++ 6.0 编程基础. 北京：清华大学出版社，2000

第 13 章 MFC 原理简介

利用 Windows API 编程的程序员都有这样的体会，即使编写一个简单的 Windows 应用程序也需要对 Windows 编程原理有深刻的理解，大量的代码需要程序员自己写。因此，传统的 Windows API 编程模式对程序员的编程经验有很高的要求。微软基础类 MFC 采用面向对象的设计方法，将大部分 Windows API 封装于相关的 C++ 类中，完成很多与 Windows 相关的幕后工作。采用 MFC 编程模式，程序员利用类的可重用性和可扩充性，可大大降低了 Windows 编程的难度。

13.1 MFC 概述

类库是一个可以在应用程序中使用的一些类的集合。很多公司都提供了类库，除了 Microsoft 公司的 MFC 外，还有其他类库，如 Borland 公司的 OWL(Object Windows Library)、VCL(Visual Component Library)、CLX(Component Library for cross-platform)和 IBM 公司的 OCL(Open Class Library)。有些类库是其他软件公司设计的(如用于数据开发的 CodeBase)，有些则是用户自己开发的。

虽然程序的具体功能各不相同，但从总体上看，程序设计涉及用户界面设计、文件操作、数据库访问和网络应用等部分，这些都可以通过一些类来实现。MFC 提供了一个标准化的程序框架和一些实现基本功能的类，简化了 Windows 编程的难度。程序员不必从头设计一个 Windows 程序，而是从一个比较高的起点开始编程，形同"站在巨人肩上"，并将 Microsoft 公司专业人员的编程理念和技能融入自己的应用程序中。

MFC 作为一个 Windows 的大部分类库，包含了 200 多个由 Microsoft 公司专业人士设计好的类，封装了 Windows 的大部分编程对象以及与它们相关的操作。它包含的功能涉及整个 Windows 操作系统。MFC 实际上是一个庞大的文件库，由几百个文件(如 dll、lib 文件等)和源代码文件(如.h、.cpp 文件)组成。

MFC 起源于 Microsoft 公司 1989 成立的 AFX(Application FrameWorks)开发小组。AFX 小组最初的目的是设计一个可移植和高度抽象 Windows API 的类库，以适用于 Windows、OS/2 和 AppleMacintosh 等所有图形界面操作系统。他们采用自顶而下的设计方法，逐步将对象抽象出来，并施加到 Windows 上。结果是类库偏离了 Windows API。过分抽象并没有太大的实用性，而是降低了应用程序的效率。

在以后的工作当中，AFX 小组放弃了整个 AFX 类库，而采用自底向上的方法，将类建立在 Windows API 对象基础上，在类中对 API 进行封装，将目标从多平台转向 Windows 系统，于 1992 年发布了第一个版本，即 MFC1.0。1994 年 AFX 小组解散，成立了 MFC 小组，负责设计MFC的后续版本。从MFC中仍能发现AFX时期的痕迹，源程序中很多地方保留了AFX字样，如函数名AfxGetApp()、消息处理函数标识afx_msg、常量名AFX_IDS_APP_TITLE以及以AFX开头的宏等。

如果说API是Windows编程的标准接口，那么MFC就是Visual C++编程的主要接口。MFC为Windows API做了一层透明的包装，将API函数封装于不同的类中，同时采用API的函数名称和风格。这样利用MFC编程，除了由于面向对象特性所带来的好处(如利用MFC派生出自己的类，实现代码重用)外，还具有其他优点：

(1)使用标准化的程序代码结构，有利于程序员之间的交流。MFC应用程序框架主要由应用程序对象、框架窗口、文档以及视图等几种类构成，MFC利用自己标准的代码结构将这些类的对象联系起来构成一个完整的应用程序。

(2)Visual C++为MFC提供了大量的工具支持，简化了编程难度，提高了编程效率。如可以利用MFC AppWizard应用程序向导创建MFC应用程序框架，自动生成同一类应用程序都需要的通用代码；利用Visual C++提供的ClassWizard类向导，程序员可以方便地对Windows消息进行处理。

(3)MFC应用程序的效率很高，只比传统的Windows C程序低5%左右。并且，在MFC应用程序中还允许混合使用Windows API函数，这样可以使应用程序以最小的规模实现最完整的功能，提高代码的运行效率。

(4)相比其他C++类库，MFC还具有以下优势：完全支持Windows API函数、控件、消息、菜单及对话框；具有良好的稳定性和可移植性。采用MFC开发出来的程序更符合微软的风格，如具有标准的工具条、状态条和对话框等。

多年来，MFC推陈出新，先后发布了MFC1.0、MFC2.0、MFC2.1、MFC2.5、MFC3.1、MFC4.0、MFC4.1、MFC4.2、MFC4.21等版本，与Visual C++ 6.0一起使用的是MFC4.21。即使在Visual Studio. NET中，MFC仍然继续使用。一个称为Windows基础类(Windows Foundation Class，WFC)的库虽然支持组件、属性和事件，但它是基于Visual J++的；活动模板库(Active Template Library，ATL)是用来进行COM/ActiveX开发的，但基于ATL技术的Windows模板库(Windows Template Library，WTL)不是正式产品。事实上，在Visual Studio. NET 2003乃至Visual Studio .NET 2005中，MFC与WFC、ATL一样，仍然是一个重要的组成部分。

13.2 MFC应用程序框架

一般的类库只是一种可以嵌入到应用程序中、提供某些特定功能的类的集合。而MFC不仅仅是一个类库，利用应用程序向导还能够创建一个基于MFC类和对象封装的应用程序框架。MFC应用程序框架是生成一般的MFC应用程序所需要的基本骨架，是类的集成，它定制了应用程序的结构和源代码。MFC应用程序框架中的对象既相互独立，又相互作用，形成一个有机的整体，共同完成应用程序的通用功能。

13.2.1 应用程序框架中的对象

MFC 应用程序框架构建了应用程序所需要的类，在程序运行时能够生成运行时类的对象，如代表应用程序的应用程序对象、代表数据的文档对象、与文档相关联的视图对象和用于包含视图的框架窗口对象。其中，应用程序对象 theApp 是一个唯一的全局变量，它的主要功能是通过调用主函数启动程序的运行。与其他 Windows 应用程序一样，MFC 应用程序也有一个类似于程序入口点的 WinMain()主函数，但在源程序中看不见该函数，它在 MFC 中已定义好并与应用程序链接。该函数对应于 MFC 文件 Winmain. cpp 中的函数AfxWinMain()或_tWinMain()。

MFC 应用程序框架主要对象之间的相互关系可用图 13-1 表示。当在 Windows 中启动程序后，应用程序通过文档模板对象管理文档、视图和框架窗口。图中表明了在应用程序中的一个对象如何获取其他对象。另外，程序中的一个对象可以通过调用全局函数 AfxGetApp()或 AfxGetInstanceHandle()获取应用程序对象，可以通过调用全局函数 AfxGetMainWnd()获得程序主窗口。

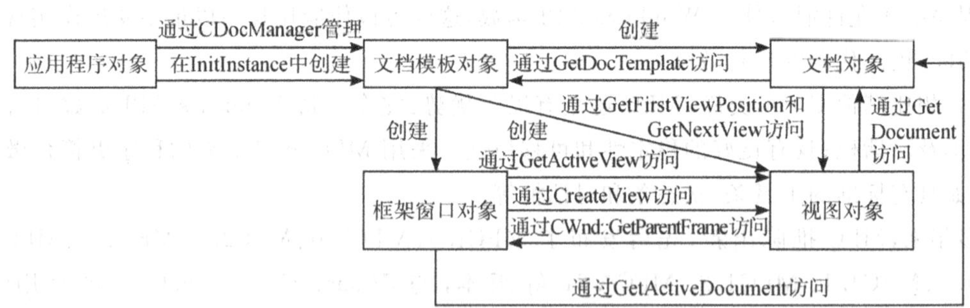

图 13-1 MFC 应用程序对象之间的关系

除了图 13-1 中列出的一些用于交互的成员函数外，相关类还定义了一些用于交互的成员变量。类 CWinApp 定义了一个 CDocManager * 指针型成员变量 m_pDocManager，用于建立与文档模板的连接。类 CDocManager 定义了一个 CPtrList 指针链表型成员变量 m_templateList，用来维护一系列文档模板。类 CDocManager 定义路径在"…\Microsoft Visual Studio\VC98\MFC\Include"下的 MFC 头文件 Afxwin. h 中。

类 CDocTemplate 定义了 m_pDocClass、m_pFrameClass、m_pViewClass 三个 CRuntimeClass * 指针型的成员变量，分别用于执行新创建的文档、框架和视图对象；它还定义了一个成员变量 m_nIDResource，表示显示文档时应该采用的用户界面资源。

类 CDocument 定义了一个 CDocTemplate * 指针型的成员变量 m_pDocTemplate，指向创建文档的文档模板；它还定义了一个 CPtList 型的成员变量 m_viewList，用于表示它可以同时维护的视图的列表。类 CFrameWnd 定义了一个 CView * 指针型的成员变量 m_pViewActive，指向当前活动的视图。类 CView 定义了一个 CDocument * 指针型的成员变量 m_pDocument，指向与视图相关联的文档。

框架窗口可以看成视图的父窗口。主框架窗口的指针存储在应用程序对象的成员变量 m_pMainWnd 中,该成员变量定义在应用程序类的基类 CWinThread 中。

13.2.2 MFC 应用程序的创建与终止

在 MFC 应用程序中有一个 CWinApp 派生类的对象 theApp,它是一个全局变量,代表了应用程序运行实例(instance)的主线程。theApp 在程序的整个运行期间都是存在的,它的销毁意味着运行程序实例的消亡。

MFC 应用程序启动时,首先创建应用程序对象 theApp,这时将自动调用应用程序类的构造函数初始化对象 theApp,然后由应用程序框架调用 MFC 提供的 AfxWinMain()主函数。在 AfxWinMain()主函数中,首先调用全局变量 AfxGetApp(),获取应用程序对象 theApp 的指针 pApp,然后通过 pApp 调用应用程序对象的有关成员函数,完成程序的初始化和启动工作,最后调用应用程序类 CWinApp 的成员函数 Run(),进入消息循环。函数 Run()首先收到 WM_PAINT 消息后,调用 OnPaint()函数绘制客户区。如果函数 Run()收到 WM_QUIT 消息,则退出其内部的消息循环,然后调用成员函数 ExitInstance()结束程序运行。图 13-2 说明了程序运行后函数的执行顺序和调用关系。

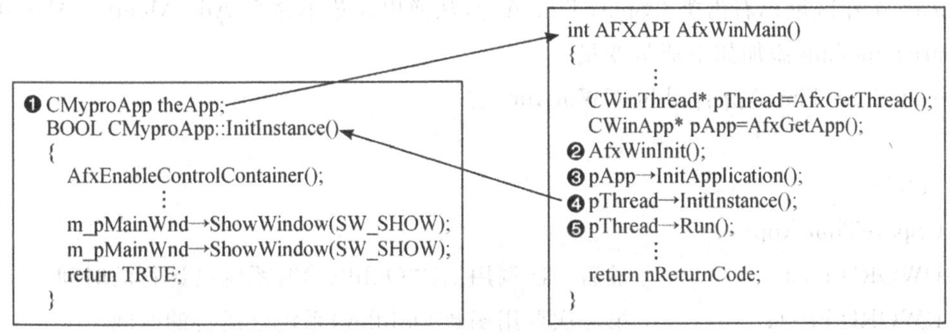

图 13-2 MFC 应用程序的启动

在应用程序类(CWinApp 及派生类)的所有成员函数中,只有 InitInstance()函数是派生类需要重载的函数。该函数负责应用程序的初始化工作,如初始化数据、创建文档模板(与文档、视图和框架窗口相关联)、处理命令行以及显示应用程序主窗口。

成员函数 Run()负责处理消息循环,它不断检查队列中有没有消息。如果消息队列中没有消息,函数 Run()就调用函数 OnIdle()进行空闲时间的处理。如果消息队列中有消息且不是 WM_QUIT 消息,则将消息分发给窗口函数 WindowProc(),以便通过 MFC 消息映射宏调用指定对象处理函数。如果该消息是 WM_QUIT,则结束消息循环。Run()函数的执行过程可用如下伪代码描述。

```
for(;;)
{
   MSG msg;
   while(!GetMessage(&msg...))
```

```
    {
        OnIdle();
    }
    if(msg.message!=WM_QUIT)
        DispatchMessage(&msg);
    else
        return ExitInstance();
}
```

一般情况下，应用程序通过调用基类 CWinApp 的成员函数 ExitInstance()结束运行。但如果程序需要完成专门的清理工作，如释放指定的内存和 GDI 资源等，可以在派生类中重载该函数。同样，如果需要在应用程序中执行某些后台操作，也可以重载 OnIdle()函数，在函数中执行一些优先级高且占用时间很短的任务。

例 13-1 在应用程序中重载 OnIdle()空闲处理函数，以统计程序总的运行时间、实际的空间和所占的比例，并在客户区显示出来。同时说明 MFC 应用程序中不同对象之间如何进行交互。

编程说明以及实现：

(1)利用 MFC AppWizard 应用程序向导创建一个 SDI 应用程序 SpareTime，然后在 Workspace 工作区鼠标右击类 CSpareTimeApp，从弹出式菜单命令 Add Member Variable 为类 CSpareTimeApp 添加如下成员变量：

```
class CSpareTimeApp:public CWinApp
{
  public:
  CSpareTimeApp();
  DWORD Last;          //最后一次调用函数 OnIdle()时系统已运行的时间
  DWORD First;         //第一次调用函数 OnIdle()系统已运行的时间
  DWORD Idle;          //实际的空闲时间
  DWORD Total;         //总的运行时间
  DWORD dwTemp;
      ⋮                //向导生成的代码
  DECLARE_MESSAGE_MAP()
};
```

在类 CSpareTimeApp 的构造函数中初始化成员变量 Total 和 Idle。

```
CSpareTimeApp::CSpareTimeApp():Total(0),Idle(0)
{
}
```

(2)在 Workspace 工作区右击类 CSpareTimeApp，从弹出式菜单中选择命令 Add Virtual Function，在随后出现的对话框中选择要添加的虚函数 OnIdle，如图 13-3 所示，单击 Add Handler 按钮，然后点击确定按钮。在生成的 CSpareTimeApp::OnIdle()成员函数中添加如

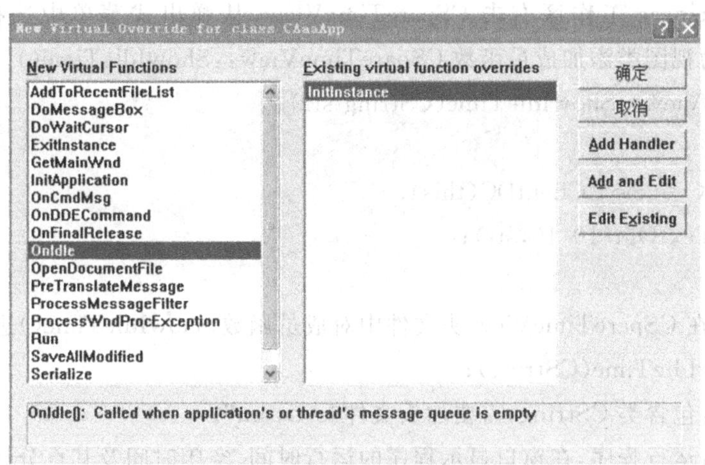

图 13-3　OnIdle()函数

下代码：

```
BOOL CSpareTimeApp::OnIdle(LONG lCount)
{
  // TODO: Add your specialized code here and/or call the base class
  if(Total==0)                              //第一次调用 OnIdle()函数
  First=GetTickCount();                     //调用事件库函数获得系统已运行的时间
  DWORD dwDemp=GetTickCount();
  Total=dwTemp=First;                       //计算程序总的运行时间
  if(Total==0)
  Total++;                                  //防止开始调用函数时造成 Total 等于 0
  if(lCount!=0)                             //在两次调用 OnIdle()函数之间没有处理消息
  Idle+=dwTemp-Last;                        //累加所有的空闲时间
  Last=dwTemp;  //保存当前调用 OnIdle()函数的时间,用于下一次计算空闲时间
  int nPercent=Idle*1000/Total;             //计算百分比
  CString strInfo;
  strInfo.Format("Idle:%ldms.Total:%ldms,%%:%d",Idle,Total,nPercent);
  CMainFrame*pFrame=(CMainFrame*)m_pMainWnd;//不同对象之间的交互
  CSpareTimeView*pView=(CSpareTimeView*)pFrame->GetActiveView();
  pView->ShowIdleTime(strInfo);             //显示运行时间、空闲时间和百分比
  return TRUE;
  //return CWinApp::OnIdle(lCount);
}
```

参数 lCount 是系统传进来的一个值，表示自上一次收到消息至今共调用了多少次 OnIdle()函数。当有新的消息到来时，该值重置为 0。除了可以利用上述方法计算空闲时间外，还可以利用类 CTime 和 CTimeSpare 来计算空闲时间，而且精确度更高。

(3)在 Workspace 工作区右击 CSpareTimeView,从弹出式菜单中选择 Add Member Function 命令,为视图类添加成员函数 CSpareTimeView::ShowIdleTime()。

```
CSpareTimeView::ShowIdleTime(CString str)
{
  CDC * pDC=new CClientDC(this);
  pDC->TextOut(10,10,str);
}
```

注意:(1)要在 CSpareTimeView 头文件中对成员函数 ShowIdleTime()进行定义。

virtual ShowIdleTime(CString);

(2)程序中若包含类 CString,需要加头文件"sstream"。

编译、链接后运行程序,在窗口显示程序的运行时间、空闲时间及其百分比,显示信息表明程序 SpaceTime 所占用的时间绝大部分都花费在空闲处理上。当函数 Run()的消息循环获得一个消息时(如单击窗口标题栏或打开一个菜单),程序暂时不会调用空闲处理函数 OnIdle(),上述信息的显示也将暂时停止。

13.2.3 常用 MFC 文件

利用应用程序向导创建 MFC 应用程序时,程序标准功能的实现借助了 MFC 的类定义文件,MFC 应用程序框架中的 StdAfx.h 头文件中包含了定义 MFC 类的头文件(.h 文件)。此外,MFC 应用程序框架还需要使用 Windows 本身提供的功能文件和 API 函数。MFC 应用程序中常用到 MFC 文件和 Windows 系统提供的 LIB 文件。这些文件分别用于应用程序 MFC 类库、Windows API 函数库的链接,如表 13-1 所示。

表 13-1 常用的 MFC 文件和 LIB 库文件

文件名称	说　明
afxwin.h	声明 MFC 核心类,包含文件 afx.h、afxver_.h、afxv_w32.h、windows.h
afxext.h	MFC 扩展文件,声明工具栏、状态栏、拆分窗口和对话框视图等类
afxdisp.h	声明 OLE 文件
afxdtctl.h	声明支持 IE4 公用控件的 MFC 类,如 CImageList、CDateTimeCtrl 等
afxcmn.h	声明 Windows 公共控件类
Mfc42.lib	MfcXX.dll 的函数导入库(Release),XX 表示版本号(下同)
Mfc42D.lib	MfcXXD.dll 的函数导入库(Debug 版)
MfcS42.lib	MfcSXX.dll 的函数导入库(Static Release 版)
MfcS42D.lib	MfcSXXD.dll 的函数导入库(Static Debug 版)
Mfc42U.lib	MfcXXU.dll 的函数导入库(Unicode Release 版)
Mfc42UD.lib	MfcXXUD.dll 的函数导入库(Unicode Debug 版)

续表

文件名称	说　明
MfcO42D. lib	MfcOXXD. dll 的函数导入库(OLE Debug 版)
MfcD42D. lib	MfcDXXD. dll 的函数导入库(Database Debug 版)
Nafxcw. lib	MFC 静态链接库(Release 版)
NafxcwD. lib	MFC 静态链接库(Debug 版)
gdi32. lib	GDI32. dll 的函数导入库(Windows API)
user32. lib	USER32. dll 的函数导入库(Windows API)
Kernel32. lib	KERNEL32. dll 的函数导入库(Windows API)

被静态链接的函数通常保存在 OBJ 或 LIB 文件中。LIB 库文件也是用于链接动态链接库的关联文件，这时它被称为 Import 函数导入库。

MFC 中 DLL 和 LIB 的文件名表示了文件所实现的功能，如 MFC DLL 文件命名形式为：

Mfc[S|O|D|N]XX[U][D]. dll

其中，XX 是 MFC 的版本号，符号“|”为“或”的意思。

MFC 为了支持更广泛的 Unicode 编码，提供了对应的 DLL 库，如 MfcXXU. DLL。16 位应用程序使用 ANSI 编码，32 位应用程序可以使用 ANSI 或 Unicode 编码。中文采用两个字节存储一个汉字，因此应用程序使用 Unicode 编码的好处是能够容易地使程序实现中文化。

注意：MFC 的 Unicode 版本一般要自行安装，计算机一般不会自动安装。

在程序中，一般是将 MFC DLL 动态链接到应用程序，但可以利用 MfcSXX[D]. lib 将 MFC DLL 静态链接到应用程序。也可以将 MFC 静态链接库链接到应用程序。在路径“…\Microsoft Visual Studio\VC98\MFC\Include”下的 MFC 头文件 Afx. h 中设置了需要使用的动态链接库和静态链接库。相关代码如下：

```
#ifndef _AFXDLL                                    //链接 MFC 静态链接库
  #ifndef _UNICODE
    #ifdef _DEBUG
      #pragma comment(lib, "nafxcwd.lib")          //静态链接库(Debug 版)
    #else
      #pragma comment(lib, "nafxcw.lib")           //静态链接库(Release 版)
    #endif
  #else
    #ifdef _DEBUG
      #pragma comment(lib, "uafxcwd.lib")
    #else
      #pragma comment(lib, "uafxcw.lib")
    #endif
```

```
    #endif
  #else                                               //链接 MFC 动态链接库
    #ifndef _UNICODE
      #ifdef _DEBUG
        #pragma comment(lib, "mfc42d.lib")            //动态链接 MFC DLL
        #pragma comment(lib, "mfcs42d.lib")           //静态链接 MFC DLL
      #else
        #pragma comment(lib, "mfc42.lib")             //动态链接 MFC DLL
        #pragma comment(lib, "mfcs42.lib")            //静态链接 MFC DLL
      #endif
    #else
      #ifdef _DEBUG
        #pragma comment(lib, "mfc42ud.lib")           //动态链接 MFC DLL
        #pragma comment(lib, "mfcs42ud.lib")          //静态链接 MFC DLL
      #else
        #pragma comment(lib, "mfc42u.lib")            //动态链接 MFC DLL
        #pragma comment(lib, "mfcs42u.lib")           //静态链接 MFC DLL
      #endif
    #endif
  #endif
    ⋮
  #pragma comment(lib, "kernel32.lib")                //动态链接 Windows API 函数库
  #pragma comment(lib, "user32.lib")
  #pragma comment(lib, "gdi32.lib")
  #pragma comment(lib, "comdlg32.lib")                //通用对话框 comdlg32.dll 的函数导入库
  #pragma comment(lib, "winspool.lib")
  #pragma comment(lib, "advapi32.lib")
  #pragma comment(lib, "shell32.lib")
  #pragma comment(lib, "comctl32.lib")//Windows 公共控件库 comctl32.dll 的函数导入库
    ⋮
```

对于以上编译预处理指令，编译程序将根据 Developer Studio 开发环境对应用程序项目的设置情况进行不同的处理，如利用条件编译指令判断是动态链接库还是静态链接库，以确定需要链接的函数导入库。除了在 MFC AppWizard 应用程序中设置 MFC 的链接方式外，还可通过 Project|Settings|General 命令进行相关的设置。

13.3 常用的MFC类

类的定义和实现是MFC的核心，MFC中有200多个类，对于Windows程序中的每一类功能，都有一个具体的MFC类与之对应。

在MFC中，CRuntimeClass是以结构的方式定义的，同样地，它也含有成员函数。CRuntimeClass结构定义在路径"…\Microsoft Visual Studio\VC98\MFC\Include"下的头文件Afx.h中。CRuntimeClass结构含有使用CRuntimeClass的类的有关信息，与CObject类一同实现运行时类型识别RTTI的功能。CRuntimeClass结构包含了类名、对象所占存储空间大小与类的版本号等成员变量和动态对象创建、派生关系判断等成员函数。

CRuntimeClass结构在MFC中有着至关重要的作用，要继承CObject类的功能离不开CRuntimeClass结构，每个从CObject类派生的类都有一个CRuntimeClass对象与它关联，以便能够在运行时得到对象的信息或者其基类的信息。要使用CRuntimeClass结构，必须结合使用RUNTIME_CLASS宏和其他有关运行时类型识别的MFC宏。

13.3.1 CObject类

CObject类是MFC抽象基类，MFC中大部分的类都是从CObject类派生而来的。CObject类在MFC中有很重要的地位，描述了大部分MFC类的一些公共特性。以下是CObject类的定义：

```
class CObject
#else
class AFX_NOVTABLE CObject
#endif
{
  public:
     /Object model (types, destruction, allocation)
     virtual CRuntimeClass * GetRuntimeClass() const;
     virtual ~CObject();  //虚拟析构函数是必要的
     //诊断分配
     void * PASCAL operator new(size_t nSize);
     void * PASCAL operator new(size_t, void * p);
     void PASCAL operator delete(void * p);
       ⋮
  protected:
```

```
    CObject();
private:
    CObject(const CObject& objectSrc);              //无实现
    void operator=(const CObject& objectSrc);       //无实现
    //属性
public:
    BOOL IsSerializable() const;
    BOOL IsKindOf(const CRuntimeClass * pClass) const;
    virtual void Serialize(CArchive& ar);
    #if defined(_DEBUG) || defined(_AFXDLL)
      //诊断支持
      virtual void AssertValid() const;
      virtual void Dump(CDumpContext& dc) const;
    #endif
      //实现
public:
    static const AFX_DATA CRuntimeClass classCObject;
    #ifdef _AFXDLL
      static CRuntimeClass * PASCAL _GetBaseClass();
    #endif
};
```

从类的定义中可以看出，CObject 类提供了对象诊断、运行时类型识别和序列化等功能。

MFC 提供了两种诊断特性，一种是利用成员函数 AssertValid()进行对象有效性检查，使得对象可以在继续运行前对自己进行正确性判断。另一种是利用成员函数 Dump()输出对象的数据成员的值，诊断信息以文本信息形式放在一个数据流中，用于在调试器的输出窗口中显示。需要使用对象诊断功能的 CObject 类的派生类必须重载这两个虚函数，并且这两种诊断功能只能用于 Debug 版本的应用程序。

CObject 类提供了 GetRuntimeClass()和 IsKindOf()两个成员函数来支持运行时类型识别。函数 GetRuntimeClass()返回一个指向 CRuntimeClass 结构的指针，而结构 CRuntimeClass 包含了对象所属类的运行时信息。函数 IsKindOf()用于测试一个对象是否属于指定的类或从指定的类派生出来。

13.3.2 CCmdTarget 类

如图 13-4 所示，CCmdTarget 类由 CObject 类直接派生而来。CCmdTarget 类又称为消息映射类，负责将消息发送到能够响应这些消息的对象。CCmdTarget 类是所有能进行消息映射的 MFC 类的基类，如 CWinThread、CwinApp、CWnd、CFrameWnd、CView、CDocument 和 CDocTemplate 等类都是 CCmdTarget 类的派生类。CCmdTarget 类的功能主要包括信息发送、设置光标和支持自动化等。

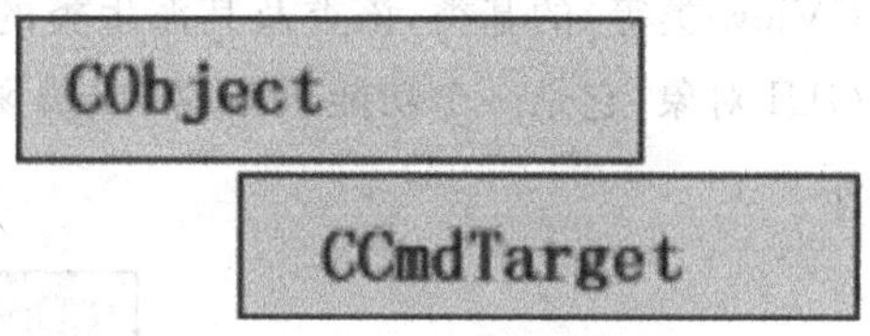

图 13-4 CCmdTarget 类的派生关系

(1)消息发送：MFC 为每个 CCmdTarget 类的派生类创建一个称为消息映射表的静态数据结构，该消息映射表将消息映射到对象所对应的消息处理函数。

(2)设置光标：CCmdTarget 类定义了三个成员函数用于改变光标的状态。成员函数 BeginWaitCursor()用于将光标改为沙漏形状，提示程序正在进行某种操作。当操作完成时，函数 EndWaitCursor()用于将光标改回调用函数 BeginWaitCursor()之前的形状。当处于等待状态时由于某些外部操作(如显示一个对话框后)改变了光标的形状，函数 RestoreWaitCursor()用于将光标还原为等待状态。如以下代码：

```
void CView::OnSomeCommand()
{
  BeginWaitCursor();                    //显示沙漏态光标
          ⋮
  EndWaitCursor();                      //恢复原来光标的形状
}
```

(3)支持自动化：支持程序通过 COM 接口进行交互操作，自动翻译 COM 接口的方法(成员函数)。CCmdTarget 类支持自动化的方法是调用函数 EnableAutomation()、FromIDispatch()、GetIDispatch()、IsResultExpected()和 OnFinalRelease()等。

13.3.3 CWinApp 类

在 MFC 应用程序中，CWinApp 类取代了传统 API 应用程序中 WinMain()主函数的地位。CWinApp 类封装了初始化、运行和终止应用程序的代码，传统 API 应用程序 WinMain()函数完成的工作主要由 CWinApp 类的 InitApplication()、InitInstance()和 Run()三个成员函数承担。

在任何 MFC 应用程序中有且仅有一个 CWinApp 派生类的对象，它代表了程序中运行的主线程，也代表了应用程序本身。CWinApp 类的派生类如图 13-5 所示。

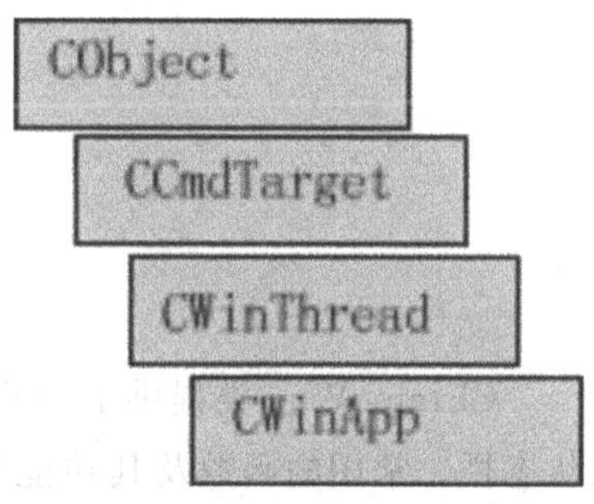

图 13-5 CWinApp 类的派生关系

13.3.4 CWnd 类

CWnd 类是由 CCmdTarget 类直接派生而来的，它是 MFC 中所有窗口类(CFrameWnd 类、

CView 类等)的基类,该类及其派生类的实例是一个窗口。CWnd 类代表了 MFC 中最基本的 GUI 对象,它是一个功能最丰富、成员函数最多的 MFC 类。CWnd 类的派生类如图 13-6 所示。

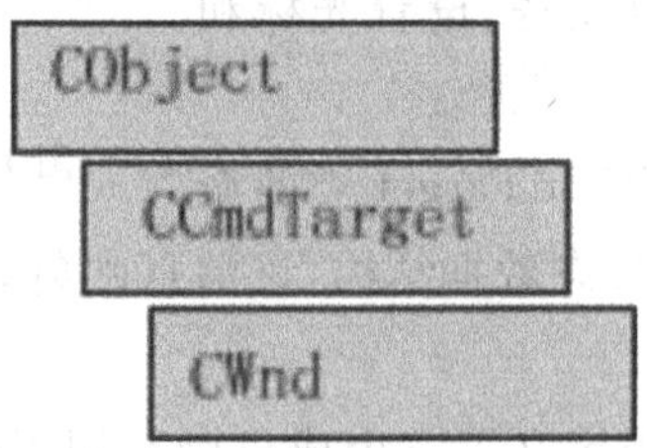

图 13-6 CWnd 类的派生关系

按照 Windows 的观点,窗口是一个已注册属性(如标题、位置和大小等)和行为(如窗口函数 WndProc)的窗口类的对象。大多数窗口都有一个代表它的图形界面,能接收、处理系统消息和窗口消息,响应用户输入操作。窗口的实例包括应用程序主窗口、对话框和控件等。CWnd 类提供的功能包括注册新窗口类、创建窗口以及子窗口、获取窗口、管理窗口、访问窗口及控件、控制窗口光标、创建和使用句柄、支持工具提示等。

13.3.5 CFrameWnd 类

CFrameWnd 类是 CWnd 类的派生类,其派生关系如图 13-7 所示。CFrameWnd 类主要用来管理一个框架窗口,它的一个对象是一个框架窗口,包括边框、标题栏、菜单、最大化按钮、最小化按钮和一个激活的视图。CFrameWnd 类用于单文档框架窗口,对于多文档框架窗口,使用它的两个派生类 CMDIFrameWnd 和 CMDIChildWnd。CMDIFrameWnd 类用于 MDI 的主窗口,CMDIChildWnd 类用于 MDI 的子窗口。

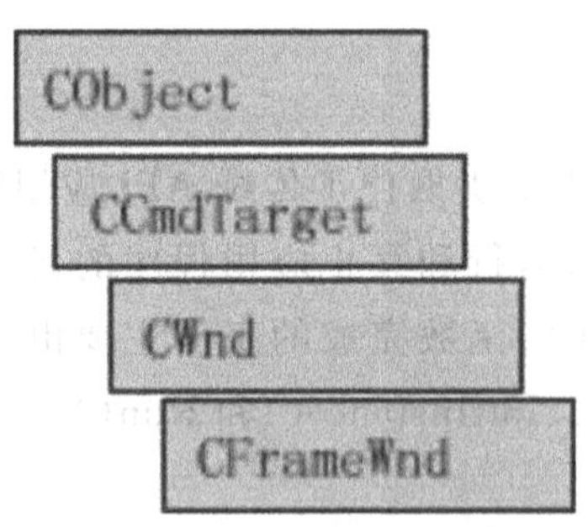

图 13-7 CFrameWnd 类的派生关系

CFrameWnd 类提供了一些成员函数用于获得和设置活动文档、视图、图文框、标题栏和状态栏。常用的函数及其功能如下:GetActiveDocument()得到当前文档的指针,GetActiveView()得到当前视图的指针,SetActiveView()激活一个视图,GetActiveFrame()得到当前框架窗口的指针,GetTitle()得到框架窗口的标题,SetTitle()设置框架窗口标题,SetMessageText()设置状态栏文本。

13.3.6 CView 类

CView 类是 CWnd 类的派生类，其派生类如图 13-8 所示。CView 类是 MFC 中的一个基本的类，也是其他 MFC 视图类和用户视图派生类的基类。视图用来显示文档，文档为视图提供数据，当一个文档中的数据改变时，可以通过调用视图的成员函数 OnUpdate()来刷新视图，也可以通过调用其基类 CWnd 的成员函数 Invalidate()或 InvalidateRect()刷新视图。

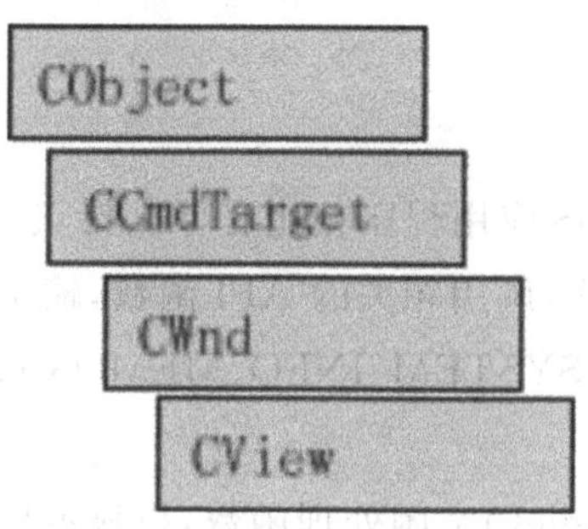

图 13-8 CView 类的派生关系

13.3.7 CDocument 类

CDocument 类是 CCmdTarget 类的派生类，其派生类如图 13-9 所示。CDocument 类在应用程序中作为用户文档类的基类，它代表用户当前所操作的文档。CDocument 类的主要功能是把数据处理的任务从界面显示中分离出来，同时提供了一个与视图类交互的接口。

CDocument 类支持标准的文件操作，如创建、打开和存储一个文档等。一个应用程序可以支持多种类型的文档，每种类型的文档都通过一个文档模板对象建立与各自视图的联系。该类的常用成员函数及其功能如下：OnNewDocument()建立新的文档，OnOpenDocument()打开文档，OnCloseDocument()关闭文档，OnSaveDocument()保存文档，SaveModefied()设置文档修改标志，UpdateAllView()通知所有视图文档已被修改。

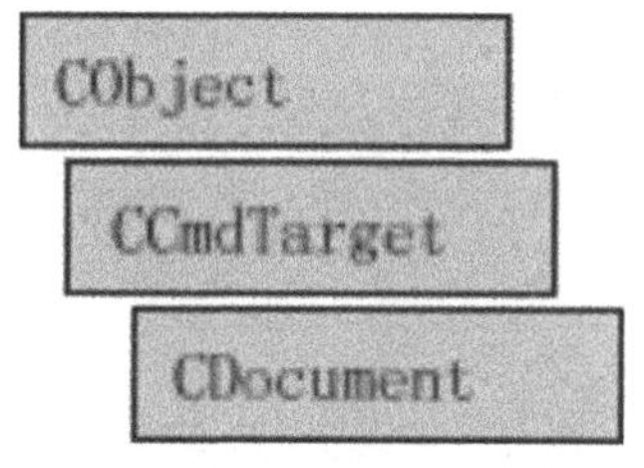

图 13-9 CDocument 类的派生关系

本章小结

类库是一些类的集合，其中封装了大量有用的函数和数据结构，一个成熟的软件开发工具都有一个功能庞大的类库与其匹配。与 Visual C++捆绑在一起的库类是微软基础类 MFC。熟练使用 MFC 需要程序员付出很大的努力，学习本章的最终目的是为了熟练掌握并运用 MFC。

习 题

1. Windows 应用程序与 DOS 应用程序相比有什么特点？

2. 编写一个控制台应用程序，调用相关的 API 函数，输出计算机名称、CPU 类型、内存空间和空闲内存空间。提示：使用 SYSTEM_INFO、MEMORYSTATUS 结构定义与 API 函数相匹配的参数。

3. 在应用程序类中重载 Ondle()空闲处理函数，以显示自上一次收到消息至今共调用了多少次 OnIdle()函数，并在空闲时播放一段声音。提示：调用 Windows API 函数 PlaySound()和 Sleep()，包含头文件 mmsystem. h，加入库文件 winmm. lib。

参考文献

[1]王育坚. Visual C++面向对象编程教程(第二版). 北京：清华大学出版社，2007

[2]施平安，段超，郝清赋. C++程序设计教程. 北京：冶金工业出版社，2007

[3]陈天华. 面向对象程序设计与 Visual C++6.0 教程. 北京：清华大学出版社，2006

[4]梁普选. Visual C++程序设计与实践. 北京：清华大学出版社/北京交通大学出版社，2005

第 14 章 对话框编程

对话框(dialog box)是 Windows 应用程序中一种常用的输入、输出界面，是用户与应用程序进行交互的窗口。控件(control)是嵌入在对话框或其他父窗口中的一个特殊的子窗口，用于完成具体的输入、输出功能。对话框与控件关系密切，几乎每个对话框上都嵌入了控件，对话框通过控件与用户进行交互。

学习重点：

- 熟悉对话框应用程序以及 CDialog 类；
- 掌握对话框的创建及使用方法；
- 了解模态对话框与非模态对话框；
- 掌握标准控件的功能及使用方法。

14.1 对话框概述

Windows 应用程序虽然提供了菜单和工具栏等界面元素，但就用户交互性而言，菜单栏和工具栏的功能是极其有限的。而对话框除了向用户显示提示信息外，其主要功能是用于接收用户的输入数据。在 MFC 中，对话框的功能被封装在 CDialog 类中，而 CDialog 类是 CWnd 类的派生类，因此对话框实际上也是一个窗口，与其他窗口一样具有窗口的一切功能。

14.1.1 对话框的应用程序

对话框的一个典型应用是通过菜单命令或工具栏按钮打开一个对话框，完成输入、输出功能。此外，对话框也可以作为一个程序的主界面，如一般的软件安装程序就是这种基于对话框的应用程序。可以直接利用 MFC AppWizard 应用程序向导创建一个基于对话框的应用程序。注意：在 MFC 应用程序向导的第一步选择“基本对话框”项。由于对话框应用程序一般不包括文档，无须支持数据库和复合文档功能，这时的应用程序向导将出现与单文档和多文档应用程序不同的操作步骤。

例 14-1　编写一个对话框应用程序 MyDialog，程序运行后首先显示一个对话框，并在对话框上显示文本串“对话框应用程序！”。

(1)执行“文件|新建”命令打开 New 对话框，选择 MFC AppWizard[exe]项，输入程序名 aaa，单击“确定”按钮。在随后出现的 MFC AppWizard 对话框窗口选择“基本对话框”选项，单击“完成”按钮就创建了应用程序项目，并在 Developer Studio 中打开了对话框编辑器和控件工具栏，如图 14-1 所示。

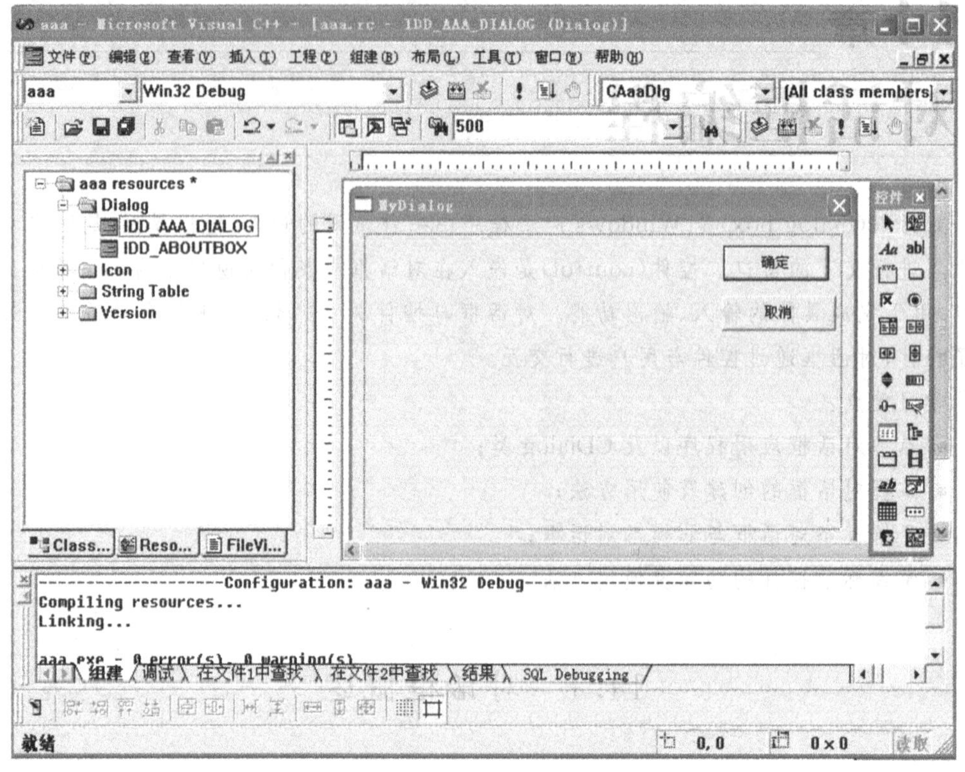

图 14-1 对话框应用程序项目的开发窗口

(2)去掉对话框中标题为"TODO:在这里设置对话控制"的静态文本控件,调整对话框大小,在成员函数 CAaaaDlg::OnPaint()中添加如下代码。

```
void CAaaaDlg::OnPaint()
{
  if(IsIconic())
  {
     ⋮
  }
  else
  {
     CPaintDC dc(this);
     dc.SetBkMode(TRANSPARENT);
     dc.TextOut(20,50,"对话框应用程序!");
     CDialog::OnPaint();
  }
}
```

运行程序并编译、链接,则可得到如图 14-2 的结果。

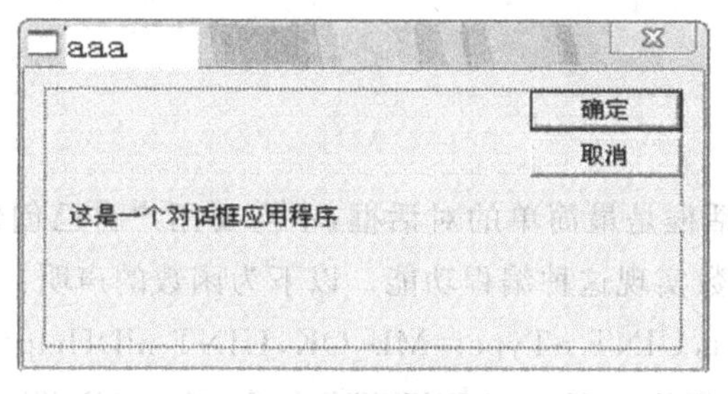

图 14-2　aaa 的运行结果

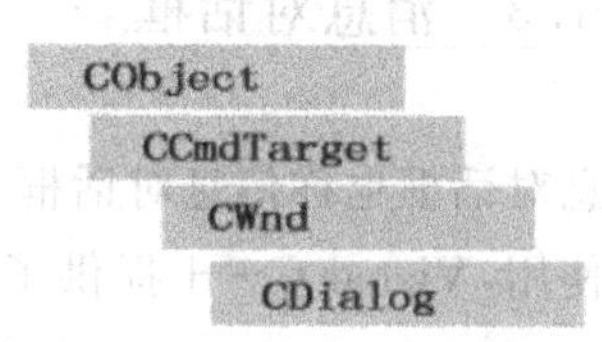

图 14-3　CDialog 类的派生关系

14.1.2　对话框 CDialog 类

为了方便实现对话框功能，MFC 提供了一系列对话框类，其中最重要的对话框类是 CDialog 类。CDialog 类是其他所有 MFC 对话框类的基类，用户在程序中创建的对话框类一般也是 CDialog 类的派生类。CDialog 类提供了对话框编程的接口，实现了对话框消息响应和处理机制。CDialog 类的派生关系如图 14-3 所示。

CDialog 类从 Cwnd 类派生而来，所以它继承了 CWnd 类的成员函数，具有 CWnd 类的基本功能，如利用成员函数移动、显示或隐藏对话框。根据对话框的特点，CDialog 类增加了一些新的成员函数，扩展对话框的功能。表 14-1 列出了对话框编程时常用的成员函数，在用户的对话框派生类中可以直接调用。大部分成员函数是虚函数，可以在派生类中重载。除了 CDialog 类成员函数外，CWnd 类和 CWinApp 类也提供了一些成员函数用于对话框的管理。

表 14-1　有关对话框的常用成员函数

成员函数	功　　能
CDialog::DoModal()	通过模态对话框，显示对话框窗口
CDialog::Create()	根据对话框模板资源创建非模态对话框窗口。如果对话框不是 Visible 属性，还需要通过调用函数 CWnd::ShowWindow()显示对话框窗口
CDialog::OnOk()	单击 OK 按钮时调用该函数，接收对话框输入数据，关闭对话框
CDialog::OnCancel()	单击 Cancel 按钮或按 Esc 键时调用该函数，不接收对话框输入数据，关闭对话框
CDialog::OnInitDialog()	WM_INITDIALOG 的消息处理函数，在调用 DoModal()或 Create()函数时系统发送 WM_INITDIALOG 消息，在显示对话框前调用该函数进行初始化工作
CWnd::ShowWindow()	显示或隐藏对话框窗口
CWnd::DestroyWindow()	关闭并销毁非模态对话框
CWnd::UpdateData()	通过调用 DoDataExchange()设置或获取对话框控件的数据
CWnd::DoDataExchange()	被 UpdateData()调用，以实现对话框数据交换，不能直接调用
CWnd::GetWindowText()	获取对话框窗口的标题
CWnd::GetDlgItemText()	获取对话框中控件的文本内容
CWnd::SetDlgItemText()	设置对话框中控件的文本内容
CWnd::GetDlgItem()	获取控件或子窗口的指针

14.1.3 消息对话框

消息对话框也称信息对话框。信息对话框是最简单的对话框，不需要用户自己创建就可以直接使用，Visual C++提供了相应的函数实现这种编程功能。以下为函数的声明：

```
int AfxMessageBox(LPCTSTR lpText,UINT nType=MB_OK,UINT nIDHelp=0);
int MessageBox(HWND hWnd,LPCTSTR lpText,LPCTSTR lpCaption,UINT
  nType);
int CWnd::MessageBox(LPCTSTR lpText,LPCTSTR lpCaption=NULL,UINT
  nType=MB_OK);
```

这三个函数分别是 MFC 全局函数、Windows API 函数和 CWnd 类的成员函数，它们的功能基本相同，但适用范围有所不同。AfxMessageBox()和 MessageBox()函数可以在程序中任何地方使用，而 CWnd::MessageBox()成员函数只能用于控件、对话框和窗口等一些窗口类中。MessageBox 函数的原型如下：

```
int MessageBox()
{
  HWND hWnd;                //父级窗口句柄
  LPCTSTR lpText;           //指向信息字符串的指针
  LPCTSTR lpCaption;        //指向消息对话框标题的字符串
  UINT nType;               //消息对话框的格式
}
```

hWnd 是对话框父窗口的句柄，通常父级窗口的句柄为 NULL，表示没有父级窗口；lpText 表示信息对话框中要显示的文本串；lpCaption 表示对话框的标题，当为 NULL 时使用默认标题；nType 表示对话框的图标和按钮风格。

在以上三个函数中，都将返回用户选择按钮的情况，如返回值 IDOK、IDCANCEL 和 IDABORT 分别表示用户单击了 OK、Cancel 和 Abort 按钮。

表 14-2 和 14-3 分别列出了信息对话框中用到的图标类型和按钮类型，图标类型参数和按钮类型参数可以用运算符"|"来组合。

表 14-2 信息对话框中可用的图标

图标类型	参　数
	MB_ICONHAND、MB_ICONSTOP、MB_ICONERROR
	MB_ICONQUESTION
	MB_ICONEXCLAMATION、MB_ICONWARNING
	MB_ICONASTERISK、MB_ICONINFORMATION

表 14-3　信息对话框中常用的按钮

参数	按钮类型
MB_ABORTRETRYIGNORE	表示含有 Abort、Retry 和 Ignore 按钮
MB_OK	表示含有 OK 按钮
MB_OKCANCEL	表示含有 OK 和 Cancel 按钮
MB_RETRYCANCEL	表示含有 Retry 和 Cancel 按钮
MB_YESNO	表示含有 Yes 和 No 按钮
MB_YESNOCANCEL	表示含有 Yes、No 和 Cancel 按钮

例如，在软件安装过程中为了打开如图 14-4 所示的警告信息对话框并进行相应的处理，可以编写代码如下：

```
int nChoice=MessageBox("文件复制失败!","错误",
  MB_ICONWARNING|MB_ABORTRETRYIGNORE);
switch(nChoice)
{
  case IDABORT:            //用户单击“终止”按钮
          ⋮
  case IDRETRY:            //用户单击“重试”按钮
          ⋮
  case IDIGNORE:           //用户单击“忽略”按钮
          ⋮
}
```

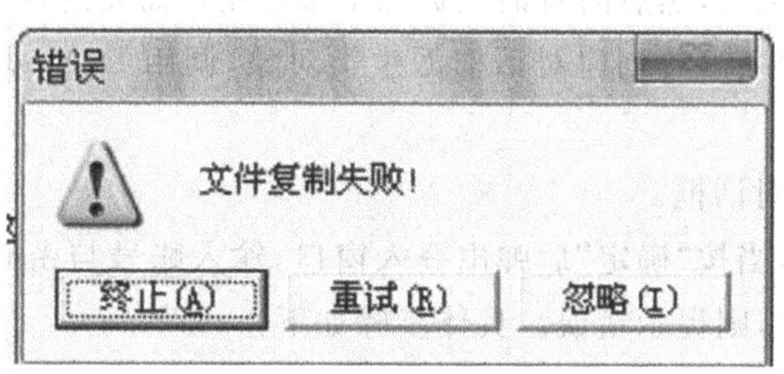

图 14-4　使用警告信息对话框

14.2　对话框的创建及使用

14.2.1　创建对话框

对话框分为模态对话框和非模态对话框，模态对话框的工作状态为：当它获得焦点时，将垄断用户的输入，在完成本对话框的操作之前，用户无法对本应用程序的其他部分进行操作。模态对话框的工作过程类似于一个事物操作，在该事物结束之前，无法进行其他操作。非模态对话框常见于 Word 中的“查找、替换”功能，在应用程序中打开非模态对话框的同时，还可以切换到其他窗口进行操作。模态对话框与非模态对话框类都派生于 CDialog 类，而 CDialog 类是 CWnd 的派生类。

模态对话框和非模态对话框的区别主要表现在对话框窗口创建及调用方式的不同。模态对话框使用 CDialog::DoModal 函数来创建，该函数还负责模态对话框的销毁。在创建模态对话框时，需要载入对话框模板资源，创建对话框窗口；在响应对话框初始化消息 WM_INITDIALOG 时，调用 OnInitDialog 初始化对话框并将对话框显示在屏幕上。创建对话框之后，DoModal 函数将启动一个消息循环，以响应用户的输入。由于该消息循环截获了对话框界面的输入消息，使应用程序在这个界面线程中的其他窗口接收不到输入，以致用户只能与模态对话框进行交互，而其他用户界面对象收不到输入消息。这是因为输入消息都是通过 PostMessage 的方式发送到界面线程的消息队列中，而模态对话框消息循环从这个消息队列中取走了所有的用户输入消息，从而支配了这些消息的处理过程。

非模态对话框使用 CDialog::Create 来实现，这类似于普通窗口的创建过程。不同的是，CDialog::Create 需要对话框资源模板的支持。由于 Create 函数不会启动新的消息循环，对话框与应用程序共用一个消息循环，就不会独占用户的输入，Create 函数在对话框显示后就立即返回。而 DoModal 函数是在对话框被关闭后才返回的，这时对话框对象已销毁，只剩下 C++对象还没有释放。由于非模态上述特点，必须调用 CWnd::DestoryWindow 函数来关闭非模态对话框。

创建模态对话框的操作过程为：首先向当前工程中添加“对话框资源”，接着创建与对话框资源相关联的对话框派生类，然后向对话框资源中添加用户需要的控件、控件变量及其响应控件的消息函数，最后向程序汇总创建对话框派生类对象，调用 DoModal 成员函数来显示该对话框。

例 14-2 创建模态对话框。

创建一个登入窗口，当按“确定”后弹出登入窗口，输入账号与密码，如果输入正确则继续进行操作，如果输入错误，则提示错误。具体步骤如下：

(1)插入一个对话框

在工作区中选择“Resource View”标签中的“Dialog”选项，单击鼠标右键，在弹出的快捷键菜单中选择“Insert Dialog”菜单命令。在“Resource View”标签下增加一个标识号为 IDD_ENTER_DIALOG 项，同时在客户区显示该对话框资源，如图 14-5 所示。

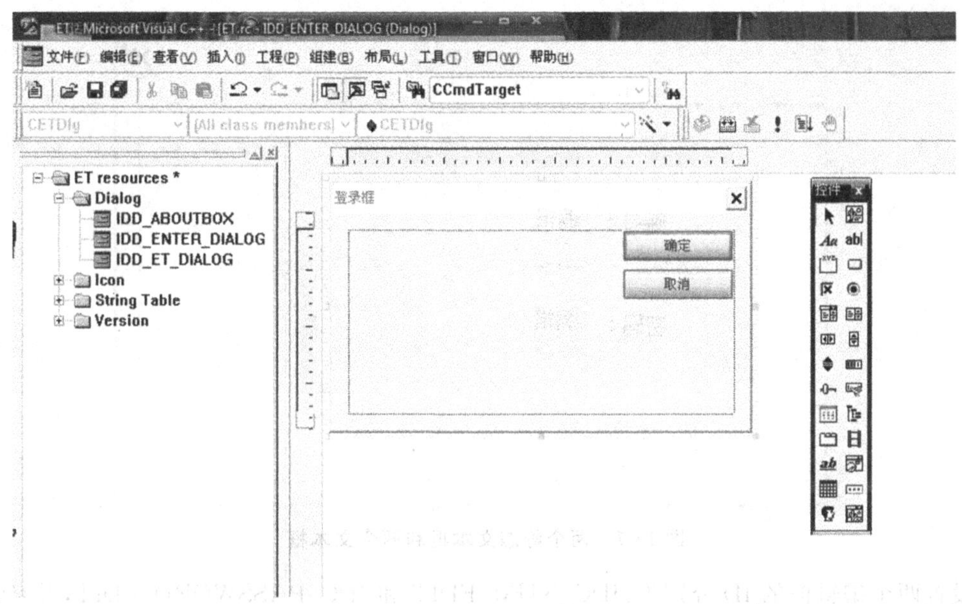

图 14-5　新插入的对话框

在对话框资源面板上单击鼠标右键，选择“属性”菜单项，弹出对话属性对话框，如图 14-6 所示。

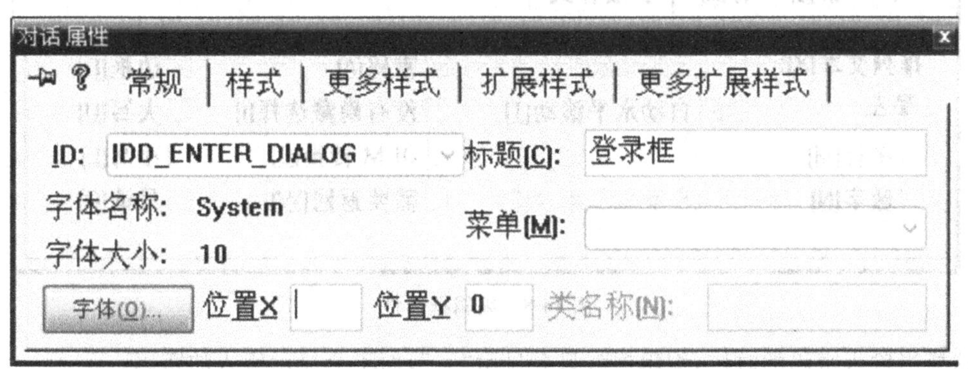

图 14-6　对话框属性

在“常规”标签中，把 ID 列表的内容改为 IDD_ENTER_DIALOG，标题中输入“登录框”。

(2)添加控件及变量

在对话框里添加两个静态文本框和两个文本框，如图 14-7 所示。

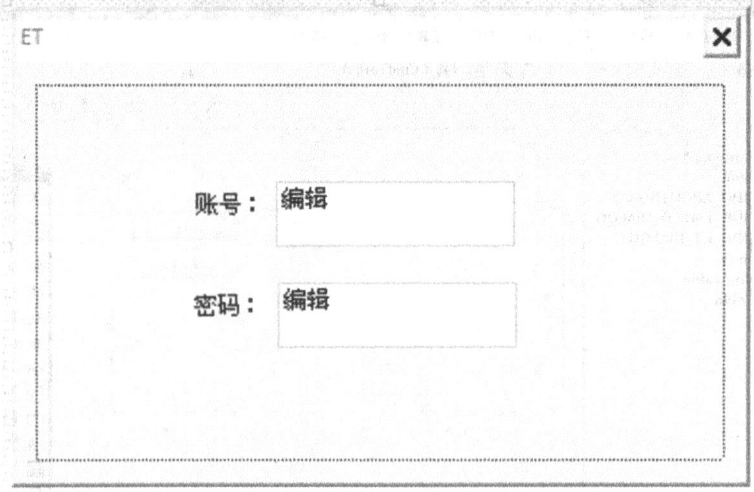

图 14-7　两个静态文本框和两个文本框

设置两个编辑框的 ID 分别为：IDC_NUM_EDIT 和 IDC_PASSWORD_EDIT，并且在 ID 为 IDC_PASSWORD_EDIT 的控件里设置其属性为密码，如图 14-8 所示：

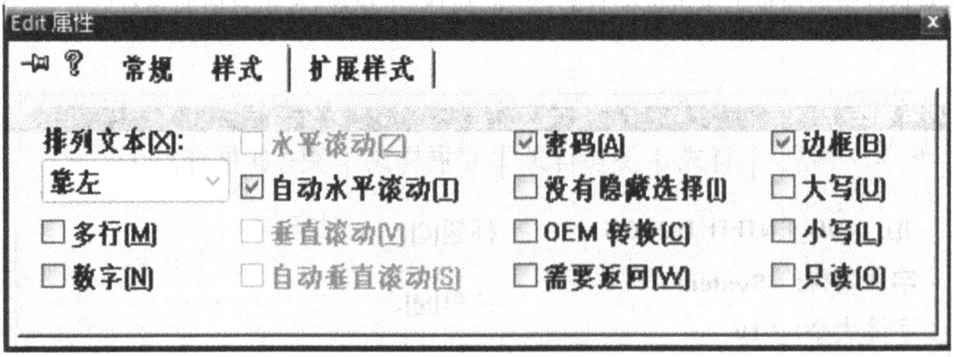

图 14-8　编辑框属性

这样当输入密码的时候，编辑框就只会显示“*”，而不会显示输入的密码。

14.2.2　对话框的使用

对话框资源创建完毕之后，接着创建与对话框资源相关联的对话框类，目的是在程序中定义派生类对象，使用对话框类对象实现对话框的功能，对话框派生类的基类为 Dialog。

对话框派生类创建过程如下：

(1)创建对话框类

在对话框资源上单击鼠标右键，在弹出的快捷菜单中选择“ClassWizard”，即类向导。在打开“MFC ClassWizard”对话框的过程中，如果系统检测到有新建对话框资源、菜单资源等，而且该资源没有与其相对应的类关联，则弹出“Adding a Class”对话框，询问是否创建新类，如图 14-9 所示。

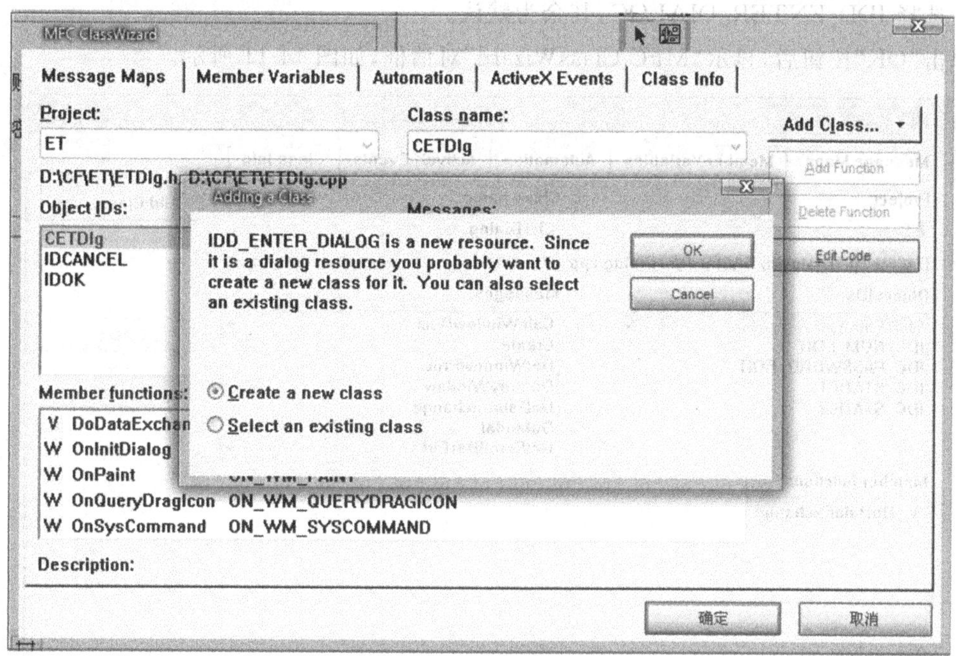

图 14-9　为对话框资源创建新类

在“Adding a Class”对话框中确认默认选择“Create a new class”，单击“OK”按钮，弹出“New Class”对话框，如图 14-10 所示。

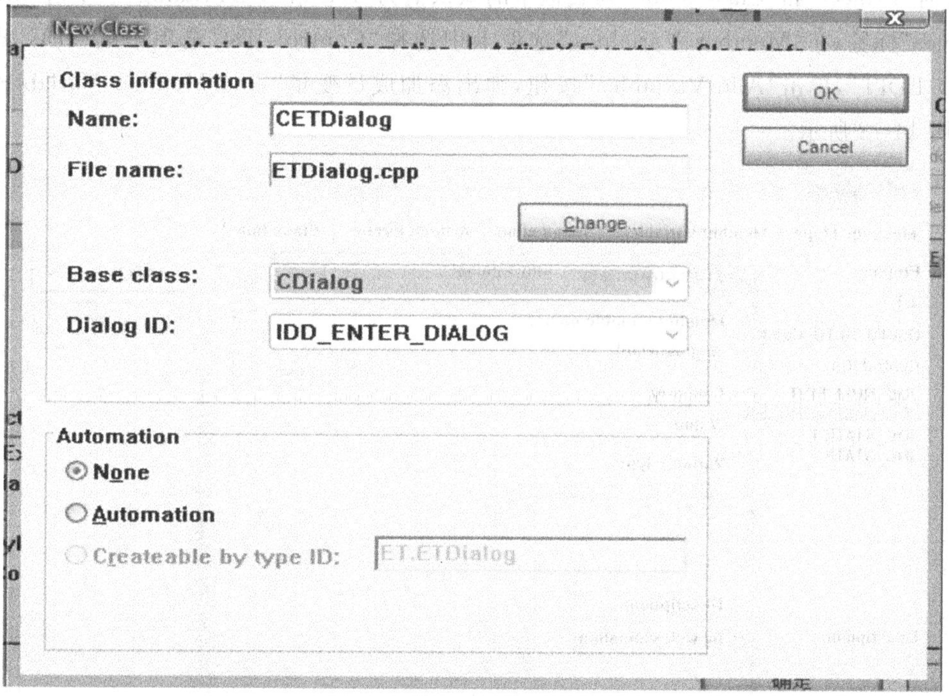

图 14-10　新建类窗口

在“New Name”对话框的“Name”文本框中输入新类名“CETDialog”，在“Dialog ID”的列

表框中选择 IDD_ENTER_DIALOG，其余为默认。

单击“OK”按钮后，显示“MFC ClassWizard”对话框，如图 14-11 所示。

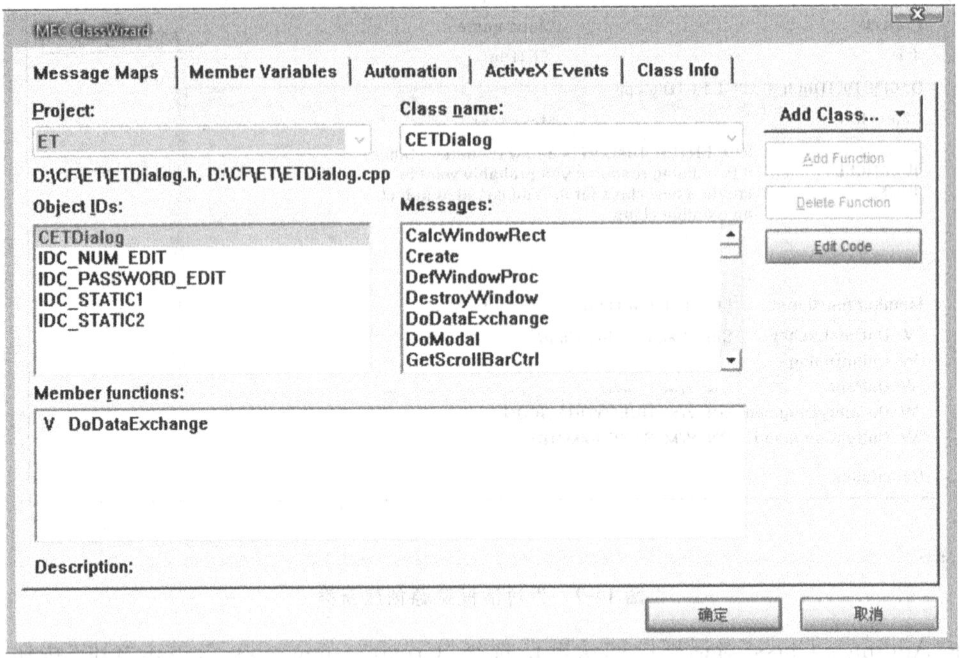

图 14-11　类向导窗口

此时“Project”和“Class name”列表框中的默认值为“ET”和“CETDialog”。单击“Member Variables”标签，在“Member Variables”选项卡中选择“Control IDs”选项中的“IDC_PASSWORD_EDIT”，单击“Add Variables”按钮，弹出添加成员变量“Add Member Variable”对话框，如图 14-12 所示。

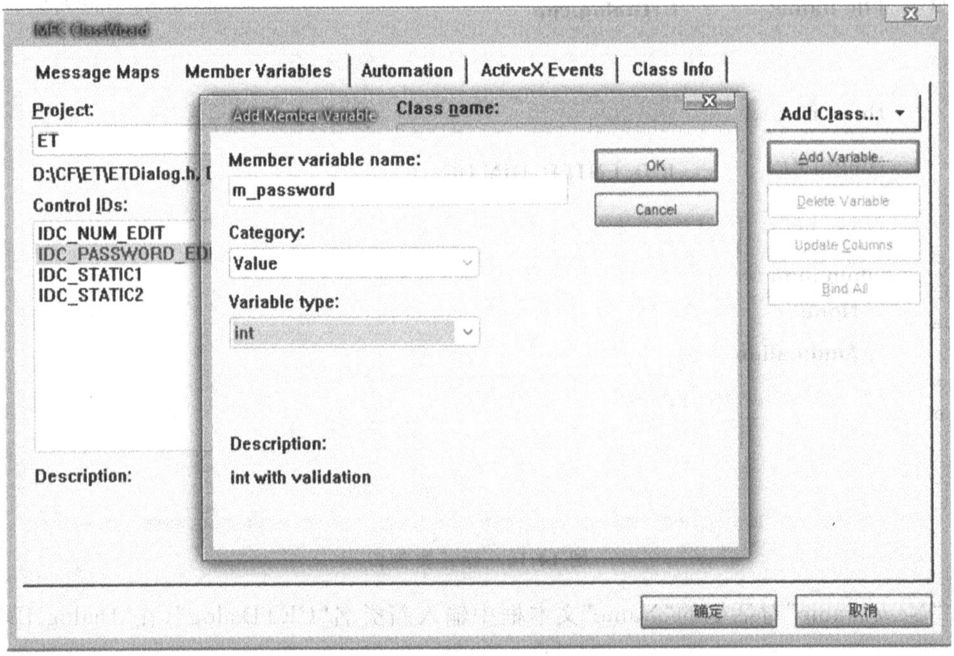

图 14-12　增加成员变量窗口

在“Add Member Variable”对话框中添加成员变量 m_password，类型为整型。用同样方法为账号编辑框绑定变量 m_num。

(2)添加代码

首先，在主对话框(即刚创建时就有的对话框)的源文件 ETDlg. cpp 中添加如下代码：

```
#include "ETDialog.h"
```

然后添加“确定”按钮的响应函数代码：

```
void CETDlg::OnEnter()
{
  // TODO: Add your control notification handler code here
  CETDialog et;                  //创建对话框类
  et.DoModal();                  //调用对话框
}
```

这样，当按下“确定”按钮后就可以弹出登录框了。

然后，添加登录框里的“确定”代码，进行对账号和密码的判断。

```
void CETDialog::OnButton1()
{
  UpdateData(TRUE);                        //获得编辑框里输入的消息
  if(m_password==123 && m_num==123)
  {
    MessageBox("输入正确");              //后面可以自己添加登录后的窗口
  }
  else
    MessageBox("账号或密码错误");
    return;
}
```

程序运行结果如图 14-13 所示。

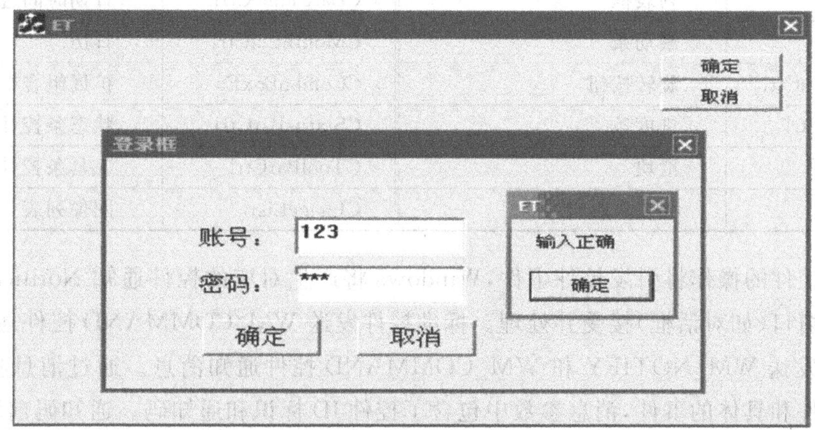

图 14-13　程序运行结果

14.3 标准控件

Windows 提供的控件分为两类:标准控件和公共控件。标准控件包括静态框、编辑框、按钮、列表框、组合框和滚动条等,标准控件可以满足大部分用户界面程序设计的要求。例如,编辑框用于输入用户数据,复选框按钮用于选择不同的选项,列表框用于选择要输入的信息。除了标准控件,Windows 还提供了一些通用的公共控件,如滑块、进度条、列表控件、树控件和标签控件等,以实现应用程序用户界面风格的多样性。

14.3.1 控件概述

控件是嵌入对话框或其他父窗口中,完成具体输入、输出功能的独立小部件。控件作为程序与用户之间的一个接口,对话框通过控件与用户进行交互。控件实际上也是一个窗口,作为窗口,控件就具有窗口的一般功能和属性,可以通过调用窗口管理函数如 MoveWindow()、ShowWindow()和 EnableWindow()等实现控件的移动、显示或隐藏、禁用或可用等操作,也可以重新设置控件的尺寸和风格等属性。

为了在 MFC 应用程序中使用控件,MFC 以类的形式对标准控件和公用控件进行了封装。表 14-4 列出了 MFC 中主要的控件类,这些类大部分是从 CWnd 类直接派生而来的。可以利用 MFC 控件类提供的成员函数对控件进行管理和操作。

表 14-4 常用的 MFC 控件类

MFC 类	控件	MFC 类	控件
CStatic	静态文本、图片控件	CTreeCtrl	树视控件
CEdit	编辑框	CTabCtrl	标签
CButton	按钮、复选框、按需按钮	CAnimateCtrl	动画控件
CCombox	组合框	CRichEditCtrl	复合编辑框
CListBox	列表框	CDateTimeCtrl	日期时间选取器
CScrollBar	滚动条	CMonthCalCtrl	日历
CSpinButtonCtrl	旋转按钮	CComboBoxEx	扩展组合框
CProgressCtrl	进度条	CStatusBarCtrl	状态条控件
CSliderCtrl	滑块	CToolBarCtrl	工具条控件
CListCtrl	列表视控件	CImageList	图像列表

用户对控件的操作将引发控件事件,Windows 将产生对应的控件通知 Notification 消息,消息由其父窗口(如对话框)接受并处理。标准控件发送 WM_COMMAND 控件通知消息,公共控件可以发送 WM_NOTIFY 和 WM_COMMAND 控件通知消息。通过消息参数识别发出消息的控件和具体的事件,消息参数中包含了控件 ID 标识和通知码。通知码前缀最后一个字母为 N,如 BN_CLICKED(单击按钮事件)、EN_UPDATE(编辑框刷新)和 CBN_SETFO-

CUS(组合框得到焦点)。

在进行控件消息处理的编程时,MFC 为程序员提供了很大的帮助。程序员不必关心消息具体的发送和接受情况,可以利用 ClassWizard 类向导自动将控件映射到成员变量,将控件消息映射到成员函数,然后再手工编写具体的处理代码。

控件一般用于对话框,但也可以用于其他窗口,如可以在程序视图窗口显示控件。这时,需要首先声明一个 MFC 控件类的对象,然后调用 Create 函数和其他成员函数显示控件和设置控件属性。实际编程应用时经常在 CFormView 视图中使用控件。

14.3.2　标准控件介绍

1. 静态控件

静态控件(static control)是用来显示一个文本串或图形消息的控件,包括静态文本控件、图片控件(picture control)和组框(group box)。

所有静态控件默认的 ID 标识都为 IDC_STATIC,如果要为一个静态控件添加成员变量或消息处理函数,必须重新为它指定一个唯一的 ID 标识。而且静态控件是一种单向交互的控件,一般只能在控件上输出某些消息(文本或图形),不用来响应用户的输入,即它可以接收消息,基本上不发送消息。如果想使用静态控件响应输入而发送消息,需要设置它的 Notify 风格属性。

编程时候用得最多的是静态文本控件,用来作为其他控件的标题,主要是作为编辑框的标题,因为编辑框本身不能设置标题。如果静态文本控件 Caption 标题有下划线字符(用字符“&”设置),则执行这个命令键时,由于静态控件不能接收焦点,焦点将被下一个 Tab 键顺序的控件(如编辑框)接收。

打开一个应用程序项目,双击工作区 ResourceView 资源页面中的对话框模板资源 IDD_ABOUTBOX,例如,调整对话框和标题为“版权所有...”静态文本控件的大小,在 Caption 栏输入文本串“\n 版权所有　(C) 2008\n 设计者　　邹金安\n 出版时间　2008.11”,在 Align text 下拉框选择 Left 项,设置 Sunken 和 Client edge 属性,按 Ctrl+T 组合键得到如图 14-14 所示的测试结果。

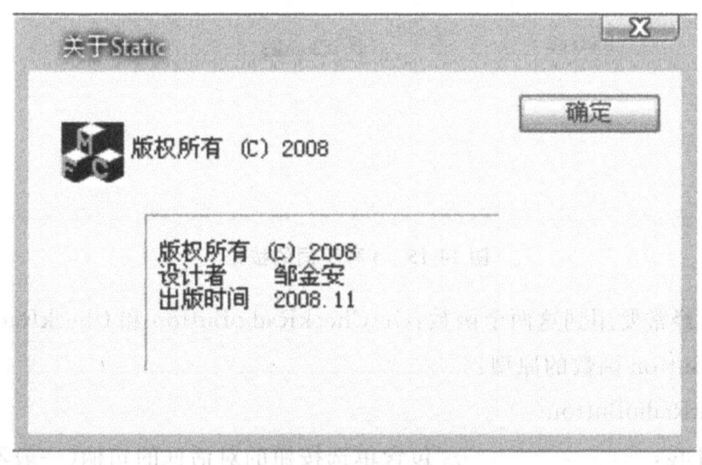

图 14-14　设置自定义风格的静态文本控件

2. 编辑框

编辑框有单行编辑和多行编辑功能，由其 Multiline 属性决定。编辑框其他常用的属性有：Align text 设置文本对齐方式，Number 表示只能输入数字，Password 表示输入编辑框的字符都将显示为“*”，Border 用于设置控件周围的边框，Uppercase 或 Lowercase 表示输入编辑框的字符全部转换成大写或小写形式，Read-Only 表示只能输出数据。

当编辑框的文本被修改或者被滚动时，会向其父窗口（对话框窗口）发送消息，可以利用 ClassWizard 类向导在对话框类中添加对应的消息处理函数。编辑框发送的常用消息有：当编辑框中的文本被修改且新的文本显示之后发送消息 EN_CHANGE，当文本被修改且新的文本显示之前发送消息 EN_UPDATE，当编辑框失去键盘输入焦点时发送消息 EN_KILLFOCUS，当编辑框得到键盘输入焦点时发送消息 EN_SETFOCUS，当字符数目达到限定值时发送消息 EN_MAXTEXT。关于编辑框控件的应用的例子上一节已经讲过，这里就不再涉及了。

3. 按钮

按钮包括按键按钮（push button）、单选按钮（radio button）、复选框（check button）和组框（group box）4 种类型，图 14-15 给出了这 4 种类型的按钮控件。虽然封装这 4 种按钮控件的 MFC 类都是 CButton 类，但它们具有不同的功能。按键按钮在被按下时会立即执行某个命令，也被称为命令按钮；单选按钮用于在一组互相排斥的选项中选择其中一项；复选框用于在一组选项中选择其中一项或多项；组框用来作为一组控件的外围边界，可以使一组控件关联在一起，它经常与一组单选按钮或一组复选框一起使用。

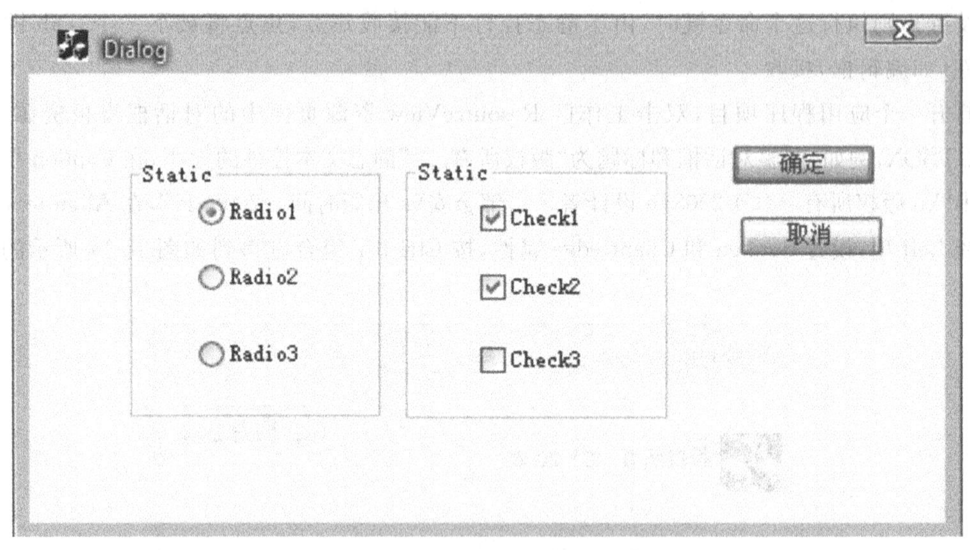

图 14-15 4 种不同的按钮

对于单选框，经常要用到这两个函数：GetCheckRadioButton 和 CheckRadioButton 函数。

CheckRadioButton 函数的原型：

```
BOOL CheckRadioButton(
   HWND hDlg,                //包含单选按钮的对话框的句柄(一般不用写)
```

```
    int nIDFirstButton,          //指定组中第一个单选按钮的 ID 号
    int nIDLastButton,           //指定组中最后一个单选按钮的 ID 号
    int nIDCheckButton);         //指定要选中的那个单选按钮的 ID 号
```

该函数主要用于初始化的单选按钮,使应用程序默认选择某一个单选按钮。

GetCheckRadioButton 函数的原型:

```
int GetCheckRadioButton(
    int nIDFirstButton,          //指定组中第一个单选按钮的 ID 号
    int nIDLastButton);          //指定组中最后一个单选按钮的 ID 号
```

该函数返回一个整数,这个整数是两个参数之间被选中的单选按钮的 ID 号。

按钮控件只能发送通知码为 BN_CLICKED(单击按钮)和 BN_DOUBLECLICKED(双击按钮)的 WM_COMMAND 消息,经常需要编写按钮的 BN_CLICKED 消息处理函数。CButton 类提供了一些成员函数实现对按钮控件对象的控制和管理,如利用成员函数 GetCheck() 或 SetCheck() 获取或设置单选按钮、复选框的当前状态。

例 14-3　编写一个对话框应用程序 ColrButn,对话框中的两个用于选择颜色模式的单选按钮和三个用于选择具体颜色的复选框,只有在彩色模式下才能选择三种不同颜色的组合。对话框运行效果如图 14-16 所示。当用户单击"应用"按钮时,对话框右边的按键按钮将根据选择的颜色实现按钮的自画。

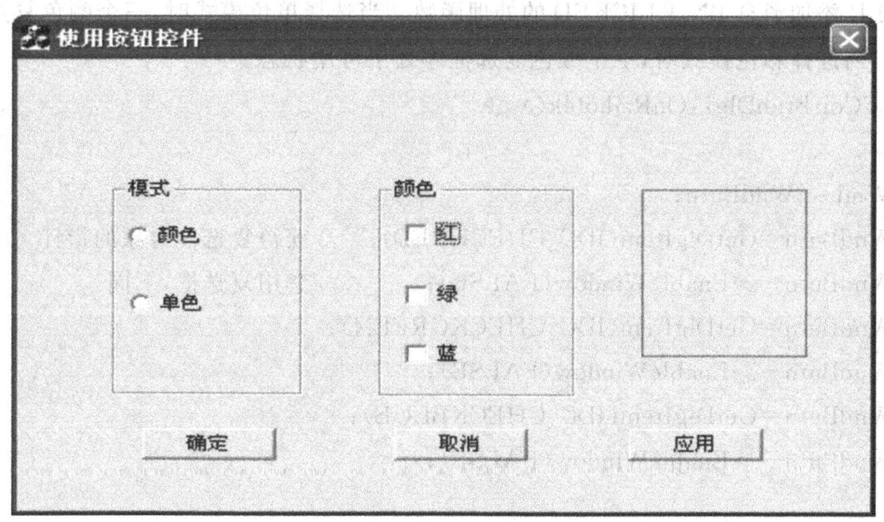

图 14-16　按钮示例运行结果

实现方法如下:

第一步:创建一个基于对话框的应用程序 ColrButn,将对话框模板资源的标题改为"使用按钮控件",并参照图 14-16,在对话框中添加如表 14-5 所示的控件。

表 14-5　在对话框中添加的控件

控件类型	控件 ID	设置的非默认属性	成员变量
组框	IDC_STATIC	Caption 为“模式”	
组框	IDC_STATIC	Caption 为“颜色”	
单选按钮	IDC_RADIOCLR	Caption 为“彩色”group	m_nColor
单选按钮	IDC_RADIOBLK	Caption 为“单色”	
复选框	IDC_CHECKRED	Caption 为“红”group	m_bRed
复选框	IDC_CHECKBLUE	Caption 为“蓝”	m_bBlue
复选框	IDC_CHECKGREEN	Caption 为“绿”	m_bGreen
按键按钮	IDC_BUTNDRAW	Caption 为“自画按钮”	
按键按钮	IDC_BUTNAPPLY	Caption 为“应用”	

第二步：利用 ClassWizard 类向导为单选按钮 IDC_RADIOCLR 添加 int 型的成员变量 m_nColor，为复选框 IDC_CHECKRED、IDC_CHECKGREEN 和 IDC_CHECKBLUE 分别添加 BOOL 型的成员变量 m_bRed、m_bGreen 和 m_bBlue。

第三步：利用 ClassWizard 类向导在对话框类中为单选按钮 IDC_RADIOBLK 和 IDC_RADIOCLR 添加消息 BN_CLICKED 的处理函数。当选择单色模式时，三个颜色复选框处于禁用状态；当选择彩色模式时，三个颜色复选框才处于可用状态。

```
void CColrBtunDlg::OnRadioblk()
{
    CWnd * pWndButn;
    pWndButn=GetDlgItem(IDC_CHECKRED);    //获得复选框对象的指针
    pWndButn->EnableWindow(FALSE);        //禁用复选框，下同
    pWndButn=GetDlgItem(IDC_CHECKGREEN);
    pWndButn->EnableWindow(FALSE);
    pWndButn=GetDlgItem(IDC_CHECKBLUE);
    pWndButn->EnableWindow(FALSE);
}

void CColrBtunDlg::OnRadioclr()
{
    CWnd * pWndButn;
    pWndButn=GetDlgItem(IDC_CHECKRED);
    pWndButn->EnableWindow();             //可以使用复选框，下同
    pWndButn=GetDlgItem(IDC_CHECKGREEN);
    pWndButn->EnableWindow();
```

```
    pWndButn=GetDlgItem(IDC_CHECKBLUE);
    pWndButn->EnableWindow();
}
```

第四步：利用ClassWizard类向导为按键按钮IDC_BUTNAPPLY添加BN_CLICKED消息的处理函数。为了重绘按钮IDC_BUTNDRAW，必须使该按钮区域无效并刷新它，以便自动调用控件自画消息WM_DRAWITEM的消息处理函数。

```
void CColrBtunDlg::OnButnapply()
{
    CWnd *pWndButn=GetDlgItem(IDC_BUTNDRAW);
    pWndButn->Invalidate();          //使按钮区域无效，以便能够更新、重绘
    pWndButn->UpdateWindow();        //发送WM_PAINT消息，更新无效区
}
```

第五步：利用ClassWizard类向导为对话框类添加WM_DRAWITEM消息处理函数，在函数中首先添加需要调用的成员函数UpdateData()，接收单选按钮和复选框的选择数据，然后根据选择的颜色绘制按钮。

```
void CColrBtunDlg::OnDrawItem(int nIDCtr,LPDRAWITEMSTRUCT lpdrawItemStruct)
{
    UpdateData();                              //得到单选按钮和复选框成员变量的值
    COLORREF clrButn;
    if(m_nColor==0)                            //彩色模式，选择具体的颜色
      clrButn=RGB(m_bGreen? 255:0,m_bRed? 255:0,m_bBlue? 255:0);
    else
      cluButn=RGB(0,0,0);                      //单色
    CDC dc;
    dc.Attach(lpDrawItemStruct->hDC);          //连接句柄
    if(nIDCtl==IDC_BUTNDRAW)
    {
      CWnd *pWndButn=GetDlgItem(IDC_BUTNDRAW);
      CRect rectButn;
      pWndButn->GetClientRect(&rectButn);//获取按钮所占区域
      dc.FillSolidRect(&rectButn,clrButn);     //绘制按钮
    }
    dc.Detach();                               //分离句柄
    CDialog::OnDrawItem(nIDCtl,lpDrawItemStruct);
}
```

第六步：在对话框类CColrButnDlg的构造函数中，ClassWizard类向导已对添加的控件成员变量进行了初始化，如将成员变量m_nColor的初始值设为−1。为了在刚显示对话框时

就默认“彩色”选项，将成员变量 m_nColor 的初始值改为 0。

按 F7 键执行 Build 命令即创建了应用程序，ColrButn 程序运行后，在彩色模式下可以选择不同颜色的组合。

4. 列表框

List 控件以列表格式显示数据，一般用来显示数据集合，如数据库表中的记录。

List 控件与 CListCtrl 类函数对应。ClistCtrl 类常用的成员函数如下：

(1)GetItemText 函数

函数原型：

Int GetItemText(int nItem,int nSubItem,LPTSTR lpszText,int nLen)const;

功能：获取一个条目的文本。

(2)SetItemText 函数

函数原型：

SetItemText(int nItem, int nSubItem, LPTSTR lpszText, int nLen)const;

功能：改变一个条目中的文本。

(3)SetItemCount 函数

函数原型：

void SetItemCount(int iCount);

功能：为插入大量的条目设置一定的空间。

(4)InsertItem 函数

函数原型：

int InsertItem(int nItem,LPCTSTR lpszItem);

int InsertItem(int nItem,LPCTSTR lpszItem,int nImage);

功能：向 List 中插入一个新条目。

(5)DeleteItem 函数

函数原型：

BOOL DeleteItem(int nItem);

功能：删除一个条目。

5. 组合框

组合框有 Simple(简单组合框)、Dropdown(下拉组合框)和 Drop List(下拉列表框)三种形式，通过控件属性对话框 Styles 页面的 Type 下拉框设置这三种形式。简单组合框是一个列表框和一个编辑框的组合，列表框总是可见的，被选中的列表项显示在编辑框中。下拉组合框除了含有列表框和编辑框外，在编辑框旁边还有一个下拉按钮，只有当用户单击下拉按钮时，列表框才能显示出来。除了用户不能在编辑框中进行输入操作外，下拉列表框其他功能与下拉组合框一样。

组合框大部分属性与编辑框或列表框的相关属性有相同的意义，但它有一个新的功能属性，即可以通过组合框控件属性对话框的 Data 页面添加初始的列表项，如图 14-17 所示。注意，每输入一个列表项，按下 Ctrl+回车键后才能换行输入下一项。也可以在对话框类的

OnInitDialog()初始化成员函数中编写代码添加列表项。

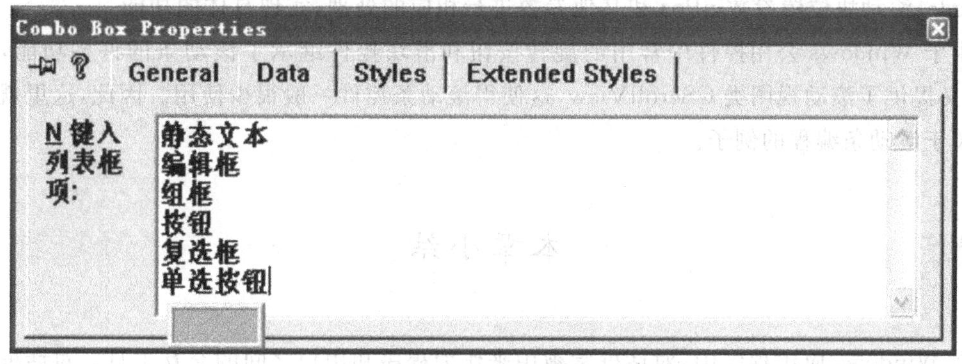

图 14-17　输入列表框

在组合框的通知消息中，有些是列表框发出的，有些是编辑框发出的。组合框常用的通知消息有：关闭组合框的列表时，发出消息 CBN_CLOSEUP；打开列表框时，发送消息 CBN_DROPDOWN；双击列表项时，发送消息 CBN_DBLCLK；当前选项被取消时(如重新选择其他控件或关闭对话框)，发送消息 CBN_SELENDCANCEL；当前选项改变时，发送消息 CBN_EDITCHANGE；当编辑框中的文本被修改且新的文本显示之前，发送消息 CBN_EDITUPDATE；组合框获得键盘输入焦点时，发送消息 CBN_SETFOCUS；组合框失去键盘输入焦点时，发送消息 CBN_KILLFOCUS。

对组合框的操作分为对组合框的列表框进行操作和对组合框的编辑框进行操作，这些操作通过调用 MFC 组合框类 CComboBox 的成员函数来完成。CComboBox 类成员函数的使用方法与前述控件类 CEdit 和 CListBox 类似，例如：AddString()在列表末尾添加一个列表项，DeleteString()删除一个列表项，ResetContent()删除所有列表项，GetCount()获得条目的个数，GetCurSel()获得当前选中的条目的索引号，GetEditSel()获得 ComboBox 控件中被选择的字符串。

6. 滚动条

滚动条分为垂直滚动条和水平滚动条两种类型，除了滚动的方向外，它们的组成都是一样的。

当用户移动滚动条时，滚动条就会向父窗口发送水平滚动消息 WM_HSCROLL 或垂直滚动消息 WM_VSCROLL。滚动消息含有通知码，表示用户对滚动条的操作方式，如 SB_LINEUP 和 SB_LINEDOWN 表示向上或向下滚动一行(或一个单位)，SB_PAGEUP 和 SB_PAGEDOWN 表示向上或向下滚动一页，SB_THUMBTRACK 表示拖动滚动条。封装滚动条控件的 MFC 类是 CScrollBar 类。

滚动条编程的主要步骤是：

第一步：向对话框模板资源添加滚动条控件。

第二步：为滚动条映射成员变量。

第三步：在对话框的初始化成员函数 OnInitDialog()中，通过滚动条控件成员变量调用 CScrollBar 类的成员函数，设置滚动条的滚动范围和滚动块的位置。

第四步：利用 ClassWizard 添加滚动消息处理函数，根据传递给函数的消息通知码参数 nSBCode、滚动块位置参数 nPos 和其他参数进行相应的处理，实现具体的功能。

由于 Windows 公用控件中常用的旋转按钮和滑块控件继承了滚动条的许多功能，并且 MFC 又提供了滚动视图类 CScrollView，这使得滚动条控件一般很少使用。因此，这里就不再给出关于滚动条编程的例子。

本章小结

在 Windows 应用程序中，对话框常被用来作为程序和用户之间的交互工具。对话框的应用十分普及。例如，打开文件、查询以及进行其他数据交换时都需要使用对话框，从最简单的询问“是”与“否”的消息框，到复杂的数据处理框，都可以用对话框来完成。实际上，对话框是一个真正的窗口，它继承于 MFC 的 CWnd 类，具备了窗口的很多属性，不仅可以接收消息，也可以被移动和关闭，还可以在它的客户区中进行绘图操作。尤其方便的是，在设计对话框时可以把控件直接粘贴到对话框，以实现各种操作。

习　题

1. 何谓对话框的应用程序？简述如何利用 MFC AppWizard 应用程序向导创建一个基于对话框的应用程序。

2. 如何向对话框模板资源添加控件？如何添加与控件关联的成员变量？

3. 编写一个 SDI 应用程序，满足以下要求：

(1)执行“编辑|输入数据(I)...”命令打开标题为“输入数据”的对话框，通过该对话框输入 X 和 Y 坐标值，要求输入值在 100～400 范围内。

(2)在视图类中定义两个成员变量，单击对话框的“确定”按钮时接收输入数据，并赋值给视图对象的两个成员变量，调用 Invalidate()函数刷新窗口。

(3)在 OnDraw()函数中添加代码，画一条从当前位置到输入坐标的直线。

4. 编写一个对话框应用程序，对话框左边有一组单选按钮和一组复选按钮，当用户单击“确定”按钮时，在对话框右边显示用户所做选择的文本信息。

5. 编写一个单文档应用程序，为程序添加一个工具栏按钮，单击该按钮时打开一个对话框，对话框中有三个标题分别为红、绿、蓝的复选框，用户单击“确定”按钮，程序将根据选择的组合颜色在用户区显示一行文本。

参考文献

[1]王育坚. Visual C++面向对象编程教程(第二版). 北京：清华大学出版社，2007

[2]成岩，周露，杨嘉伟. C++语言与应用基础. 北京：科学出版社，2002

[3]陈天华. 面向对象程序设计与 Visual C++6.0 教程. 北京：清华大学出版社，2006

第 15 章 文档与视图编程

文档/视图结构是 MFC 应用程序的核心组成部分，大多数的应用程序支持文档/视图结构。文档用于管理应用程序的数据，而视图用于显示文档并负责与用户的交互。我们最常用的基于 Windows 的文字处理应用程序就是基于这种结构的。

15.1 概述

15.1.1 程序、框架及其相关的类

1. 单文档与多文档应用程序

Microsoft Word 能在同一个应用程序中处理几个不同的文档，在 Windows 中称其为多文档接口（MDI），我们用的 VC 开发环境就是由多个窗口组成的，每个独立，可以关闭、打开。

单文档接口（SDI）与 MDI 相似，但它仅是为在任意时刻处理一个文档和一个视图所设计的。比如记事本，只能打开一个文件，要再打开一个，就是执行另一个记事本了。MDI 与 SDI 应用程序都能以同样的方式使用由 MFC 提供的文档/视图体系，但是 MDI 会提供附加的功能来处理多文档和视图。

2. 主框架窗口和文档窗口

主框架窗口（简称主窗口）是应用程序放置在桌面上的窗口，每个应用程序只有一个主窗口，主窗口的标题栏上显示应用程序名称。

使用应用程序向导 AppWizard 创建单文档（SDI）应用程序后，包含主窗口类的文件分别为 MainFrm. h 和 MainFrm. cpp。主窗口类是由 CFrameWnd 派生而来的，类名是 CMainFrame。而对于多文档（MDI）应用程序，主窗口由 CMDIFrameWnd 派生。如果应用程序中还包含工具栏（CToolBar）、状态栏（CStatusBar），则用户的 CMainFrame 类中还包含表示工具栏和状态栏的成员变量 m_wndToolBar 和 m_wndStatusBar，并在 CMainFrame 的 OnCreate 函数中对其进行初始化。

对于单文档应用程序，文档窗口和主窗口是一致的，即主窗口就是文档窗口。而对于多文档，文档窗口是主框架窗口的子窗口。文档窗口的客户区（除窗口标题栏、边框之外的区域）由相应的视图类构成，一般都有相应的可视边框。因此，视图是文档窗口内的子窗口，文档窗口时刻跟踪当前处于活动状态的视图的变化，并将用户或系统产生的命令消息传递给当前活动的视图。而主窗口负责管理各个用户交互对象，包括菜单、工具栏、状态栏及加速键，并根据用户的操作来创建或更新文档窗口及视图。多文档程序中的文档窗口文件为 ChildFrm. h 和

ChildFrm.cpp，其类名是 CChildFrame，是从 CMDIChildWnd 派生的。

3. 相关的类

(1)文档类

文档模板：文档模板提供了 MFC 用来将文档、视图、框架结合在一起的框架结构。实际上，是文档模板为应用程序创建文档和视图。文档模板常以两种形式出现：用于 SDI 应用程序的 CSingleDocTemplate 和用于 MDI 应用程序的 CMultiDocTemplate。使用 CSingleDocTemplate 对象不如使用 MDI 变量那样频繁，因而可以更关注 CMultiDocTemplate。

然后，对许多事情而言，这两者很相似。它们由相同的参数产生并执行许多相同的操作。它们在操作上的区别源自于 MDI 在一个主框架中有多个子框架，而 SDI 中只有一个框架。

现在让我们看看如何创建文档模板。当创建一个 MDI 应用程序时用 AppWizard 产生的 InitInstance()代码：

```
CMultiDocTemplate * pDocTemplate;
pDocTemplate=new CMultiDocTemplate (IDR_MYAPPTYPE,
  RUNTIME_CLASS(CMyAppDoc), RUNTIME_CLASS(CChildFrame),
  RUNTIME_CLASS(CMyAppview));
AddDocTemplate(pDocTemplate);
```

首先，这里声明了一个指针，指向 CMultiDocTemplate，还使用 new 在堆中产生模块对象。只要应用程序存在模块对象，就应保留在内存中，即使在调用 AddDocTemplate()之后不直接使用指针。

其次，用 4 个参数调用构造函数。第 1 个参数是资源标识符；第 2、3、4 个参数分别定义了该文档模板对象所对应的文档类、主边框窗口类和视图类，这三个对象都是在程序运行时动态生成的。

再次，调用 AddDocTemplate()，用 MFC 指定模块。一旦创建了文档模板，并调用了 AddDocTemplate，应用程序将使用由 MFC 为生成新文档和视图所提供的缺省功能。

构造对象：单文档应用程序中，首先由应用程序框架构造应用类对象，接着应用类对象构造单文档模板对象，单文档模板对象构造文档对象、主窗口对象，最后由主窗口对象构造视图对象。而对于多文档应用程序，应用类的对象同样也由应用框架构造，随之应用对象构造多文档模板对象、主边框窗口对象及主边框窗口，然后多文档模板对象构造文档对象、子边框窗口对象并创建子边框窗口，再由子边框窗口对象构造视图对象及创建视图窗口。

(2)视图类

MFC 提供了一些不同的视图类，帮助实现不同的通用数据显示和接受用户的输入。这些类都是基于 CView 的，提供了使用视图及其相关文档时所必需的功能。

①CScrollView 类

该类为视图增加滚动功能，尽管仍需要在视图中自己画，但仍能做许多工作，如管理窗口和视点尺寸，管理映射模式，以及在收到滚动消息时自动滚动。

②CFormView 和 CRecordView 类

许多应用程序为用户提供类似填空形式的视图，MFC 能用 CFormView 类帮用户完成这一功能。MFC 还提供了一些特别的 CFormView 派生类来创建处理数据记录的形式，为 ODBC 形式提供的类是 CRecordView，为 DAO 工作的类是 CDaoRecordView。

框架视图的用户接口基于一个对话模板，它将被作为视图窗口的无模式子窗口来创建。因此，必须确保对话框无边界或标题，还要保证视图要使用的对话框模板的资源 ID 被传递给视图的构造函数——它将接受资源的整型 ID 或字符串名。

由向导创建的框架视图类会在构造函数的实现中使用初始化表，如下：

```
MyFormView::MyFormView():CFormView(MyFormView::IDD)
{
  //Constructor code…
         ⋮
}
```

类中的枚举类型用作将 IDD 映射为对话框模板 ID。

(3)控件视图

MFC 提供了一些使用 Windows 控件的视图类以及用户接口。其中包括 CEditView、CRichEditView、CListView 和 CTreeView，它们都是由 CCtrlView 类得到的。所有的创建类都使用一个同名的 Windows 控件，如 CEditView 使用 Edit 控件。

在一个类中将控件和视图的功能结合起来，就会发现控件视图中的两个特殊问题：怎样为视图建立字符及怎样处理控件中的消息。这些都不是普通的事情，但 MFC 提供了解决的方法。

①设置控件视图的风格

控件通常在对话框模板中进行创建，在对话框模板中，资源编辑器允许用户访问控件的风格位，而这些风格位说明控件如何工作。使用控件视图，却不能这样做，而必须重载 PreCreateWindow()成员函数。例如，如果要在视图中激活按钮，可这样做：

```
BOOL CMyTreeView::PreCreateWindow(CREATESTRUCT & cs)
{
  if(!CTreeView::PreCreateWindow(cs))
  return FALSE;
  cs.style=TVS_HASBUTTONS;
  return TRUE;
}
```

每次都要首先调用 PreCreateWindow()的基类，它为 CREATESTRUCT 指定适当的缺省值。重要的是，确保 MFC 加载合适的控件库，并指定了正确的窗口类。

②处理控件通告

控件窗口不断地给其上级窗口发送通告，以使应用程序清楚所做的事情。对控件视图来说，这意味着框架在接受这些消息。因为需要包含所有的代码来管理视图类的视图，MFC 提出了消息反射的概念。

MFC 改变了消息传播代码，这样，控件通告在没有被边框处理前可自己返回控件窗口。

如果使用 ClassWizard 来处理消息映射，就会在视图类中看到被反射处理的消息前有"="号。

选择处理这些消息，导致在消息映射中加入略有区别的宏，例如，ON_CONTROL 变为 ON_CONTROL_REFLECT。一些面向控件的 Windows 消息也可被反射消息映射宏处理。例如，WM_HSCROLL 可被 ON_WM_HSCROLL_REFLECT()CHULI 处理。由于 MFC 对不同的反射消息采用不同的消息 ID，所以需要不同的消息映射宏。

(4)CEditView 类

如果想要熟练操纵应用程序的简单文本，可以使用 CEditView。它使用编辑控件形成视图的用户接口。它不支持不同的字体和颜色，如要使用可用 CRichEditView。除了包装编辑控件，CEditView 还为以下命令消息提供支持：

- ID_FILE_PRINT
- ID_EDIT_CUT
- ID_EDIT_COPY
- ID_EDIT_PASTE
- ID_EDIT_CLEAR
- ID_EDIT_UNDO
- ID_EDIT_SELECT_ALL
- ID_EDIT_FIND
- ID_EDIT_REPLACE
- ID_EDIT_REPEAT

处理 CEditView 数据，CEditView 与标准文档/视图关系不太一样，因为视图对编辑控件进行封装，编辑控件存储自己的数据。编辑视图的数据没有保存在文档中，而在视图本身中。因此，必须注意使文档和其视图(可能有多个)相配合。这一点在序列化文档时会带来问题。

为此，最好在文档的 Serilize()函数中调用 CEditView 类的 Serilize()函数，它会从编辑控件中记录文本长度和实际文本。如果想要产生可读文本文件，可使用 CEditView::SerilizeRaw()函数缺省长度信息。

(5)CRichEditView 类

要获得比 CEditView 更强的功能，就得使用 CRichEditView 类。正如同它所基于的丰富的编辑控件一样，由 CRichEditView 得到的视图支持 Microsoft 的文本格式(RTF)，包括文本的字体和颜色，还允许插入 OLE 对象。

为支持所有这些功能，使用多信息、编辑视图。文档必须从 CRichEditView 创建，而不是旧的 CDocument，这一点很重要，因为 CRichEditView 和 CRichEditDoc 在支持视图时的工作方法是很接近的。CRichEditView 包含视图的文本，CRichEditDoc 包含任何 OLE 对象。

由于这一关系，任何时候只能有一个视图与 CRichEditDoc 对象相联系，然而也允许调用 CRichEditDoc::GetView()直接进入唯一的那个反应视图。

注意：必须在其他所有数据之后序列化 CRichEditDoc 对象，因为它读取数据会一直读到文件结尾，而不是只读取固定的字节数。

(6)CListView 和 CTreeView 类

CListView 和 CTreeView 这两个类很有用，其工作方式与其他的 CCtrlView 类相似。

如果想要依自己的喜好来调整方式位，可以重载 PreCreateWindow()函数，也可向视图调用 OnInitialUpdate()加入数据。

可以调用 CListView::GetListControl()函数和 CTreeView::GetTreeControl()函数来访问包含在视图中的控件。

15.1.2　文档、视图和框架之间的相互作用

1. 基本概念

文档对象用来保存管理数据，视图对象用于数据交互，应用程序框架用来管理不同文档显示界面。例如程序设计要求用数据网格显示二维数据，同时还要求用直方图形来显示二维数据。说明这些数据来自同一文档，但以不同的视图方式显示。在这种情况下用框架中的文档模板把一份文档及两份视图组合在一起。

2. 文档及视图结构

如果程序设计只有视图类而没有文档类，例如一个基于对话框的应用程序，在这种情况下就没有必要使用文档视图结构。如果程序设计中涉及界面数据、文档数据及用户封装的数据交互并需要序列化操作，就必须使用文档视图结构，将用户数据和界面分开，用文档数据层作为中间层缓冲用户数据层和界面数据层。数据操作放在文档类中实现，如数据访问，文件打开、关闭等，即用户数据存储及数据操作是由文档类来负责的。一旦数据发生变化，就要立即更新视图，将变化后的数据呈现给用户。由此可见，视图的作用是提供一个用户和数据层间进行数据交换的界面，在需要数据时提供输入界面，需要输出数据时以各种不同的形态显示数据。框架类实现对文档类和视图类的管理。通常用户操作是通过视图窗口实现的，消息被视图类接收并处理，所以消息映射一般定义在视图类中。但如果一个应用同时拥有多个视图，而当前活动视图没有对消息进行处理，则消息会发往框架窗口的其他类中。

3. 单文档应用程序的执行过程

(1)应用程序首先建立 CWinApp 对象 theApp，这个对象是全局的且只能有一个，下列语句创建应用程序对象 theApp(*** 表示应用程序名称)。

```
C *** App theApp              //C *** App 是应用类名称
```

(2)InitInstance()函数创建文档模板 pDocTemplate，在动态创建文档、视图和框架的同时，文档模板将文档、视图和框架绑定在一起。

```
BOOL  C *** App::InitInstance()
{
            ⋮
  pDocTemplate=new CSingleDocTemplate( IDR_MAINFRAME,
    RUNTIME_CLASS(C *** Doc),              //文档窗口
```

```
    RUNTIME_CLASS(CMainFrame),          //单文档主框架窗口
    RUNTIME_CLASS(C *** View) );        //视图窗口
}
```

(3)将单文档模板 pDocTemplate 添加到文档模板链表中。

AddDocTemplate(pDocTemplate);

(4)执行 MFC 框架默认的命令行参数。命令行参数有很多,其中之一是创建一个新文件。如果没有命令行参数则执行默认的 ID_FILE_NEW,在框架窗体中创建空白文档窗口。

CCommandLineInfo cmdInfo;

ParseComandLine(cmdInfo);

(5)对文档、视图和框架进行初始化。

ProcessShellCommand(cmdInfo);

(6)显示窗口、更新客户区视图并进入消息循环。

m_pMainWnd->ShowWindow(SW_SHOW);

m_pMainWnd->UpdateWindow();

从单文档程序的创建过程可见,一个完整的 Visual C++应用程序应由四个类组成:CWinApp 应用类、CFrameWnd 框架类、CDocument 文档类和 CView 视图类。四个类相互之间作用可由下列成员函数直接体现。

①通过全局函数 AfxGetApp 可以得到 CWinApp 应用类的全局对象 theApp。

②CWinApp 类中包含下列数据成员:

- m_pszAppName:应用程序名称。
- m_pszExeName:可执行文件的名称。
- m_pszProfileName:INI 文件的名称。
- m_pszRegistryKey:注册表或 INI 文件的 KEY。
- m_hInstance:实例句柄。
- m_pMainWnd:框架窗口指针。

③CWinApp 类中包含下列成员函数:

- InitInstance():初始化函数。
- ParseCommandLine():完成命令行的解析处理。

④主框架类 CFrameWnd 包含下列成员函数:

- GetActiveDocument():得到当前活动文档指针。
- GetActiveView():得到当前活动视图指针。
- SetActiveView():设置当前视图为活动视图。

⑤文档类 CDocument

- OnNewDocument():创建新文档。
- OnOpenDocument():打开指定文档。
- OnSaveDocument():保存指定文档。
- OnFileClose():关闭当前文档。

⑥用来对文档操作的成员函数

- GetFirstViewPosition()：获得与文档相关联的视图链表中第一个视图的位置。
- GetNextView()：获得视图链表中下一个视图的位置。

⑦用来遍历所有和文档关联的视图的成员函数

- GetDocTemplate()：得到文档模板指针。
- AddView()：增加一个视图。
- RemoveView()：删除一个视图。
- UpdateAllView()：更新所有视图。

⑧视图类 CView 包含下列成员函数。

- GetDocument()：在视图类中得到与之相关联的文档指针，以便在视图类中实现对文档数据的操作。

15.2　文档的读写

文档类的主要作用是用于加工、存储用户数据。下面详细分析数据如何存储，及如何与视图、窗口界面交互。

15.2.1　用户数据存储

文档—视图结构的数据交互如图 15-1 所示。

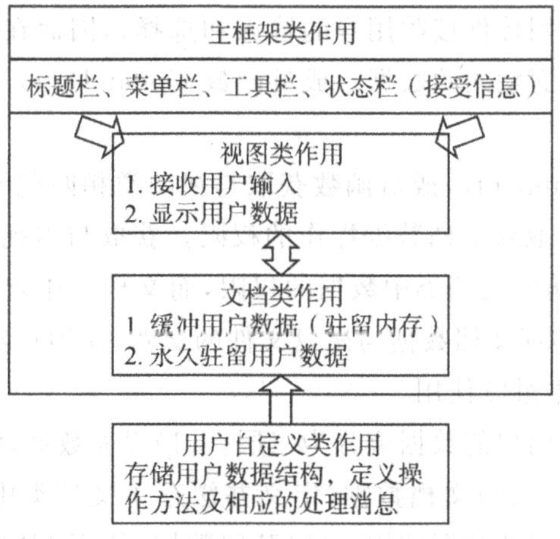

图 15-1　文档—视图结构的数据交互

从图中可以看到，主框架窗口将视图类与文档类组合在一起，菜单栏、工具栏用来接收用户的输入消息，状态栏用于显示当前应用程序状态。

一般情况下，视图类用于接收用户操作的消息(数据输入、界面操作命令)，并将数据处理结果显示在用户界面中。而文档类用于保存(缓存)用户定义的数据，通过序列化操作，将用户数据长期保存在磁盘中。

用户自定义类封装了用户数据结构，是序列化数据的基本单元。用户自定义类的成员函数至少包含构造函数、析构函数及序列化函数。可在用户自定义类中自定义用户消息，将其添加入应用程序的消息队列，使自定义类可响应并处理用户命令。

软件原型的快速开发模式首先构造出用户数据结构，根据用户数据结构构造用户界面，在用户界面的支撑下不断扩充、完善模块功能及其界面设计，直到满足用户需求为止。

这种软件设计模式要求把产生于用户界面的数据或消息缓存在视图类与控件匹配的成员变量中。它们可能是用户输入的数据，也可能是输出结果或提示用户的提示消息。总之，这些界面数据实现了系统与用户的交互。在消息的驱动下，这些数据的文档、视图及其用户界面相互交互，它们之间的关系如图 15-2 所示。

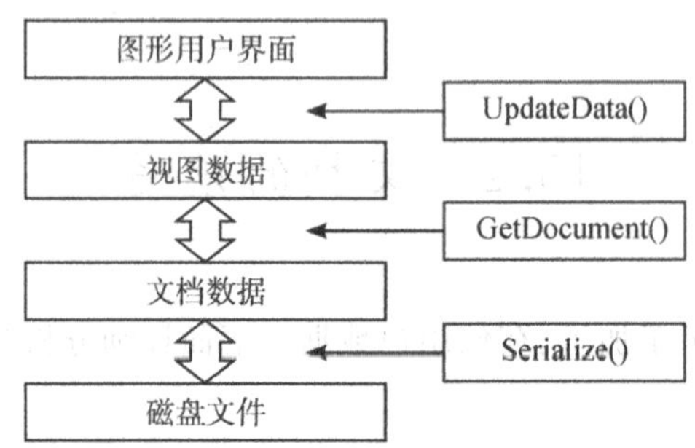

图 15-2　文档、视图、用户界面之间的关系

图 15-2 说明用户界面的设计与定义应与用户自定义类中的数据结构是一致的。例如，程序设计要求对学生成绩进行处理，而学生成绩需要 4 个数据成员来体现，分别是姓名及三门课成绩。用户界面的设计就应体现上述 4 变量，以成员变量的控件作为数据接口。用户数据既然产生于用户界面(通常使用控件接收用户的输入和选择)，因而在视图类中定义与控件相关联的成员变量，用于缓冲界面输入的数据。成员函数 UpdateData()实现了界面数据与成员变量的交互。

在视图类中用 GetDocument()成员函数获取与视图类相匹配的文档对象指针 m_pDocument，为的是在视图类中获取对文档数据操作的权限。获取与本视图类相关联的文档类指针意味着在视图类中获得了访问文档类中数据的权限，而文档类中定义的对象数据通常使用序列化成员函数 Serialize()实现文档数据与磁盘文件的交互，使用户数据长期驻留磁盘，也可从磁盘中读取数据到文档类中继续使用。

根据上述结果，把基于用户的数据流分为三层。(1)界面数据，源于界面控件，暂存于视图类，用它实现与用户的交互。(2)文档数据，定义并缓存于文档类中，这些数据由用户直接定义，体现了实现用户设计意图的数据结构。(3)驻留数据，使用 MFC 内部的序列化机制，将用户数据长期驻留磁盘，或从磁盘中读出数据并直接缓存在文档对象中。

15.2.2　对象的序列化

程序设计需要一种操作机制来实现用户文档数据长期驻留在磁盘，并从磁盘文件中读取数据到文档类。Visual C＋＋环境中的对象持久性操作机制满足了上述操作要求，MFC 为用户封装了实现对象持久性的操作机制，此机制称为“序列化(Serialize)操作”。

“序列化”是指对象状态可以被延续，当程序退出后体现对象特征状态的数据被存盘。当程序启动时，即恢复这些数据，这种可以存盘和恢复处理过程为“序列化”操作。图 15-3 描述了对象持久性的操作机制。

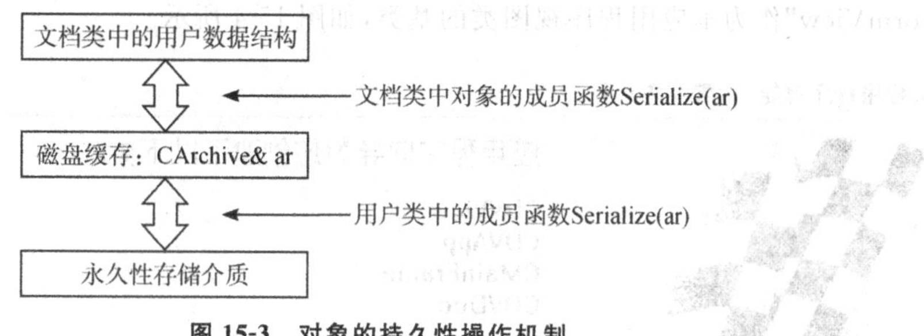

图 15-3　对象的持久性操作机制

说明：

(1)序列化成员函数 Serialize()的功能是从磁盘中读出对象，或把对象存盘在磁盘中。

(2)CArchive 类对象 ar 作为用户数据与磁盘之间的数据缓冲区，当在文档类中进行序列化操作时，将用户数据加载入磁盘缓冲区，而在用户自定义类中进行的序列化操作时，将缓存在磁盘缓冲区中的数据永久驻留在磁盘中。当然这是保存数据到磁盘文件的过程，如果是读取磁盘文件，则操作过程相反。

(3)文档类中的每个对象都有自己的状态，它体现在用户自定义类的数据成员中。如果在磁盘中保存了对象的状态，就记录下该对象。所以，只要在对象的成员函数 Serialize()中使用重载的“＜＜”和“＞＞”操作符，即将要存储或读取的内容传送给 CArchive，CArchive 就立即和磁盘打交道，完成对象的存取操作。

序列化函数为：

```
void C *** Doc::Serialize(CArchive& ar)          // *** 表示创建的应用程序名
{
  if( ar.IsStoring() )     //ar.IsStoring()用来判断是向磁盘写入文档数据还是由磁盘
                           //文件读取文档数据
  {
    //TODO: add storing code here
  }
  else
  {
    //TODO: add storing code here
  }
}
```

15.2.3 创建实例

创建一个学生成绩输入及输出，并且能够存盘的实例。

(1)创建名为 DV 的单文档应用程序，MFC AppWizard 的前五步采用默认设置，第六步选择“CFormView”作为本应用程序视图类的基类，如图 15-4 所示。

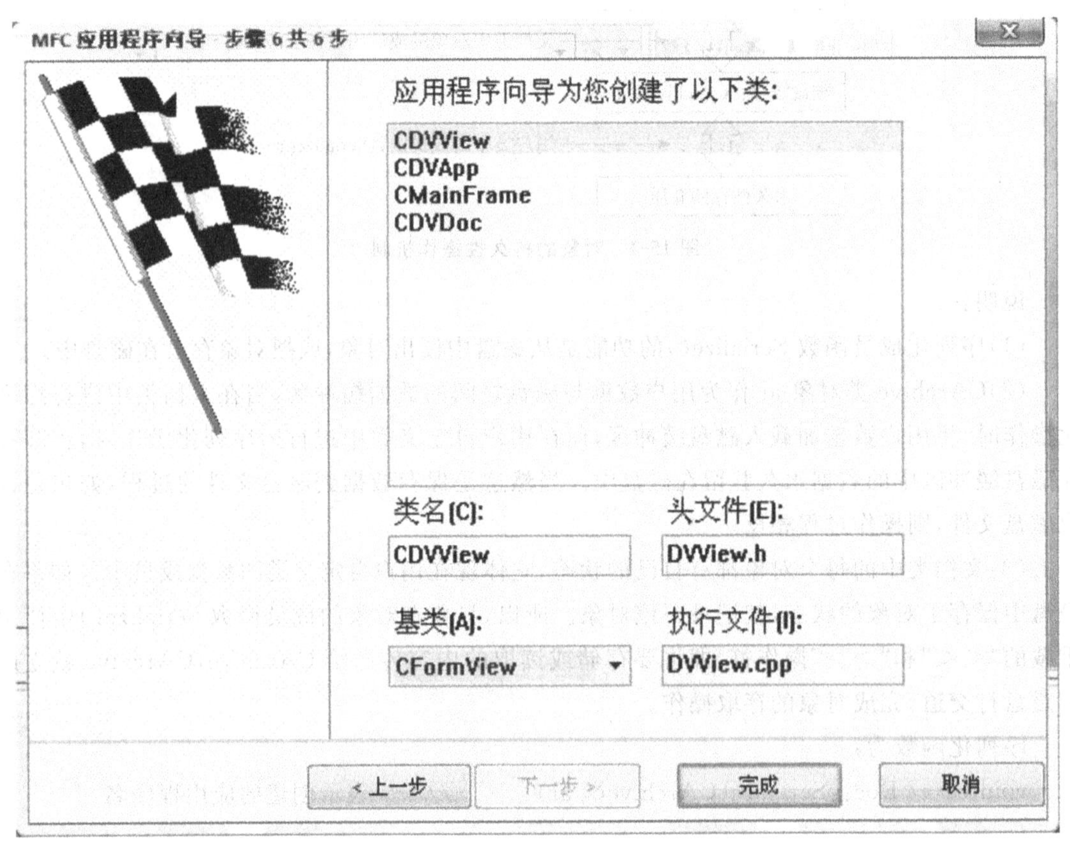

图 15-4 视图基类为 CFormView 的单文档应用程序

选择 CFormView 作为本应用程序中视图基类，这样使得其对话框资源作为用户设计界面使用。

(2)CStudent 类实例

选择工作空间的“ClassView”选项卡，鼠标右键单击“DVClass”选项，在快捷菜单中选择“New Class”，弹出“New Class”对话框，如图 15-5 所示。

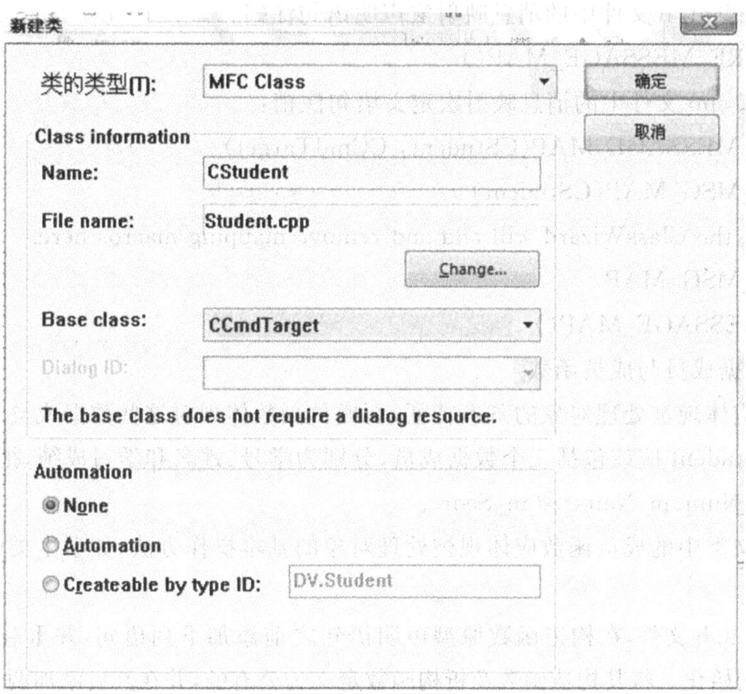

图 15-5　添加用户自定义类对话框

向“Name”文本框中输入用户自定义类名“CStudent”。类名要求以“C”开始，后面冠以有意义的字符序列。这是因为 MFC 会根据类名添加 C＋＋源文件和头文件，其文件名与去掉首字母“C”的类名完全一致，所以用户自定义类 CStudent 产生的头文件与实现文件名分别为 Student.h 和 Student.cpp。文件名不分大小写。

但是在添加新类的对话框中只能选择 CCmdTarget 作为用户自定义类的基类，这样使得派生于 CCmdTarget 的用户自定义类具备对象动态创建及甄别机制、序列化操作机制、消息传递和消息路由机制。按如下方法将 CCmdTarget 改为 CObject，将 CObject 作为自定义类的基类。

首先在“New Class”对话框中选择“CCmdTarget”作为基类，创建用户自定义类。之后打开刚创建的用户自定义类的源文件如 Student.h 和 Student.cpp，用查找替换的方法，把 CCmdTarget 类替换为 CObject 类，如图 15-6 所示。

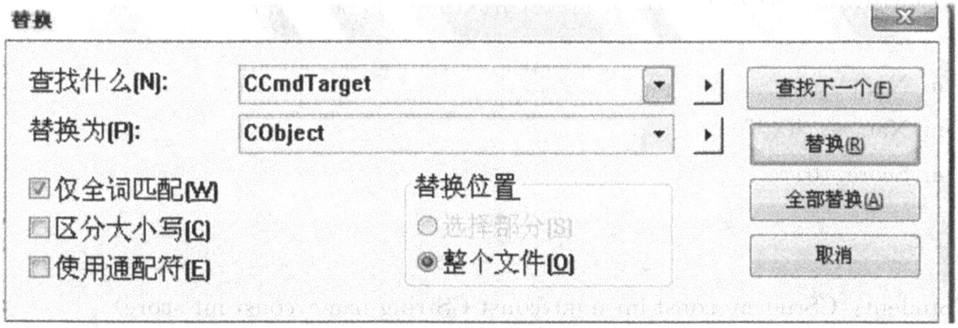

图 15-6　查找 CCmdTarget 替换为 CObject

最后将 Student.h 文件中的消息映射宏声明语句注销：

//DECLARE_MESSAGE_MAP()

将 Student.cpp 文件中的消息映射宏定义语句注销：

```
//BEGIN_MESSAGE_MAP(CStudent, CCmdTarget)
//{{AFX_MSG_MAP(CStudent)
//NOTE—the ClassWizard will add and remove mapping macros here.
//}}AFX_MSG_MAP
//END_MESSAGE_MAP()
```

(3)添加数据成员与成员函数

数据成员应体现被处理对象的基本特征，而成员函数体现对这些数据成员的操作方法。

学生类 CStudent 应该包括三个数据成员，分别为学号、姓名和学习成绩，把它们分别定义为数据成员 m_Num、m_Name 和 m_Score。

用户自定义类中的成员函数应体现被处理对象的基本操作方法，如学生类中数据的输入、输出函数等。

打开 Student.h 文件，在构造函数原型声明语句之前添加下列语句，并重载构造函数实现 CStudent 对象初始化。将其构造函数及析构函数定义为公有的，并在其后添加两个数据成员。

```
class CStudent:public CObject
{
  public:
    CStudent();          //MFC ClassWizard 将其默认定义为私有型，要改为公有型
    CStudent(const int,const CString,const int);
  public:
    int m_Num;           //学号
    CString m_Name;      //姓名
    int m_Score;         //成绩
};
```

接着在 Student.cpp 文件中，向构造函数输入如下语句，实现学生对象的初始化。

```
CStudent::CStudent()
{
  m_Num=0;
  m_Name=_T("");
  m_Score=0;
}

CStudent::CStudent(const int num,const CString name,const int score)
{
```

```
    m_Num=num;
    m_Name=name;
    m_Score=score;
}
```

如果 CStudent 类需要处理用户消息，则应将 CCmdTarget 作为用户自定义类的基类。如果需要长期保存用户数据对象中的数据，则应在用户自定义类中重载序列化虚成员函数，在此函数中实现数据的读取和保护。

(4)用户界面设计

选择工作空间“Resource View”选项卡中的“Dialog”项，选择“IDD_DV_FORM”对话框资源，如图 15-7 所示。

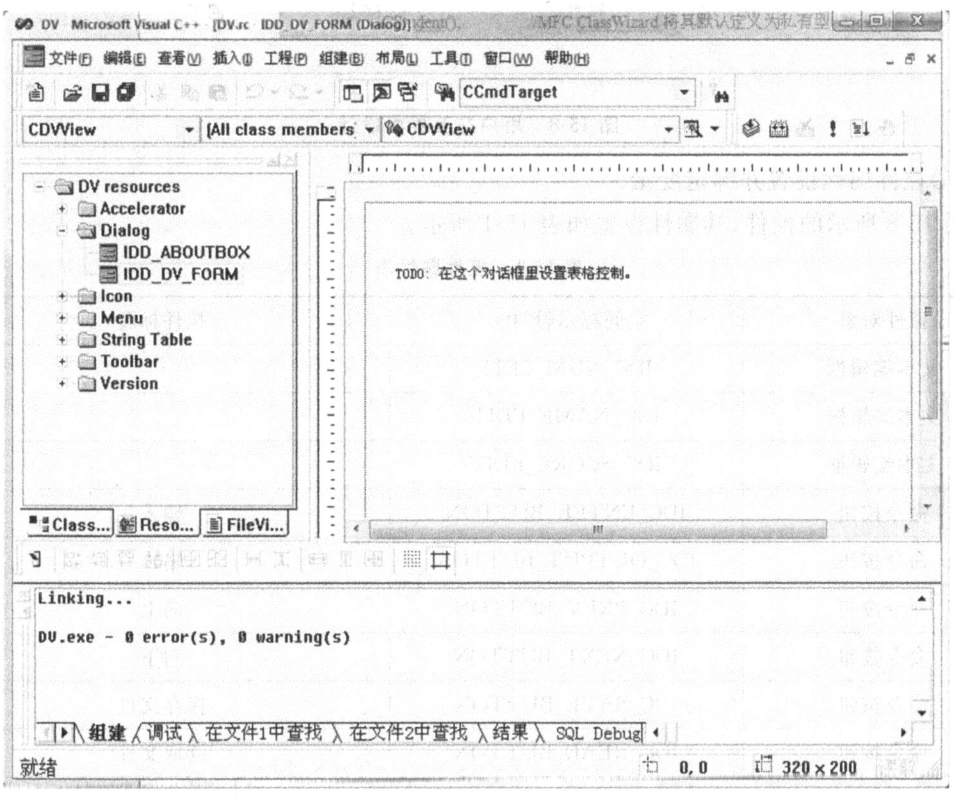

图 15-7　应用程序 DV 的对话框资源

向对话框界面添加控件，使得可视化界面如图 15-8 所示。

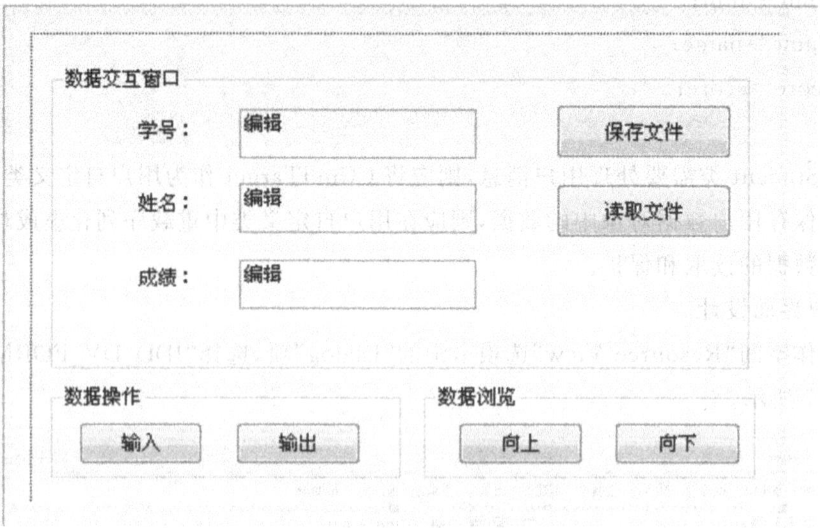

图 15-8 用户交互界面设计

(5)控件属性设置并绑定变量

图 15-8 所示的控件，其属性设置如表 15-1 所示。

表 15-1 控件属性表

控件对象	空间标示符(ID)	控件标题
文本编辑框	IDC_NUM_EDIT	
文本编辑框	IDC_NAME_EDIT	
文本编辑框	IDC_SCORE_EDIT	
命令按钮	IDC_ENTER_BUTTON	输入
命令按钮	IDC_OUTPUT_BUTTON	输出
命令按钮	IDC_PREV_BUTTON	向上
命令按钮	IDC_NEXT_BUTTON	向下
命令按钮	IDC_SAVE_BUTTON	保存文件
命令按钮	IDC_READ_BUTTON	读取文件

为了存储用户输入的界面数据，须向视图类中添加与控件对应的成员变量，缓存用户输入或准备输出的数据。分别为 IDC_NUM_EDIT、IDC_NAME_EDIT 和 IDC_SCORE_EDIT 控件添加变量 m_Num(int 型)、m_Name(Cstring 型)和 m_Score(int 型)。在 MFC ClassWizard 对话框底部有一个整型的描述，可以在里面的框中填入整型的最大与最小的值，比如 IDC_SCORE_EDIT 的最小值为 0，最大值为 100(表示成绩)。

(6)对话框初始添加事件响应

为了确认学生学号，在视图类头文件中定义变量。

```
public:
  int m_Index;            //注意:把学号与学生对象数组的下标联系起来了
```

在视图类的初始化函数 OnInitialUpdate()中添加如下代码,实现用户数据的初始化。

```
void CDVView::OnInitialUpdate()
{
  CFormView::OnInitialUpdate();
  GetParentFrame()->RecalcLayout();
  ResizeParentToFit();
  CDVDoc * pDoc=GetDocument();
  m_Index=1;
  m_Num=m_Index;
  m_Name=pDoc->m_Student[m_Index].m_Name;
  m_Score=pDoc->m_Student[m_Index].m_Score;
  UpdateData(FALSE);
}
```

运行结果如图 15-10 所示。

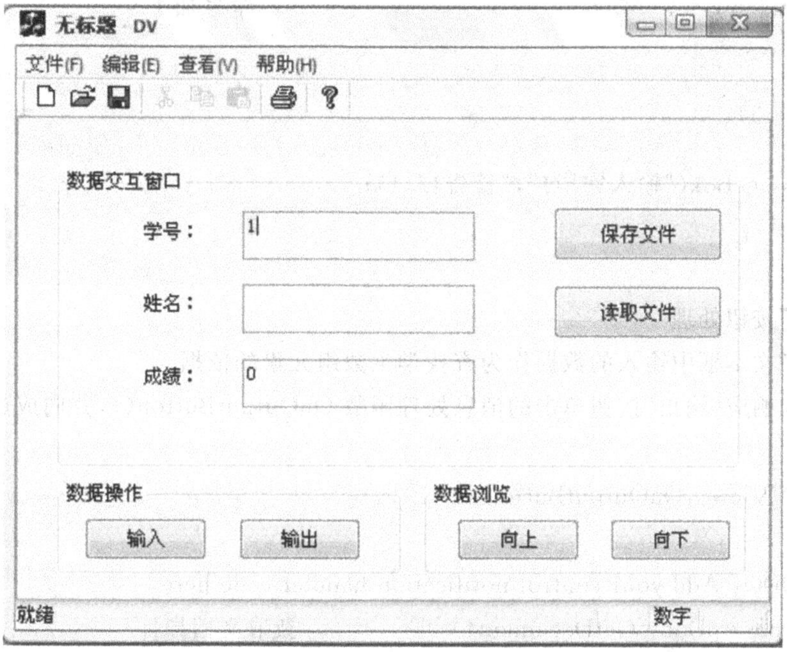

图 15-10 程序运行结果

①"输入"按钮的处理

首先添加响应"输入"按钮单击的消息处理函数 OnEnterButton(),并向成员函数中添加如下代码:

```
void CDVView::OnEnterButton ()
{
  // TODO: Add your control notification handler code here
  CDVDoc *pDoc=GetDocument();              //获取文档指针
  CEdit *pEdit=(CEdit *)GetDlgItem(IDC_NUM_EDIT);//获取学号编辑框指针
  CString temp;
  temp.Format("%d",m_Index);               //将学号格式化为字符串数据
  pEdit->SetWindowText(temp);              //将学号按自动升序在 Edit 中输出
  if(m_Index<N)
  {
    UpdateData(TRUE);                      //获取文本框中的数据
    pDoc->m_Student[m_Index].m_Num=m_Num;  //将输入数据存入学生对象数组元素中
    pDoc->m_Student[m_Index].m_Name=m_Name;//将输入数据存入学生对象数组元素中
    pDoc->m_Student[m_Index].m_Score=m_Score; //将输入数据存入学生对象数组元素中
    m_Index++;                             //学号加 1
  }
  else
  {
    MessageBox("输入完毕!","警告!",1);
  }
}
```

②"输出"按钮处理

以"姓名"文本框中输入的数据作为查找学生数组元素的依据。

首先添加响应"输出"按钮单击的消息处理函数 OnOutputButton(),并向成员函数中添加如下代码。

```
void CDVView::OnOutputButton ()
{
  // TODO: Add your control notification handler code here
  CDVDoc *pDoc=GetDocument();              //获取文档指针
  CEdit *pEdit=(CEdit *)GetDlgItem(IDC_NAME_EDIT);//获取学号编辑框指针
  CString temp;
  pEdit->GetWindowText(temp);              //得到学生姓名
  int flag=0;
  for(int i=1;i<=32;i++)
  {
    if(pDoc->m_Student[i].m_Name==temp)//如果找到,则将数据显示在界面上
    {
```

```
        m_Num=pDoc->m_Student[i].m_Num;
        m_Name=pDoc->m_Student[i].m_Name;
        m_Score=pDoc->m_Student[i].m_Score;
        UpdateData(FALSE);
        flag=1;
    }
    }
    if(flag==0)
      MessageBox("查无此人!","错误",1);
}
```

③"向上"按钮处理

实现查询上一条记录的功能。首先添加响应"向上"按钮单击的消息处理函数 OnPrevButton(),并向成员函数中添加如下代码。

```
void CDVView::OnPrevButton ()
{
    // TODO: Add your control notification handler code here
    CDVDoc *pDoc=GetDocument();
    If(m_Index>=1 && m_Index<N)
    {
      m_Num=pDoc->m_Student[m_Index].m_Num;
      m_Name=pDoc->m_Student[m_Index].m_Name;
      m_Score=pDoc->m_Student[m_Index].m_Score;
      UpdateData(FALSE);
      m_Index--;
    }
    else
    {
      m_Index=0;
    }
}
```

④"向下"按钮处理

实现查询下一条记录的功能。首先添加响应"向下"按钮单击的消息处理函数 OnNextButton(),并向成员函数中添加如下代码。

```
void CDVView::OnNextButton ()
{
    // TODO: Add your control notification handler code here
```

```
    CDVDoc *pDoc=GetDocument();
    if(m_Index>=1 && m_Index<N)
    {
      m_Num=pDoc->m_Student[m_Index].m_Num;
      m_Name=pDoc->m_Student[m_Index].m_Name;
      m_Score=pDoc->m_Student[m_Index].m_Score;
      UpdateData(FALSE);
      m_Index++;
    }
    else
    {
      m_Index=0;
    }
}
```

(7)用户数据的序列化

本应用程序文档类所定义的是文档对象数组，需要实现的是每个对象数组元素的序列化操作，而每个对象数组元素是依据用户自定义类 CStudent 产生的，所以需要在用户自定类 CStudent 中增加序列化操作机制，具体实现方法如下。

用户自定义类必须派生自 CObject 基类或 CcmdTarget 类，因为以 CObject 类为基类的派生类具备了实现序列化操作机制的功能。

①向 Student.h 文件中添加下列语句，以支持对象序列化操作。

```
class CStudent:public CObject
{
  //DECLARE_DYNCREATE(CStudent)//屏蔽声明动态创建对象 CString 宏
  DECLARE_SERIAL(CStudent)//添加支持动态创建对象同时也支持序列化操作的宏
  public:
    virtual void Serialize(CArchive& ar);//添加对象序列化操作成员函数原型
            ⋮
};
```

②向 Student.cpp 中添加序列化操作

```
//IMPLEMENT_DYNCREATE(CStudent, CObject)//屏蔽实现动态创建对象 CStudent 宏

IMPLEMENT_SERIAL(CStudent,CObject,2)
//添加针对类 CStudent 实现序列化操作的宏
void CStudent::Serialize(CArchive& ar)
```

```
{
    if(ar.IsStoring())
    {
        ar<<m_Num<<m_Name<<m_Score;
    }
    else
    {
        ar>>m_Num>>m_Name>>m_Score;
    }
}
```

③在文档类中实现学生对象数组的序列化操作

```
void CDVDoc::Serialize(CArchive& ar)
{
    for(int i=1;i<N;i++)
    {
        m_Student[i].Serialize(ar);
    }
            ⋮
}
```

我们来分析运行过程。

首先向学号分别为1、2、3的三个学生分别输入下列数据：

学生姓名：王平，张和，赵云

学生成绩：89,78,92

然后，每输入一个学生数据单击一次“输入”键，将输入数据存储在指定对象数组元素中，单击保存。当结束本应用程序，再次运行，单击工具栏的“打开文件”图标后，选择先前保存的文件，则可以打开并浏览。

由序列化操作的效果说明保存在文件中的文档数据有效，同时也说明MFC中已自动保存文件，并将读取文件的对话框操作与源文件中的序列化成员函数Serialize()联系在一起。

可见，程序中所使用的序列化操作机制的确实现了用户数据结构的存储，真正实现了对象永久性驻留。

在某些情况下，需要使用文本操作保存对象数据，具体实现方法如下。

分别向界面添加“保存文件”和“读取文件”按钮，一个用于保存文件，一个用于读取文件，在响应“保存”按钮的消息函数中添加如下代码。

```
void CDVView::OnSaveButton ()
{
    // TODO: Add your control notification handler code here
    CFile file;                //创建文件对象 file
```

```
    if(file.Open("d:\Student.txt",CFile::modeCreate|CFile::modeWrite))
    {
      CDVDoc * pDoc=GetDocument();//获取文档指针 pDoc
      CArchive ar(&file,CArchive::store);//为文件 Student.txt 创建文件保存缓冲区 ar
      for(int i=1;i<=32;i++)
      {
        pDoc->m_Student[i].Serialize(ar);  //为每个对象数组进行序列化操作
      }                                    //将对象数据写入文件 Student.txt 中
      ar.Close();//  关闭文件缓冲区
    }
    file.Close();//关闭文件
}
```

可使用"文件"对话框打开指定的文件，将选中的文件作为文件打开函数的第一个参数更符合实际要求。当指定文件的操作模式设定为创建并写入操作模式时，就意味着以同样的文件名来运行上述程序会将文件重写。当创建新文件后，文件缓冲区对象 ar 将刚创建的新文件作为保存数据的持久性对象，缓冲区的操作性质指定为 store。所以就可利用文档类的学生对象数组的每个元素进行序列化操作，实现学生对象的顺序保存。

响应"读取文件"函数，实现由磁盘文件读取数据的代码如下：

```
void CDVView::OnReadButton ()
{
    // TODO: Add your control notification handler code here
    CFile file;//创建文件对象 file
    if(file.Open("d:\Student.txt",CFile::modeRead)) //打开文件 Student.txt,
    {
      CDVDoc * pDoc=GetDocument(); //获取文档指针 pDoc
      CArchive ar(&file,CArchive::load); //将文件数据全部读取到文件缓冲区 ar 中
      for(int i=1;i<=32;i++)
      {
        pDoc->m_Student[i].Serialize(ar);//将对象数据存放在文档对象数组中
      }
    ar.Close();        //关闭文件缓冲区
    }
    file.Close();        //关闭文件
}
```

程序运行结果如图 15-11 所示。

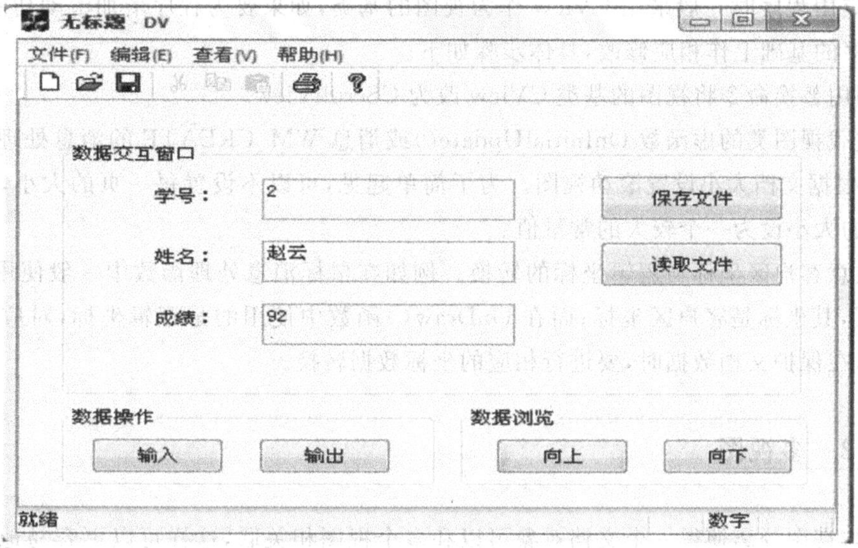

图 15-11　程序运行结果

至此，该程序完成了，但是还存在一些不足，比如数据只能按学号顺序输入，不能随机输入等。希望读者通过不断的运行调试，找出不足，并进一步完善。

15.3　滚动视图和多视图

MFC 为应用程序提供了多种不同的视图，除了经常使用的一般视图 CView 外，编程时还可以使用其他视图，如滚动视图 CScrollView、文本编辑视图 CEditView、对话框视图 CFormView、列表视图 CListView 和树形视图 CTreeView 等，这些视图都是从 CView 类派生来的。在利用 MFC AppWizard 应用程序向导创建一个文档/视图结构的应用程序时，在向导的第六步可以为应用程序选择不同的视图。

15.3.1　滚动视图

在实际应用中，我们经常会碰到某些应用程序的实际文档尺寸大于视图窗口，这样应用程序所能显示图形的大小受限于客户区窗口的大小。在 Windows 应用程序中，为了解决这个问题，可以为视图窗口加上垂直滚动条和水平滚动条，使客户区窗口变为一个可移动的观景器，从而能够显示完整的文档。

为了实现滚动视图，MFC 专门提供了一个滚动视图类 CScrollView。在使用类 CScrollView 时，一般情况下，使用默认的滚动值，且不需要程序员自己处理滚动消息。但编程时可能要使用 CScrollView 类常用的一些成员函数，如 SetScrollSizes()函数用于设置整个滚动视图的大小以及每一页、每一行的大小，GetTotalSizes()函数用于获取滚动视图的大小，GetScrollPosition()函数用于获取当前可见视图左上角的坐标。

创建应用程序时一般采用 CView 作为视图的基类，如果要为程序增加滚动功能，可直接在原来程序的基础上作相应修改，具体步骤如下。

(1)利用替换命令将视图的基类 CView 改为 CScrollView。

(2)重载视图类的虚函数 OnInitialUpdate()或消息 WM_CREATE 的消息处理函数 OnCreate()，根据文档大小设置滚动视图。为了简单起见，可以不设置每一页的大小，只将整个滚动视图的大小设为一个较大的常量值。

(3)注意客户区坐标与逻辑坐标的转换。例如在鼠标消息处理函数中一般使用 CClientDC 客户区，其坐标是客户区坐标；而在 OnDraw()函数中使用的是逻辑坐标，对应于整个文档。因此，在保护文档数据时，要进行相应的坐标数据转换。

15.3.2 多视图

文档与视图分离使得一个文档对象可以和多个视图相关联，这样可以更容易地实现多视图的应用程序。如 Excel 制表程序能够对表格数据采用多种视图来显示，可以是网络状表格，也可以是条形状表格。同一份文档数据可以用文字表示，也可以用图形表示。

一般多视图应用程序都是 MDI 程序，但 SDI 也可以实现多视图。对于单文档应用程序，除了采用拆分窗口的方法(利用类 CSplitterWnd)实现多视图以外，还可以利用子框架窗口实现多视图，本小节的例子就是采用这种方法。

视图总是通过文档模板与一个框架窗口和一个文档相关联的，文档模板对象是在应用程序的初始化成员函数 InitInstance()中创建的。在利用 MFC AppWizard 向导创建一个 MDI 应用程序后，程序自动具有多视图的功能。执行"窗口|新建窗口"(ID_WINDOW_NEW)命令，程序将为当前文档打开多个视图。在 Visual C++ IDE 中通过 Find in Files 命令，在路径"…\Microsoft Visual Studio\VC98\MFC\SRC"下的文件 Winmdimdi.cpp(1128)中找到菜单项 ID_WINDOW_NEW 的命令处理函数 CMDIFrameWnd::OnWindowNew()，其代码如下：

```
void CMDIFrameWnd::OnWindowNew()
{
  CDMIChildWnd * pDocument;
  CDocument * pDocument;
  If(pActiveChild==Null||
    (pDocument=pActiveChild->GetActiveDocument())==Null)
  {
    TRACEO("Warning:No active document for WindowNew command.\n");
    AfxMessageBox(AFX_IDP_COMMAND_FAILURE);
    return;       //操作失败
  }
  //否则拥有一个新的框架
```

```
    CdocTemplate * pTemplate=pDocument->GetDocTemplate();  //具体应用时修改该行
    ASSERT_VALID(pTemplate);
    CframeWnd * pFrame=pTemplate->CreateNewFrame(pDocument,pActiveChild);
    if (pFrame== Null)
    {
      TRACEO("Warning: failed to create new frame.\n");
      Return;       //操作失败
    }
    pTemplate->InitialUpdateFrame(pFrame,pDocument);
}
```

通过分析以上代码，可总结出 MFC 实现多视图的基本方法，主要有以下几个步骤。

(1)利用类向导建立新的视图类。

(2)在函数 InitInstance()中构建一个与新的视图类相关联的文档模板对象，但暂时不要加入它。在函数 ExitInstance()中删除构建的文档模板对象。

(3)在相关菜单命令处理函数中调用函数 CDocTemplate::CreateNewDocument()，为构建的文档模板创建框架窗口，调用函数 CDocTemplate::InitialUpdateFrame()更新视图。

依据以上步骤，下面通过一个例子介绍实现多视图的具体方法。

例 15-1　编写一个 MDI 应用程序 MyEditor，当执行“窗口|斜体窗口”命令时重新打开一个窗口，并以斜体加下划线的方式显示同一个文档的内容。

编程说明与实现：

(1)启动 MFC AppWizard 应用程序向导，创建一个 MDI 应用程序 MyEditor，在向导第一步选择 Multiple documents 选项；在向导第 4 步单击 Advanced 按钮，打开 Advanced Options 对话框，将文件名后缀(File extension)设置为 txt；在第 6 步将视图类的基类设置为 CEditView 类。

(2)利用 ClassWizard 类向导创建一个新的视图类 CItalicView，其基类为 CView。

(3)在应用程序类的头文件 MyEditor.h 中定义一个模板对象指针的成员变量，并声明成员函数 ExitInstance()。

```
class CMyEditorApp:public CwinApp
{
  public:
    CMyEditorApp();
    CMultiDocTemplate * m_pTemplateItalic;      //模板对象的指针
  public:
    virtual BOOL InitInstance();
    virtual int ExitInstance();                 //声明成员函数 ExitInstance()
              ⋮
}
```

(4)在应用程序类实现源文件 MyEditor.cpp 的函数 InitInstance()中添加构建新的模板对象的代码,并编写成员函数 ExitInstance()的实现代码。

```
BOOL CMyEditorApp::InitInstance()
{
            ⋮
  CMultiDocTemplate *pDocTemplate;
  pDocTemplate=new CMultiDocTemplate(
    IDR_MYEDITTYPE,
    RUNTIME_CLASS(CMyEditorDoc),
    RUNTIME_CLASS(CChildFrame),
    RUNTIME_CLASS(CMyEditorView));
  AddDocTemplate(pDocTemplate);
  m_pTemplateItalic=new CMultiDocTemplate(
    IDR_MUEDITTYPE,
    RUNTIME_CLASS(CMyEdittorDoc),
    RUNTIME_CLASS(CChildFrame),
    RUNTIME_CLASS(CItalicView)
  );
            ⋮
}
int CMyEditorApp::ExitInstance()      //重载成员函数 ExitInstance()
{
  delete m_pTemplateItalic;            //删除新构建的文档模板对象
  return CWinApp::ExitInstance();
}
```

(5)在文件开头位置加入包含指令:

#include "ItalicView.h"

(6)为文档添加一个 public 属性、CString 类型成员的变量 m_strText。

(7)打开 IDR_MYEDITTYPE 菜单资源,在主菜单"窗口"中添加菜单项"斜体窗口",将 ID 设置为 ID_WINDOW_ITALIC。利用 ClassWizard 类向导在类 CMainFrame 中为菜单项 ID_WINDOW_ITALIC 添加命令处理函数,参考前面的 CMDIFrameWmd::OnWindowNew()函数,添加如下代码:

```
void CMainFrame::OnWindowItalic()
{
  CMDIChildWnd *pActiveChild=MDIGetActive();      //获得子窗口
  //获得当前文档
```

```
    CMyEditorDoc * pDocument=(CMyEditorDoc * )pActiveChild->GetActiveDocument();
    CString strText;
    CEditView * pView=(CEditView * )pActiveChild->GetActiveView();//获得当前视图
    pView->GetEditCtrl().GetWindowText(strText);  //获得视图中编辑控件的文本内容
    if(strText!=" ")
      pDocument->m_strText=strText;  //获得新的文档模板的指针,重点修改之处
    CDocTemplate * pTemplate=((CMyEditorApp * )AfxGetApp())->m_pTemplateItalic;
    ASSERT_VALID(pTemplate);
    //创建新的框架窗口
    CFrameWnd * pFrame=pTemplate->CreateNewFrame(pDocument,pActiveChild);
    pTemplate->InitialUpdateFrame(pFrame,pDocument);  //更新视图
}
```

(8)在文件 MainFrm.cpp 开头位置加入包含指令：

#include "MyEditorDoc.h"

(9)改写视图类 CItalicView 的成员函数 OnDraw(),实现斜体现实的功能。

```
void CItalicCiew::InDraw(CDC * pDC)
{
    CMyEditorDoc  * pDoc=(CMyEditorDoc * )GetDocument();
    CFont fontItalic;                                          //定义字体
    fontItalic.CreateFont(0,0,0,0,0,1,1,0,0,0,0,0,0,0);  //创建带下划线的斜体字体
    CFont  * pOldFont=pDC->SelectObject(&fontItalic); //设置新的字体
    CRect rectClient;
    GetClientRect(rectClient);                                 //得到客户窗口大小
    //函数 DrawText()用于输出多行文本,参数 ST_WORDBREAK 表示自动换行
    pDC->DrawText(pDoc->m_strText,rectClient,ST_WORDBREAK);
    pDC->SelectObject(pOldFont);                               //恢复原来的字体
}
```

(10)在文件开头位置加入包含指令：

#include "MyEditorDoc.h"

(11)编译、链接并运行 MyEditor,在编辑窗口用键盘输入一些字符,然后执行“窗口|斜体窗口”命令,可以看到斜体加下划线的文本,如图 15-12 所示。

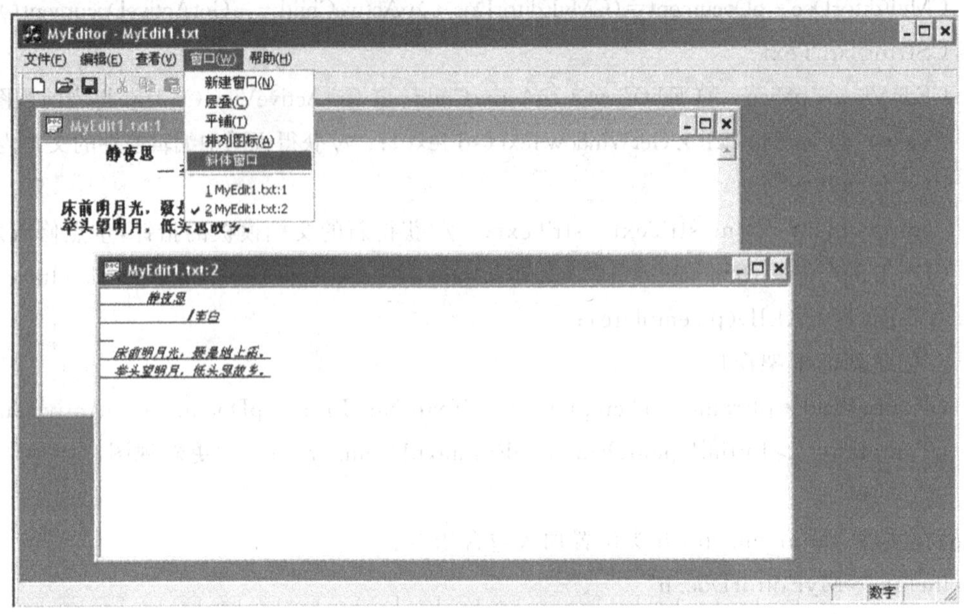

图 15-12　多视图应用程序

本章小结

计算机的一个主要应用是信息管理，而信息是用数据表示的，因此数据的处理是一般软件都要完成的一项工作。采用传统的编程方法，数据处理是一项复杂的任务，并且每一个程序员都可能有不同的处理方法。为了统一和简化数据处理，Microsoft 公司在 MFC 中提出了文档/视图结构的概念。

文档与视图结构是 MFC 应用程序中最基本的程序结构，适用于大多数 Windows 应用程序。文档和视图完成了程序的大部分功能，是 MFC 应用程序的核心。文档和视图结构是 MFC 的基石，掌握文档与视图结构对于利用 MFC 编程有着重要的意义。

习　题

1. 试编写一个 MDI 应用程序，在客户区从左至右滚动显示文本串“欢迎使用 VC++”。

2. 为程序 SDIDraw 新增加的菜单项添加快捷键、工具栏按钮和弹出式菜单。

3. 编写一个应用程序，实现在状态栏显示当前时间的功能，并且能够在状态栏下显示鼠标的坐标位置。

4. 编写一个单文档应用程序，为程序添加“写文件”和“读文件”两个菜单项。利用 CFile 类编程：选择“写文件”菜单项时，将文本串“欢迎使用 VC++”写入一个指定的文件；选择“读文件”时，打开指定的文件读取文本串，将文本串显示在弹出的一个信息对话框中。

参考文献

[1]梁普选. Visual C＋＋程序设计与实践. 北京：清华大学出版社/北京交通大学出版社，2005

[2]David Bennett 等编，徐军译. Visual C＋＋5 开发人员指南. 北京：机械工业出版社，1998

[3]成岩，周露，杨嘉伟. C＋＋语言与应用基础. 北京：科学出版社，2002

[4]王育坚. Visual C＋＋面向对象编程教程(第二版). 北京：清华大学出版社，2007

第 16 章 高级应用程序编程

16.1 ODBC 数据库编程

ODBC 是开放数据库互联标准协议，它是 Microsoft 客户一服务器环境下的数据访问标准，在 Win32 环境下，用户可使用 ODBC 数据源管理器获得对数据库访问权限。

16.1.1 开放数据库互联(ODBC)

在 Visual C++中，对于数据库的访问技术有 DAO(Data Access Objects，数据存取对象)、ODBC(Open Database Connectivity，开放数据库互联)、OLE DB、ADO(Active Data Object)等。DAO 在 Visual C++中是一种成熟的数据库访问技术，然而随着 ODBC、OLE DB 的出现，DAO 已逐渐失去了它的优势，Microsoft 也不再对 DAO 进行技术更新。OLE DB 是一系列的 COM 接口，是通向不同数据源的低级应用程序接口，一直被认为是比较困难的专业的数据库编程技术。ADO 则是通过一个对象模型，简化了 OLE DB 对象，成为抽象实体。总之，ADO 简化了 OLE DB，并成为一种通用的数据库访问技术。ODBC 是 Visual C++的重要数据库访问技术，它建立了一组规范，并提供了一组对数据库访问的标准 API(应用程序编程接口)。这些 API 利用 SQL 来完成其大部分任务。ODBC 本身也提供了对 SQL 语言的支持，用户可以直接将 SQL 语句送给 ODBC。

ODBC 提供了一组标准应用程序编程接口，用户可使用 SQL 语句实现对数据库管理系统的访问。ODBC 应用程序通过 ODBC API 访问不同数据源中的数据，每个数据源都由一个 ODBC 驱动程序支持。用户可使用 ODBC 环境中的驱动程序管理器，实现驱动程序与 DBMS 数据源的连接。这样使用数据库操作指令时，由 ODBC 选中的驱动程序提供转换，解释成 DBMS 环境下的数据库表具体操作。当用户的应用程序与一个数据源建立连接时，ODBC 驱动管理器会为 Visual C++数据库程序装入合适的驱动程序。它们之间的关系如图 16-1 所示。

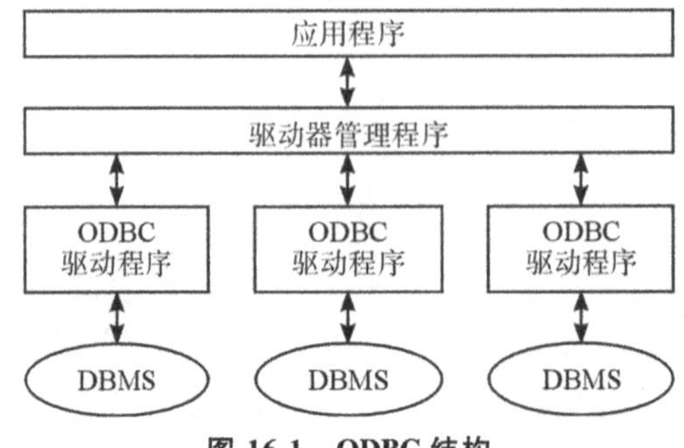

图 16-1 ODBC 结构

Window XP 下 ODBC 数据源管理器提供的用户驱动程序有：Oracle、SQL Server、Microsoft Access、Microsoft FoxPro、Microsoft Excel、dBase、Paradox 和 Text File。

16.1.2　数据库的创建及连接

数据库是存储数据的仓库，数据库中的数据以二维关系表结构存储，体现了用户数据集合。在 Windows 环境下创建数据表的方法很简单，以 Access 为例，首先新建一个空数据库，选择左边的表项目，接着选择右边窗口的使用设计器来创建表项目以创建自己想要的表。在每个表中逐个建立字段名、字段类型及字段宽度。一旦数据表结构创建完毕，就可向数据表中输入数据。如果希望用 Visual C++应用程序访问数据库，首先要创建与数据库的连接。

由于 Visual C++应用程序与创建数据库表的数据库管理系统是两个不同的操作平台，要实现应用程序对数据库的访问，就必须要为数据库表选择适当的数据驱动程序，将 Visual C++环境中的对数据库的操作转换为数据库系统可理解的操作。为了实现这个转换过程，Windows 系统向用户提供了一个极为简便的接口——ODBC 数据源。也就是说，通过对 ODBC 数据源的设置，给已创建的数据库选择适当的驱动程序，并为数据库起适当名称(DNS 数据源名)。在应用程序中利用 ODBC 数据源中的 DSN 的步骤如下：

(1)首先在指定目录下创建数据库。例如，在 D 盘的根目录下创建 Access 数据库 db1. db。

(2)在 Windows XP 环境下，打开“控制面板”→“管理工具”，如图 16-2 所示。

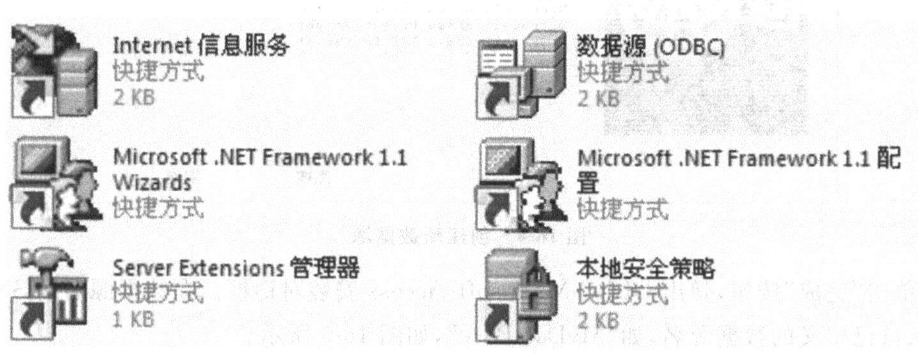

图 16-2　控制面板下的 ODBC 数据源

(3)双击“数据源(ODBC)快捷方式”图标，打开“ODBC 数据源管理器”对话框。

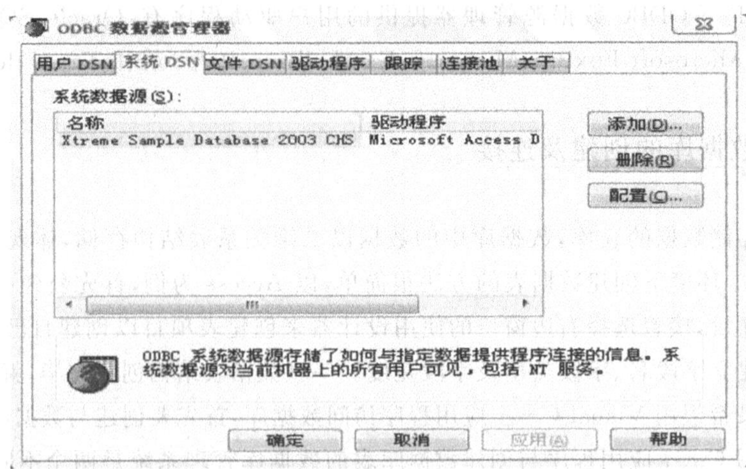

图 16-3 “ODBC 数据源管理器”对话框

(4)单击“添加(D)…”按钮，弹出创建新数据源对话框，选择名称列表里的 Microsoft Access Driver(*. mdb)，如图 16-4 所示。

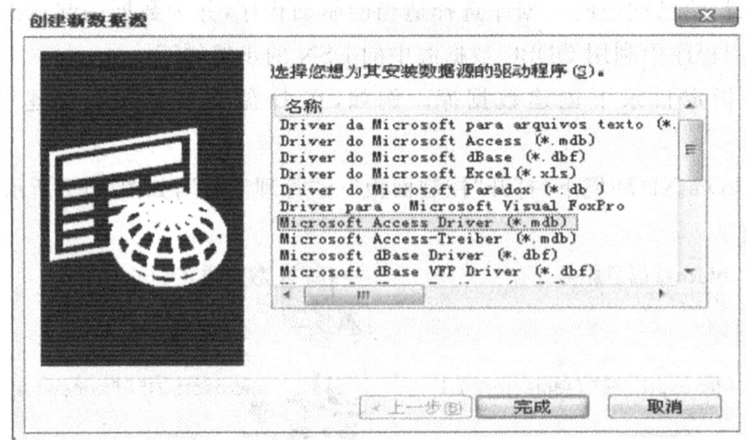

图 16-4 创建新数据源

(5)单击“完成”按钮，弹出 ODBC Microsoft Access 安装对话框。在数据源名(DSN)文本框里输入自己定义的数据源名，如“MyDataBase”，如图 16-5 所示。

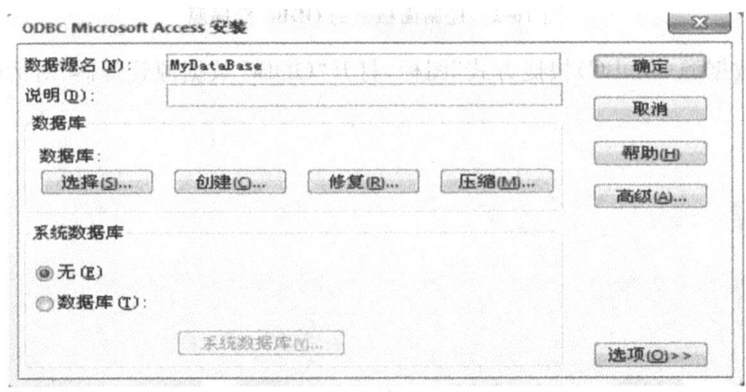

图 16-5 设置数据源名

(6)单击图 16-5 数据库框中“选择(S)…”按钮，弹出选择数据库对话框，打开步骤(1)中创建的数据库 db1 的路径，并选择它，单击“完成”即可，如图 16-6 所示。

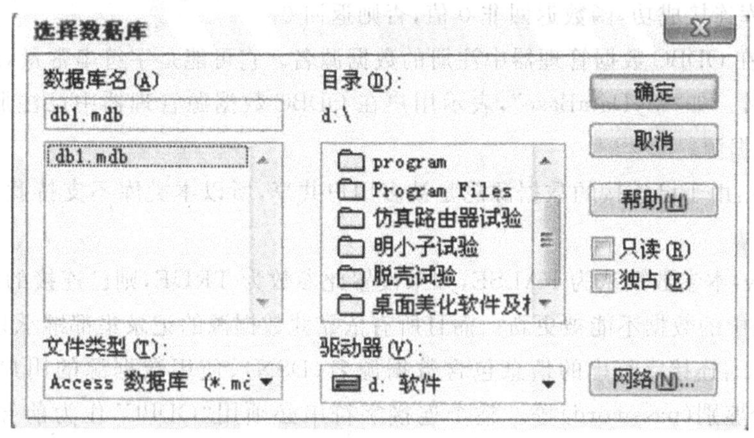

图 16-6 选择数据库

(7)此时，在“ODBC 数据源管理器”的“系统 DSN”列表中出现了新配置的 Access 数据源“MyDataBase”。

16.1.3 ODBC 数据库的 MFC 类

在 ODBC 驱动程序的支持下，应用程序对数据库的访问是在两个常用的 MFC 类 CDatabase 和 CRecordset 的支持下实现的。这两个类在 MFC 中的作用如图 16-7 所示。

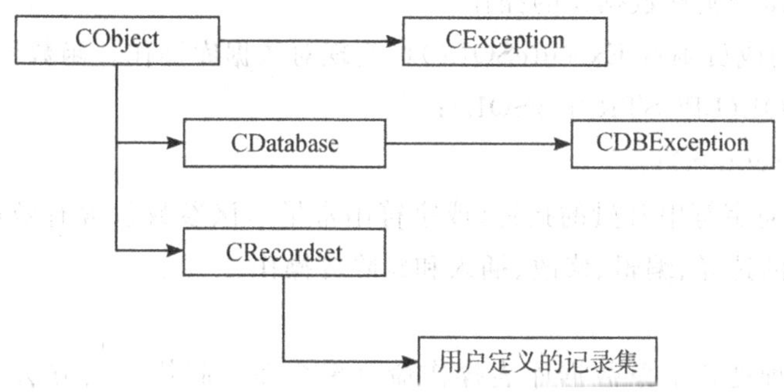

图 16-7 CDatabase 和 CRecordset 类

1. CDatabase 类

CDatabase 类封装了建立数据库连接、使用 SQL 语句对数据库数据进行操作及事务处理三个功能。

(1)建立数据库连接

CDatabase 类中建立数据库连接的函数 Open()原型如下：

```
Virtual BOOL Open(LPCTSTR lpszDSN,    //ODBC 数据管理器中注册的数据源名
  BOOL bExclusive=FALSE,              //是否建立独立数据库
  BOOL bReadOnly=FALSE,               //数据库数据是否为只读
```

```
LPCTSTR lpszConnect="ODBC;",          //连接字符串的信息
BOOL bUseCursorLib=TRUE);             //是否加载 ODBC 光标库
```

如果数据库连接成功，函数返回非 0 值，否则返回 0。

lpszDSN：在 ODBC 数据管理器中注册的数据源名。它可能是字符串常量，或指向字符串常量的字符指针。如“MyDataBase”，表示用户在 ODBC 数据源管理器中已注册了名为“MyDataBase”的数据源。

bExclusive：由于已连接的数据源总是被多用户共享，所以本类库不支持此参数。默认值为 FALSE。

bReadOnly：本参数默认为 FALSE，如果设置此参数为 TRUE，则已连接的数据库表是只读的，数据库表中的数据不能被更新。而且所有依靠此数据源的记录集都继承只读属性。

lpszConnect：连接字符串的信息包含数据源名(DSN)、使用数据源的用户标识符(User ID)和用户身份鉴别(password)等。整个连接字符串必须用“ODBC”作为前导，指示连接到 ODBC 数据源。例如：“ODBC;UID=张三;PAW=123”，用户标识符为张三，口令为 123，连接由 lpszDSN 指示的 ODBC 数据源。

bUseCursorLib：将此参数设置为 TRUE，表明加载 ODBC 光标库。光标库会屏蔽 ODBC 驱动器某些潜在的功能，有效地防止 dynasets 的使用。被加载的光标库仅被 static snapshorts 和 forward-only 光标库支持。它的默认值为 TRUE，如果用户打算直接从 CRecordset 创建对象，用户不应该加载光标库。如连接上节创建的数据源 MyDataBase：

```
CDatabase db;
db.Open(_T("MyDataBase"),FALSE,FALSE,_T("ODBC;"),FALSE);
```

(2)使用 SQL 命令实现数据库的操作

CDatabase 类的成员函数 ExecuteSQL()可实现对数据库操作。函数原型如下：

```
void ExecuteSQL(LPCSTR lpszSQL);
throw(CDBException);
```

lpszSQL：是指向字符串常量的指针(或字符串常量)，该参数包含有效的 SQL 命令，用于实现对指定数据表的选择、编辑、修改、插入和删除等操作。

(3)事务处理

事务处理是一种把若干条数据库表操作命令聚合在一起执行的方法。这样做的理由有二：一是提高了数据库表操作效率，二是使数据库表中数据完整性得到了保证。例如：某单位的财务管理中的基本要求为“收支平衡”，从一个表中“支付”的款项，必然体现在另一个表的“收入”款项中。不允许任何一个表操作失效，在这种情况下，就应该使用 ODBC 事务处理。

事务处理机制为：首先启动事物处理，执行函数 BeginTrans()，接着执行 ExecuteSQL()命令，对数据库表进行操作。如果此时数据表操作是可接受的(或是正确的)，则用成员函数 CommitTrans()提交操作，把操作结果存盘，数据表磁盘更新。否则作废刚才的操作，用函数 Rollback()回滚 ExecuteSQL()的命令操作，恢复数据表的初始状态，保证数据库表数据的完整性。

例如，以财务管理“收支平衡”为例的事务处理如下：

```
   ⋮
db.BeginTrans();
db.ExecuteSQL(…);
   ⋮
db.ExecuteSQL(…);
if(收入表的收入款项＋支出表的支出款项＝＝0)
{
   db.CommitTrans();          //指向数据源的 CDatabase 对象的指针
}
else
{
   db.Rollback();
}
```

2. CDBException 类

CDatabase 类成员函数在操作异常时会由 Visual C＋＋自动产生 CDBException 异常。异常是程序控制外部条件引发的异常情况，如数据源。所以在操作后检验、捕捉异常是一种明智的做法，并根据异常错误分析数据库操作中到底发生了什么问题。程序结构如下：

```
try
{
   数据库操作语句;
     ⋮
}
catch(CDBException *pe)
{
   AfxMessageBox(pe－＞m_strError); //m_Error 描述抛出异常的错误原因，处理异常
}
```

3. CRecordset 类

CRecordset 类实例表示数据表的动态内存映象，称为数据表的动态记录集。使用动态记录集可实现数据表记录的浏览、插入、删除、编辑修改和更新操作。要构成数据表的动态记录集，首先创建数据库连接，接着创建 CRecordset 类对象，最后用 SELECT 命令打开动态记录集。

(1)记录集的建立和关闭

要建立记录集，首先要构造一个 CRecordset 派生类对象，然后调用 Open 成员函数查询数据源中的记录并建立记录集。在 Open 函数中，可调用 GetDefaultConnect 和 GetDefaultSQL 函数。

CRecordset 函数原型为：

CRecordset(CDatabase＊pDatabase＝NULL)

参数 pDatabase 是指向一个 CDatabase 对象的指针，用于获取数据。若 pDatabase=NULL，则会在 Open 函数中自动构造一个 CDatabase 对象，如果 CDatabase 对象还未与数据源连接，则在 Open 函数中建立连接。连接字符串由成员函数 GetDefaultConnect()获得。

Open 函数原型为：

```
virtual BOOL Open
(UINT nOpenType=AFX_DB_USE_DEFAULT_TYPE,
  LPCTSTR lpszSQL=NULL,
  DWORD dwOption=none);
```

该函数使用指定的 SQL 语句查询数据源中的记录并按指定的类型和选项建立记录集。参数 nOpenType 说明记录集的类型，常见类型如表 16-1 所示，如果要求的类型驱动程序不支持，则函数将产生一个异常。

表 16-1 类型含义说明

类型	含义
AFX_DB_USE_DEFAULT_TYPE	默认值
CRecordset::dynaset	双向滚动的动态集
CRecordset::snapshot	双向滚动的快照
CRecordset::dynamic	提供必要动态集更好的动态特性
CRecordset::forwardOnly	只向前滚动的只读记录集

参数 lpszSQL 是一个 SELECT 语句或是一个表名。Open 函数用参数 lpszSQL 进行查询，如果该参数为 NULL，则 Open 函数调用 GetDefaultSQL 获取默认的 SQL 语句。

例如，创建 ODBC 数据源 MyDatabase 里的 student 表，并作为动态记录集 rd。

```
CDatabase db;
db.Open(_T("MyDatabase"),FALSE,FALSE,_T("ODBC;"),FALSE))
CRecordset rd(&db);
rd.Open(CRecordset::dynaset,"Select * from student"))
```

(2)动态集、快照和游标

在网络环境中，多个用户可共享同一个数据源。共享数据的一个主要问题就是如何协调各个用户对数据源的修改。例如，当一个应用改变数据源中的记录，其他连接至该数据源的应用，该如何撤销？对此问题，基于 MFC 的 ODBC 应用程序可采用几种不同的处理方法，这将由程序采用的记录集的种类决定。

记录集主要分为快照(Snapshot)和动态集(Dynaset)两种，CRecordset 类支持它们。这两种记录集的不同点在于它们对其他应用改变数据源记录采用了不同的处理方法。

快照型记录集主要提供对数据的静态视图，当别的用户改变记录时(编辑、修改、插入、删除)，快照中的记录不受影响。也就是说，快照型记录集不反映别的用户对数据源的改变，直到调用 CRecordset::Requery 函数重新查询之后，才产生变化。对于像执行计算等不希望中途改变的工作，快照型记录集是很有用的。

动态集提供了数据的动态视图，当别的用户修改或删除了记录集中的记录时，会在动态集中反映出来。当滚动到修改过的记录时，对其所进行的修改会立即反映到动态集中。当记录被删除时，MFC 代码会跳过记录集中的删除部分。对于其他用户添加的记录，直到调用 Requery 时才会在动态集中反映出来。自身应用程序对记录的修改、添加和删除会立即反映到动态集中。当必须反映动态数据时，使用动态集最合适。例如在飞机票联网售票系统中，显然应该用动态集随时反映出共享数据的变化。

在记录集中滚动需要有一个标志来指明滚动后的位置(当前位置)。ODBC 驱动程序会维护一个游标，用来跟踪记录记录集当前记录。可把游标理解成跟踪记录集位置的一种机制。应注意的是，快照是一种静态游标(static cursor)。静态游标直到滚动到某个记录才能取得该记录的数据。因此要保证所有的记录都被快照，可先滚动到记录的末尾，然后再滚动到指定的记录。动态集是一种键集驱动游标，当打开一个动态集时，驱动程序保存记录集的每个记录的键。只要游标在动态集中滚动，驱动程序会通过键从数据源中拣取当前的记录，从而保证选取的记录与数据源同步。

(3)CRecordset 类的主要成员函数

①打开数据表，创建记录集函数

函数原型：

```
Virtual BOOL Open
(UINT nOpenType=AFX_USE_DEFAULT_TYPE,
 LPCTSTR lpszSQL=NULL,
 DWORD dwOptions=none
)
```

②添加新记录函数

函数原形：

```
AddNew()
```

例如：向记录集 rs 添加记录，并写入数据库 db 中。

```
CRecordset rs(&db);
rs.Open();                                //按默认 SQL 打开记录集
if(rs.IsEOF() || !rs.CanAppend())  //判断记录集的当前记录为最后一条或者不能添加
  return;                                 //则返回
rs.AddNew();
rs.m_column1=值;                          //向第 1 个字段赋值
    ⋮
rs.Update();                              //写入数据表中
rs.Requery();                             //为了在视图中显示新添加的记录，必须调用 Requery()
```

③编辑修改当前记录函数

函数原形：

```
virtual void Edit();
```

说明：调用 Edit()函数后，将允许改变当前记录的各个字段值，当然被改变的字段值必须使用 Update()之后，才写入数据库。在使用了两次 Edit()之后（对某个字段做了两次更改），则保存的是第一次 Edit()的值。在某些情况下，可使用 SetFieldNull(NULL)设置当前记录的全部字段为空(NULL)。

例如，编辑修改记录集 rs 的当前记录：

```
rs. Edit();
rs. ID=610704;                  //当前记录的 ID 字段的值改为 610704
rs. PASSWORD=123;               //当前记录的 PASSWORD 字段的值改为 123
if(!rs. Update())
{…;}
```

④移动记录指针函数

函数原型：

```
virtual void Move(long nRows,WORD wFetchType=SQL_FETCH_RELATIVE);
void MoveNext()                        //记录指针移到当前记录的下一条
void MovePrev()                        //记录指针移到当前记录的上一条
void MoveFirst()                       //记录指针移到记录集的第一条
void MoveLast()                        //记录指针移到记录集的最后一条
void SetAbsolutePosition(long nRows)   //指定记录绝对路径,不跳过被删记录
```

参数 nRow 如果为正值，向记录集末尾移动，否则向记录集头部移动。参数 wFetchType =SQL_FETCH_RELATIVE 指的是采用 nRows 的值相对当前记录移动 nRows 条记录。

例如，设置记录集 rs 记录行的变化范围为 5 条：

```
rs. SetRowsetSize(5);
rs. MoveFirst();            //移动到第一条记录
rs. Move(5);                //移动到第六条记录
rs. MoveNext();             //与 rs. Move(5)等价
```

⑤获取字段值函数

函数原型：

```
void GetFieldValue
(LPSTSTR lpszName,CDBVariant& varValue,
 short nFieldType=DEFAULT_FIELD_TYPE
)
void GetFieldValue
(short nIndex,CDBVariant& varValue,
 short nFieldType=DEFAULT_FIELD_TYPE
)
void GetFieldValue(LPCTRSTR lpszName,CString & strValue)
void GetFieldValue(short nIndex, CString& strValue)
```

参数 lpszName 指定字段名；varValue 存储指定字段值的 CDBVariant 类型的引用；nFieldType 指定字段类型，默认为 DEFAULT_FIELD_TYPE；nIndex 表示基于 0 的字段索引值；strValue 将字段值转换为文本，再保存在 CString 对象引用 strValue 中。

例如，列举记录集 rs 的每一条记录：

```
CDatabase db;
db.Open(_T("MyDatabase"),FALSE,FALSE,_T("ODBC;"),FALSE);
CRecordset rs(&db);
rs.Open(CRecordset::dynaset,_T("Select * from Student"))//把 Student 表放入记录集
CDBVariant varValue;        //创建 CDBVariant 对象 varValue，用于保存表字段值
short nFields=rs.GetODBCFieldCount();
while(!rs.IsEOF())          //判断当前记录是否为最后一条记录
{
  For(short index=0;index<nFields;index++)
  {
    rs.GetFieldValue(index,varValue);
    //接着进行具体操作
  }
  rs.MoveNext();
}
rs.Close();
db.Close();
```

(4)CRecordset 类成员变量

m_hstmt：包含记录集的 ODBC 语句句柄，类型为 HSTMT。

m_nField：包含记录集总的字段变量数据成员的变量，类型为 UINT。

m_nParams：包含记录中参数数据成员的变量，类型为 UINT。

m_pDatabase：指向数据源的 CDatabase 对象指针。

m_strFilter：作为过滤器选择符合某条件的记录，在 SELECT 语句中起到 WHERE 子句作用。

m_strSort：作为记录集字段排序的依据，在 SELECT 语句中起到 ORDER BY 子句作用。

例 16-1　按过滤条件“学号=610704”重新筛选记录集 rs。

```
rs.strFilter="学号=610704";
if(rs.Open(CRecordset::snapshot,"select * from student"));
{…}
```

例 16-2　按学号字段降序排序记录集 rs。

```
rs.m_strSort="学号 DESC";
rs.Open();
⋮
```

16.1.4 SQL 语句

常见的 SQL 命令及子句分别如表 16-2 和表 16-3 所示。

表 16-2 常用 SQL 命令

命令	描述
CREATE	创建新表、字段和索引
DELETE	删除记录
INSERT	在数据库中用单一的操作加载一批数据
UPDATE	改变特定记录的字段值
DROP	删除数据库中的表或索引
ALTER	通过添加字段或改变字段定义来修改表
SELECT	在数据库中查找满足特定条件的记录

表 16-3 常用 SQL 子句

子句	描述
FROM	指定从中选定记录的表名
WHERE	指定所选记录必须满足的条件
GROUP BY	把选定的记录分成特定的组
HAVING	说明分组需要满足的条件
ORDER BY	按特定的次序将记录排序

从数据库中获取数据时最经常使用的 SQL 语句是 SELECT 语句。SELECT 语句包含六部分。

1. 选择数据源数据

SELECT 语句格式如下：

```
SELECT  字段表名
  FROM  表名
    GROUP BY  分组条件
      HAVING  分组条件
        ORDER BY  字段名[ASC|DESC]
```

例如，打开 Access 数据库 db1，选择 student 表中的“age”为 17 的全部记录。首先设置数据库 db1 的 ODBC 数据源名为 MyDatabase，接着进行如下编程：

```
CString SQLString(_T("Select * From student Where age=17"));
CDatabase db1;
db1.Open(_T("MyDatabase"),FALSE,FALSE,_T("ODBC;"),FALSE);
db1.ExecuteSQL(SQLString);
```

2. 添加记录

SQL 提供了 INSERT INTO 语句来向数据库表中添加记录，如果向表中添加单个记录，则使用 INSERT 子句和 VALUES 关键字。INTO 子句指定接受新记录的表，VALUES 关键字指定新记录所包含的数据值。

INSERT INTO 语句格式如下：

```
Insert into　目的表([字段1],[字段2],[字段3],…)VALUES(数值1,数值2,…)
```

如果要更新一个记录中的所有字段，那么字段名列表可以省略。这时，数据库服务器会为表中的第一个字段赋第一个值，为第二个字段赋第二个值，依此类推。

3. 更新记录

在数据库应用中经常需要对数据库中的数据进行修改，使用 UPDATE 语句按照某个条件修改指定表中的指定字段值。UPDATE 语句格式如下：

```
UPDATE　表名
  SET　新值
    WHERE　条件
```

其中，表名参数用于确定要修改数据库表的名称；新值参数用来指定要修改表中的哪些字段以及这些字段的值修改为多少；条件则是用来指定哪些记录需要修改。

例如，将所有书名为“数学”的图书的价格提升 5%：

```
update 图书 set 价格=价格 * 1.05 where 书名="数学"
```

4. 删除数据

在数据库应用中经常需要对数据库中的数据进行删除，使用 DELETE 语句按照某个条件删除指定表中的指定记录。DELETE 语句的调用格式如下：

```
DELETE　字段列表
  FROM　数据表名
    WHERE　准则
```

例如，删除 student 表中学号为 610704 的学生的记录：

```
DELETE * FROM student WHERE 学号=610704
```

16.2　多线程

编写多线程程序是实现 Windows 下多任务机制的重要方法。线程是操作系统中一个非常重要的概念，与进程相比较，线程占用的资源更少。线程也是 CPU 调度的基本单位。对于一个进程而言，如果系统拥有多个 CPU，那么支持多线程的应用程序将能充分利用系统资源。进程由两部分构成：进程内核对象和地址空间。同样线程也由两个部分组成：线程的内核对象，操作系统用它来对线程实施管理；线程堆栈，用于维护线程在执行代码时需要的所有函数参数和局部变量。

16.2.1 多线程基础

1. 多线程概念

进程是线程的容器。线程创建于某个进程环境，且仅在该进程中生存。这意味着线程在它所属的进程地址空间中执行代码，并在进程的地址空间中对数据进行操作。因此在单进程环境中，若有两个或多个线程正在进行操作，这些线程还能共享内核对象句柄，因为句柄表是每个进程的，而不是每个线程的。进程使用的系统资源比线程多很多，原因是它需要很多的地址空间。而线程只有一个内核对象和一个堆栈，保留的记录很少，仅需要很少的内存。

每个进程都有私有的虚拟地址空间，进程的所有线程共享同一地址空间。每个线程被 CPU 分配一个时间片，一旦被激活，它正常运行直到时间片耗尽并被挂起，此时，操作系统选择另一线程进行运行。通过时间片轮转，又因为各个时间片很小(20 毫秒级)，因而看起来就像多个线程同时在工作。实际上，只有在多处理器系统上才能真正同时运行多个线程。

对于一个进程来说，当应用程序有几个任务要同时运行时，建立多个线程是有用的。如在图像的喷绘、编辑或打印处理系统中，采用单线程机制时，一次只能完成其中的一项，做打印工作时，编辑和喷绘就必须等待，直到打印完成。一般喷绘、编辑处理都是交互操作，由用户输入参数，计算机实时给出处理结果，花费时间并不长，但在实际打印时，由于打印机或绘图仪输出较慢，往往需要花较长时间，用户只能耐心等待。如果利用 Windows95 支持的多线程机制实现多线程，就可在需要打印时创建一个负责完成打印功能的打印线程。创建打印线程之后，系统就变成了多线程。当进行打印时，CPU 轮换着分配时间片给这两个线程，避免了用户长久地等待打印。这就是所谓的由多线程来实现的多任务，在进行打印任务的同时又可以进行别的任务。

2. 多线程的类型

在 MFC 中，线程分为两类：工作者线程和用户界面线程。如果一个线程只完成后台计算，不需要与用户交互，则可使用工作者线程，它并不会耽搁用户对应用程序的使用；如果需要独立处理用户输入和响应用户事件，则应使用用户界面线程。这两者的主要区别在于，MFC 框架会给用户界面线程增加一个消息循环，可以拥有自己的消息队列，具有自己的窗口界面，这些用户界面线程可处理自己消息队列中的消息。

(1)工作者线程

一个工作者线程的实现相当简单：只需要编写线程控制函数和启动线程函数即可。线程启动可用 AfxBeginThread 全局函数。在 MFC 中，有两种形式的 AfxBeginThread，分别用于创建工作者线程和创建用户界面线程。用于创建工作者线程的 AfxBeginThread 函数原型如下：

```
CWinThread * AfxBeginThread
(
 AFX_THREADPROC pfnThreadProc,
 LPVOID pParam,
```

```
    int nPriority=THREAD_PRIORITY_NORMAL,
    UINT nStackSize=0,
    DWORD dwCreateFlags=0,
    LPSECURITY_ATTRIBUTES lpSecurityAttrs=NULL);
```

该函数中：

第一个参数为控制函数地址；

第二个参数为启动线程时传递给控制函数的入口参数；

第三个参数为当前线程的优先级，默认时为正常优先级；

第四个参数为当前线程的栈的大小；

第五个参数为当前线程的创建状态；

第六个参数为当前线程的安全属性。

由此函数原型可看出，该函数所需的六个参数共有四个有默认值，除非应用程序有特别需要，否则这些默认值无须改变。编程时一定要提供的两个参数是控制函数和传递给控制函数的参数。

如果创建成功，函数 AfxBeginThread()返回一个指向 CWinThread 对象的指针，否则返回 NULL。需要保存这个指针，以便以后调用 CWinThread 类的成员函数。

控制函数定义了线程。当运行进入该函数时，线程就启动；随着控制函数执行的结束，线程终止。该控制函数原型为：

```
UINT ControllingFunction(LPVOID pParam);
```

(2)用户界面线程

用户界面线程的实现通常需要派生线程类、重载成员函数和启动用户界面线程。

从 MFC 的 CWinThread 派生用户界面线程类。CWinThread 类全面支持用户界面线程的实现，它提供了许多函数来帮助线程管理，如修改线程的特点、检测线程的状态等。该类具有的消息泵机制使用户界面线程能够响应用户事件和消息。MFC 中的主要类 CWinApp 便是从 CWinThread 派生的，在程序中，CWinApp 的派生类对象充当进程的主线程。

父类 CWinThread 需要重载的成员函数主要有 InitInstance、ExitInstance 和 Run。其中 InitInstance 函数必须重载，而 Run 函数除非必要，一般无须重载。针对各线程的实际使用，需要为上述重载函数和线程的构造及析构函数编写相应的代码。

启动用户界面线程可以调用 AfxBeginThread 函数，也可以先创建线程对象，然后调用其成员函数 CreateThread。后者是对前者的分阶段执行。与前者不同的是：在线程结束后，线程对象依然存在，可以再次调用 CreateThread 来启动线程。适用于用户界面线程的函数原型如下：

```
CWinThread * AfxBeginThread
(CRuntimeClass * pThreadClass,
 int nPriority=THREAD_PRIORITY_NORMAL,
 UINT nStackSize=0,
 DWORD dwCreateFlags=0,
```

LPSECURITY_ATTRIBUTES lpSecurityAttrs=NULL);

该函数第一个参数为从 CWinThread 中派生的运行类,其余与工作者线程的参数一样。

3. 与多线程线程有关的类及函数

(1)CWinThread 类

CWinThread 类是所有线程类的基类,封装了操作系统线程功能。一个 CWinThread 对象代表应用程序中的一个执行线程。应用程序的主执行线程通常由一个 CWinApp 的派生类对象提供,而 CWinApp 是从 CWinThread 派生的。在一个给定的应用程序中,额外的 CWinThread 对象使应用程序具有多个线程,这些线程都是辅助线程。

CWinThread 类除了前述的成员函数 CreateThread 用于启动用户界面线程外,还有其他数据成员和成员函数,用于保存线程的有关数据,设置或获取线程的优先级,挂起或恢复线程等。

数据成员:

m_bAutoDelete:指定线程终止时是否销毁线程对象。

m_hThread:保存当前线程的句柄。

m_nThreadID:保存当前线程的 ID 值。

m_pMainWnd:保存指定应用程序主窗口的指针。

成员函数:

ExitInstance:可重载的函数,用于在线程终止时完成清理工作。

GetMainWnd:获取一个指定此线程的主窗口的指针。

GetThreadPriority:获取当前线程的优先级。

InitInstance:必须重载的函数,用于实现线程实例的初始化。

PostThreadMessage:传递消息给其他 CWinThread 对象。

ResumeThread:恢复被挂起的线程的执行。

SetThreadPriority:设置当前线程的优先级。

SuspendThread:挂起线程的执行。

(2)同步类

对于多线程应用程序,多个线程并发执行时,有可能引起冲突。例如一个线程要更新某一结构的内容,而另一个线程要读相同结构的内容。读线程并不知道究竟读的是哪个版本的数据,这就引起了同步问题。

在多线程应用程序中,主要有以下几种场合需要同步:

①对资源的共享访问。例如,某个线程有多个线程要访问同一个内存变量,那么就有可能发生一些错误。

②线程等待事件。线程间需要同步的另一个原因是:一个线程需要等待一个事件的发生,而该事件由另一线程引起。在这种情况下,第一个线程将处于挂起状态直到所等待的事件发生。当事件发生后,该等待线程必须恢复执行。

③死锁。死锁指两个以上的线程都处于等待状态,每个线程要等待其中另一个线程释放资源,才能继续执行下去,结果导致任何一个线程都无法继续执行。例如,线程 1 已要求资源

A,并等待资源 B 释放。而线程 2 已要求资源 B,正等待资源 A 释放。这样各线程都在等待对方释放一个资源,并且将永久等下去。结果两个资源无法释放,线程也无法运行。

已经清楚了多线程应用程序在什么情况下会发生错误,我们来看看 MFC 的同步机制如何让多个线程一起运行。

①CCriticalSection 类

当某个线程将要处理一个在一段时间内只允许一个线程访问它的线程时,可使用关键段(Critical Section)来保证在同一时间只有一个线程可访问代码的特定部分。

为使用 MFC 的关键段,必须先创建一个 CCriticalSection 对象。因为构建函数不带参数,这是一个细节问题。接下来,在应用程序的线程需进入代码的关键段之前,应先调用 CCriticalSection 的 Lock()成员函数。假如没有其他线程锁定关键段,那么 Lock()会锁定关键段并返回,允许调用的线程继续至关键段,并且在认为合适时操作数据。如果第二个线程试图锁定相同的关键段对象,Lock()函数将被挂起,直到关键段开锁。在第一个线程调用 Unlock()函数时,允许其他线程访问关键段。

这虽然提供了一种简单灵活的访问代码关键段的机制,但它有局限性。

首先,使用关键段对象是根据开发人员的意愿,如果不能正确地使用关键段,那么它将不能给保护的数据做任何事。用户的任务是不断用关键段控制有可能被其他线程破坏的数据访问。在任一代码有可能出现问题前,必须调用 Lock()。在完成使用相关数据后,必须调用 Unlock()函数时,允许其他线程访问关键段。

其次,CCriticalSection 对象只有在进程里才有效,不能用来保护几个进程之间的共享内存和资源。所以,需要一些类来解决这些问题,比如 CMutex 类。

②CMutex 类

MFC 的 CMutex 类类似于 CCriticalSection,可用来提供对代码中特定部分的访问。如同关键段,CMutex 对象用来保护所使用的数据,虽然这些数据可用在各种不同的进程中。在同一时刻只有一个线程拥有 mutex;通过调用 Lock(),其他线程将被挂起,直到此线程释放它。

首先,创建一个 CMutex 类,它的构造函数原型如下:

```
CMutex(BOOL bInitiallyOwn=FALSE
          LPCTSRT lpszName=NULL
          LPSECURITY_ATTRIBUTES lpsaAttribute=NULL);
```

第一个参数允许在其创建时指定 mutex 的拥有关系。它通常用于声明一个 mutex 对象作为一个类的成员,此成员代表数据在多线程访问时需要保护。在此情况下,可初始化 mutex,并且在被保护数据初始化时锁定;当其他线程开始访问数据时,可以解锁。

另外,可以给 mutex 对象起个名字。如果 mutex 仅用在一个进程中,就不需起名。但在进程间共享 mutex 时,这是唯一的办法。

当调用 Lock()时如果 mutex 不可用,调用将会挂起指定的毫秒超时数,直到 mutex 可用。此时 Lock()返回 TRUE。如果超时数已过而 mutex 不可用,Lock()返回 FALSE。程序应能根据情况分别执行。

为了在两个进程间共享 mutex，可以在每个进程中都创建一个 CMutex 对象，并保证在调用构建函数时使用相同的名字。第一个调用构建函数的线程创建操作系统 mutex 及 CMutex 对象。

下一个调用 CMutex()函数的线程，将根据已用相同的名称创建的 mutex 对象来创建一个 CMutex 对象。如果 bInitallyOwn 参数设置为 TRUE，那么对 CMutex()的调用就不会返回，直到 mutex 可用。尽管不能用此方法指定超时值，但可以利用这个特点，在希望等待的时刻创建一个 CMutex。

③CSemaphore 类

除了访问一个单线程，CSemaphore 类对象类似于 mutex，它们可被创建来允许一定数目的线程同步访问。CSemaphore 是根据它保存的一个计算器来工作的。当线程被允许访问时，此计数值减 1。若计数值等于零，请求访问的线程将一直等到有线程释放信号，这样信号计数加 1。

CSemaphore 的构造函数的原型如下：

```
CSemaphore (LONG linitialCount=1,
            LONG lMaxCount=1,
            LPCTSTR pstrName=NULL,
            LPSECURITY_ATTRIBUTES lpsaAttributes=NULL);
```

pstrName 和 lpsaAttributes 参数的作用与 CMutex 中的一样，头两个参数分别用来指定计数器的初始值和最大计数值。缺省值 1 将创建一个信号标志，它与 mutex 相似，因为在任何时候仅允许一个线程访问信号标志。当创建信号标志(Semaphore)时，可以修改这些参数以允许多于一个线程来访问信号标志。

CSemaphore 的 Lock()和 Unlock()函数与 CMutex 的功能相似，除了 CSemaphore 可允许一固定数目的线程访问而 CMutex 仅允许一个线程访问外。

④CEvent 类

尽管上面介绍的同步对象提供了对不同资源和代码部分的保护，但是偶尔程序需要等待某一事件的发生，而不是等待资源的解锁。这在接收到网络信息包或等待一个已完成某些任务的线程发出信号时非常有用。

为了允许给事件发信号，Win32 系统提供了事件对象。MFC 把它包括在 CEvent 类中。一个事件对象总有两种状态，一种是触发，一种是非触发(或叫作 Set 或 Reset)。一般在非触发状态创建一个事件对象，然后当事件发生时，再设置为触发状态。

CEvent 对象的创建以调用构造函数开始：

```
CEvent(BOOL bInitiallyOwn=FALSE,
       BOOL bManualReset=FALSE,
       LPCTSTR lpszName=NULL,
       LPSECURITY_ATTRIBUTES lpsaAttributes=NULL);
```

这与前面见到的其他 CSyncObject 派生类对象的结构相似。它包括对象名，可用于其他进程，以及安全属性结构的指针。bInitiallyOwn 参数允许设置一个事件的初始值。如果这个值是 FALSE,事件就被初始化为非触发的;如果为 TRUE,事件在创建时设置为触发的。

bManualReset 参数指明事件对象如何运行。通常,如果这个参数为 TRUE,在收到信号后,此事件必须由代码复位。如果参数为 FALSE,则事件对象自动复位。

如其他 CSyncObject 类一样,可用 Lock()成员函数来等待一个事件,它允许指定超时值。如果时间超过,Lock()将返回 FALSE;如果在超时值内事件收到信号,Lock()返回 TRUE。

16.2.2 多线程编程

由于 AppWizard 没有生成多线程程序的有关选项,所有多线程程序是在一个单线程(主线程)程序的基础上增加辅助线程而构成的。对于工作者线程,只需在一个正常单线程程序的基础上,在某个消息或命令处理函数的内部调用 AfxBeginThread 全局函数,启动线程即可。对于用户界面线程,须在一个正常单线程程序的基础上,从 CWinThread 派生一个用户界面线程类,从 CWnd 或其派生类派生一个用户界面窗口类,并把该窗口类的对象指针传给用户界面线程类的数据成员 m_pMainWnd(一般做法是把用户界面窗口类对象定义为线程类的一个成员对象,在线程类的 InitInstance 函数中生成用户界面窗口,并把指针赋予 m_pMainWnd),然后在某个消息或命令处理函数的内部启动用户界面线程。

1. 工作者线程实例

例如,利用 MFC AppWizard 向导创建单文档应用程序 TestThread,当执行"线程|工作线程"命令时启动一个工作线程,将一串小写字母转换为大写字母。

(1)利用 MFC AppWizard 向导创建单文档应用程序 TestThread。为程序添加"线程"主菜单和"工作线程"菜单项(ID 值为 ID_WORKTHREAD)。利用 ClassWizard 类向导为 ID_WORKTHREAD 添加命令处理函数 CTestThreadView::OnWorkThread()。

步骤:打开项目的资源视图,选择其中的 Menu 目录,然后双击打开 IDR_MAINFRAME,在出现的菜单栏中,选择已有菜单项后面的那个虚线框,右击选择属性,在表名中填写"线程",如图 16-8 所示。

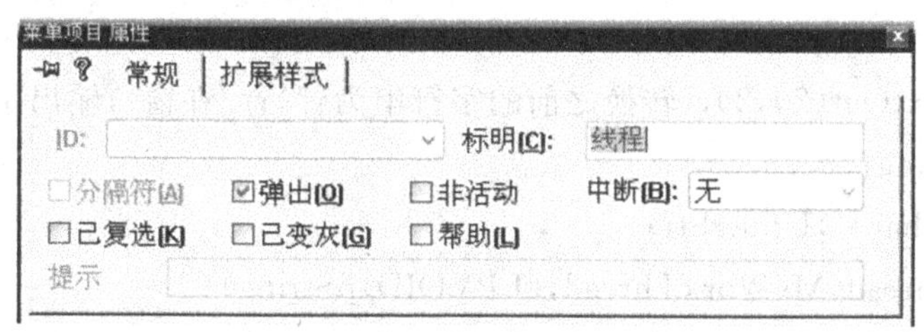

图 16-8 菜单项目属性

关闭该窗口,点击菜单栏中的"线程"菜单,在弹出的子菜单上右击,选择"属性",出现图 16-9 对话框,在 ID 选项里填写 ID_WORKTHREAD,在标明选项里填写"工作线程"。

关闭该对话框,然后右击菜单项"工作线程",选择"建立类向导",出现图类向导对话框,在 Class name 处选择 CTestThreadView,然后在对象 ID 处选择 ID_WORKTHREAD,点击消息框中的"COMMAND",点击右边的"Add Function"按钮,在出现的对话框中选择默认的函数

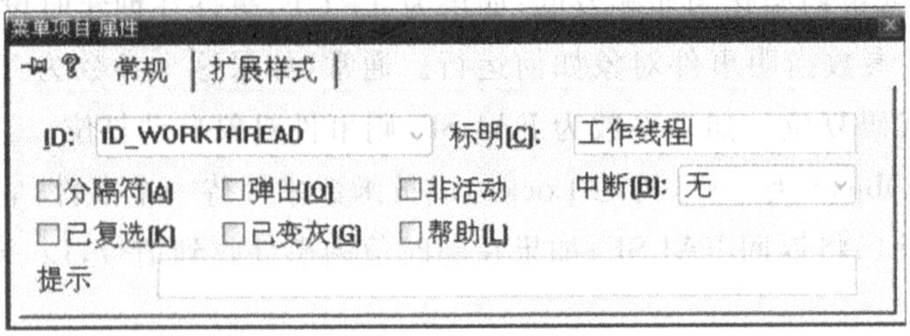

图 16-9 菜单项目属性

名,单击“确定”即可,如图 16-10 所示。

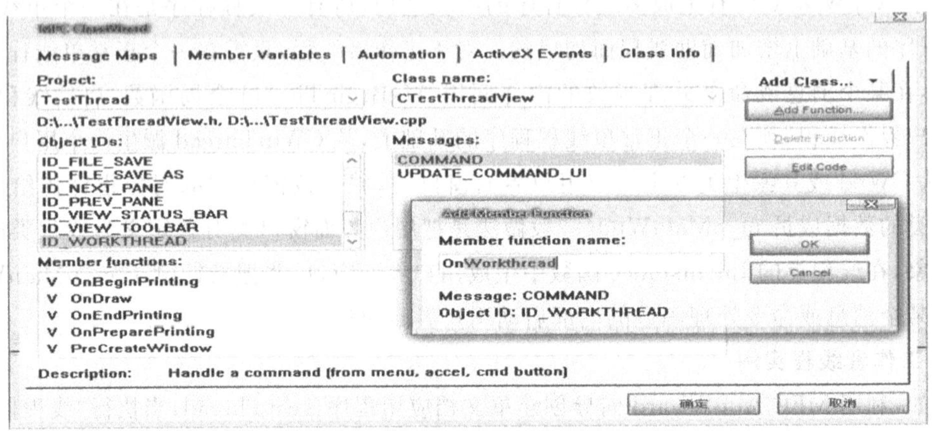

图 16-10 MFC 类向导

接下来为 OnWorkThread()函数添加代码:

```
char MyStr[]="we are using work thread now.";
char UpperStr[]="we are using work thread now.";

void CTestThreadView::OnWorkthread()
{
  CDC * pDC=GetDC();                    //获得设备文本
  pDC->TextOut(20,20,"转换之前的字符串为:");//在窗口输出字符串
  char * pString;
  pString=(char * )UpperStr;
  AfxBeginThread(MyWorkThread,(LPVOID)pString);
  //启动工作线程,MyWorkThread 为线程函数
  pDC->TextOut(20,100,"转换之后的字符串为:");
  pDC->TextOut(40,140,UpperStr);
  ReleaseDC(pDC);                       //释放设备文本
}
```

(2)在 TestThreadView. cpp 文件中编写线程函数 MyWorkThread,并在文件开始位置置声

明该函数。该函数代码如下：

```
UINT MyWorkThread(LPVOID pparam)
{
 CWnd * pMainWnd=AfxGetMainWnd();
 if(pparam==NULL)
 {
   ::MessageBox(pMainWnd->m_hWnd,"参数传递错误,线程结束!",
   "Thread error",MB_OK|MB_ICONERROR);
   AfxEndThread(2);
 }
 char * pStr=(char * )pparam;
 while( * pStr)
 {
   if( * pStr>='a' && * pStr<='z')
     * pStr-=32;
    pStr++;
 }
 ::MessageBox(pMainWnd->m_hWnd,(const char * )pparam,"Thread run",MB_OK);
 return 0;
}
```

编译、链接并运行程序，执行“线程|工作线程”命令。工作线程与函数是有区别的，在程序中如调用一个函数，则进程控制权会暂时交给函数。而在本例中，函数 OnWorkThread()启动了工作线程函数 MyWorkThread()后自己仍然继续运行，在这期间字符串 UpperStr 还未被转换，所以输出的两个字符串都是小写的。当再次执行“工作线程”命令后才能看到转换后的结果，如图 16-11 所示。

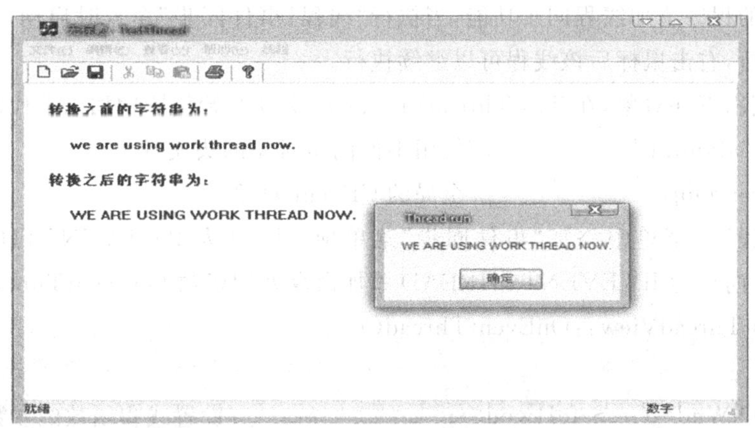

图 16-11　运行结果

在 Windows 中，应用程序的每一个线程都拥有自己的消息队列，这就使得线程之间利用、传递消息非常简单。首先用户要定义一个用户消息：

```
#define WM_USERMSG WMUSER+100;
```

然后，需要时在一个线程中可以调用 Win32 API 函数 PostMessage()或成员函数 CWinThread::PostThreadMessage()向另外一个线程发送定义的消息 WM_USERMSG。

还可以使用同步对象实现通信，并可用来保持线程之间的同步。线程之间的同步有两种：一种是"执行"的同步，即线程之间以某种方式相互通知执行的状态；另一种是"数据"的同步，即多个线程按照指定的顺序对同一个数据进行访问。

Windows 操作系统提供的同步对象有以下四种：事件（event）、互斥（mutex）、信号灯（semaphore）和临界区（critical section）。其中，事件对象是用于"执行"的同步，互斥、信号灯和临界区是用于"数据"的同步。这里只简单介绍事件对象。

事件对象用 MFC 的 CEvent 类的对象来表示，要创建一个事件对象，通常需要调用 CEvent 类的构造函数创建一个全局的 CEvent 对象。下面是该构造函数的原型声明：

```
CEvent(BOOL bInitiallyOwn=FALSE,
       BOOL bManualReset=FALSE,
       LPCTSTR lpszName=NULL,
       LPSECURITY_ATTRIBUTES lpsaAttribute=NULL
       )
```

事件对象处于两种状态之一：参数 bInitiallyOwn 确定起始信号状态是活动状态(TRUE)还是沉寂状态(FALSE)，参数 lpszName 给事件对象分配一个名称。

例如，假设主线程和辅助线程使用 CEvent 事件对象实现同步，首先创建一个全局的 CEvent 对象，在主线程中某个地方可以调用成员函数 CEvent::Lock()阻止自己继续执行，直到事件对象处于活动状态。而在辅助线程中某个地方调用成员函数 CEvent::SetEvent()将事件对象设置为活动状态，使主线程可以继续执行。注意，使用 CEvent 事件对象必须包括头文件 afxmt.h。

为上例中的程序增加线程同步功能，当执行"线程|事件同步"命令时启动一个线程，并阻止自己继续执行，右击鼠标后该线程可以继续执行。

(1)为了使用事件对象，在 TestThreadView.cpp 文件开始位置增加以下代码。

```
#include "afxmt.h"              //使用事件同步对象的头文件
CEvent eventObj;                //全局的 CEvent 对象
```

(2)在"线程"主菜单中添加"事件同步"菜单项，其 ID 为 ID_EVENTTHREAD。利用 ClassWizard 类向导为 ID_EVENTTHREAD 添加命令处理函数 OnEventThread()。

```
void CTestThreadView::OnEventThread()
{
  HWND hWnd=GetSafeHwnd();                    //设置线程函数的参数
  AfxBeginThread(MyEventThread,hWnd);         //启动与事件对象同步的线程
}
```

(3)在 TestThreadView.cpp 文件中编写同步线程函数 MyEventThread(),并在文件开始位置声明该函数。该线程函数的代码如下:

```
UNIT MyEventThread(LPVOID pParam)
{
  HWND hWnd=(HWND)pParam;
  ::MessageBox(hWnd,"线程已经开始","Thread Message",
  MB_ICONEXCLAMATION|MB_OK);
  eventObj.Lock();                //锁住自己
  ::MessageBox(hWnd,"线程进行之中","Thread Message",
  MB_ICONEXCLAMATION|MB_OK);
  return 0;
}
```

(4)利用 ClassWizard 为类 CTestThreadView 添加消息 WM_RBUTTONDOWN 的处理函数 CTestThreadView::OnRButtonDown(),并添加如下代码:

```
void CTestThreadView::OnRButtonDown(UINT nFlags,CPoint point)
{
  eventObj.SetEvent();
  CView::OnRButtonDown(nFlags,point);
}
```

编译、链接并运行程序,当执行"线程|事件同步"命令时显示"线程已经开始"信息对话框,表示线程已被锁住。右击鼠标后显示"线程进行之中"消息框,表示该线程已被激活,可以继续执行。

除了使用同步对象,多线程程序实现同步有时还需要调用等待函数。Win32 API 提供了一些能使线程自身阻塞的等待函数。这些函数只有在作为其参数的同步对象产生激活信号时才会返回。在超过规定的等待时间后,不管有无信号,函数也都会返回。最常用的等待函数是 WaitForSingleObject(),其声明如下:

DWORD WaitForSingleObject(HANDLE hHandle,DWORD dwMillisecond);

其中,参数 hHandle 是同步对象的句柄。参数 dwMillisecond 是以毫秒为单位的等待时间,如果该参数为 0,那么函数就测试同步对象的状态并立即返回,如果该参数为 INFINITE,则等待时间是无限的。

2. 用户界面线程实例

用户界面线程通常用来处理用户的输入并响应各种事件和消息,它通过自己的消息泵获取从系统接收到的消息。MFC 将为该线程增加一个消息循环或消息泵,以便能够处理收到的消息。

如果要创建用户界面线程,首先必须从 CWinThread 类派生出自己的类,并重载成员函数 InitInstance()、ExitInstance()和 Run(),然后通过调用 AfxBeginThread()函数创建一个用户界面线程。

用户界面线程本身是一个 CWinThread 派生类的对象,而不是一个函数。因此,需要结束用户线程时必须调用 API 函数::PostQuitMessage()。

例如,在应用程序 TestThread 中创建用户界面线程,用户可多次执行"线程|用户界面线程"命令创建多个用户界面线程。

(1)打开项目 TestThread,利用 ClassWizard 类向导创建一个基于 CWinThread 的派生类 CMyThread,在派生类的 InitInstance()函数中添加如下代码:

```
BOOL CMyThread::InitInstance()
{
  int i,increment=0;
  xypos=xypos+100;//窗口坐标,使启动的每个用户界面线程窗口处于不同位置
  CRect thrrect;        //客户窗口
  CRet wndrect(xypos,xypos,300+xypos,320+xypos);  //窗口区域
  CFrameWnd * pFrameWnd=new CFrameWnd();
  pFrameWnd->Create(NULL,"Thread Window",WS_OVERLAPPEDWINDOW,wndRect);
  pFrameWnd->ShowWindow(SW_SHOW);
  pFrameWnd->UpdateWindow();            //更新窗口
  pFrameWnd->GetClientRect(thrrect);    //得到当前窗口客户区域的设备环境
  CClientDC ClientDC(pFrameWnd);        //获取当前窗口客户区域的设备环境
  for(i=0;i<1000;i++)
  {
    increment++;
    if(increment>thrrect.bottom/2)
      increment=0;
      ClientDC.Ellipse(thrrect.right/2-increment,thrrect.bottom/2-increment,
      thrrect.right/2+increment,thrrect.bottom/2+increment);
      sleep(50);
  }
  return TRUE;
}
```

(2)在"线程"主菜单中添加"用户界面线程"菜单项,其 ID 值为 ID_UITHREAD。利用 ClassWizard 类向导为 ID_UITHREAD 添加命令函数 OnUithread():

```
Void CTestThreadView::OnUithread()
{
  AfxBeginThread(RUNTIME_CLASS(CMyThread));  //创建用户界面线程
}
```

(3)在 TestThreadView.cpp 文件开始位置添加代码:

```
#include "MyThread.h"
```

编译、链接并执行程序,多次执行"用户界面线程"命令可以打开多个用户界面线程。

最后需要说明的是，多线程真正的用武之地是多核 CPU。在单核 CPU 计算机上运行多线程程序，有时反而会降低系统性能。两个非常活跃的线程为了抢夺对 CPU 的控制权，在线程切换时会消耗很多 CPU 资源。而对于大部分时间被阻塞的线程如等待文件 I/O 操作，可以创建一个线程来完成，这样可把 CPU 时间让出来。因此，在应用多线程时需要慎重考虑，具体情况具体处理，以使应用程序获得最佳的性能。

16.3 动态链接库

对 Windows 应用程序而言，创建一个不使用 DLL 的应用程序几乎是不可能的。可能我们不会感觉到面前的应用例子用到了 DLL，但的确所有的 Win32 API 函数和无数 Win32 操作系统的函数都包含在 DLL 中。

16.3.1 动态链接库概述

一般情况下，DLL 就是一个库中的函数的集合。但是它又不同于静态库 Static 中的函数，因为它不能用连接器直接连入可执行文件，而是通过包含在可执行文件中的信息进行检索而后使用，库中的代码在程序运行时才加载。这样就允许几个不同的进程在内存中共享库，从而使得在运行几个共用许多库的应用程序时对内存容量的需求大大减小，同时，使 EXE 文件大小易于管理。

当静态地连接 DLL 时，在连接器的选项中或在开发环境的 Linker 页中指定一个. lib 文件。连接到 lib 文件里的不是一般的静态链接库，而是称作输入库的 DLL。它包含了一些指向外部 DLL 库的函数索引指针，而不是代码。所以一般情况下，输入库比 DLL 小得多。它的链接过程是在一个工程编译链接成可执行文件过程中实现的。后面我们将看到这些库是如何产生的。

1. DLL 的两种动态链接方法

(1)进程载入时链接

在进程载入时链接 DLL，必须拥有 DLL 模块的头文件及 LIB 库文件。头文件包含了 DLL 输出的函数原型及变量的声明。在调用 DLL 模块的应用程序中，将 DLL 头文件包含在应用程序的. cpp 文件中，同时把 LIB 文件加入到工程中，进行编译即成功。这样，如果头文件定义的 DLL 导出函数和变量被调用，则调用 DLL 的进程在编译时会链接与 DLL 模块一同提供的 LIB 库文件。实际上，函数体仍然在 DLL 中，因为 LIB 提供的信息包括 DLL 输出的函数原型、函数名及输出的变量名、类型等。这类似于 C＋＋头文件中声明了函数原型，而 LIB 则提供了实现部分。MFC 库与 Windows 的 API 函数的链接过程就属于这种类型。如果指定的工程 MFC 为 Shared DLL，则调用 MFC 时将调用 MFC 的 DLL。如果指定工程链接时 MFC 为 Static DLL，则这时不再需要 MFC DLL 的支持。

(2)实时动态链接(显示装载)

调用 DLL 的进程模块通过 LoadLibrary 或 LoadLibraryEx 函数装载动态库，并通过

Win32 API 函数 GetProcAddress 来获得函数地址，并且传递给函数相应的参数来调用这个函数。所以编译时并不需要 DLL 的存在，也无须 DLL 模块 LIB 文件的支持，只要知道 DLL 输出的函数名及函数原型即可。在动态库函数调用完毕后，使用 FreeLibrary 函数释放动态库资源。

2. 动态链接库的应用

DLL 可同时为不同的多个进程所调用，各个调用进程只拥有独立的 DLL 数据块，而共享物理内存中独一无二的执行代码模块。Windows 并不为 DLL 创建单独的地址空间，而是将其装入到共享地址，然后映射到不同的进程供进程调用，从而达到代码共享的目的。EXE 是 DLL 提供服务的使用者，每个 EXE 在运行时，Windows 均为它创建单独的进程环境，包括进程地址空间。EXE 就在自己的地址空间中运行，而 DLL 作为服务的提供者，一般包括入口点函数 DllMain。DLL 在被 LoadLibrary 函数装入时，Windows 会以不同的参数调用 DllMain 函数，之后该函数进行某些初始化工作后返回，DLL 的执行就停止了，等待进程来调用其中的函数及变量，所以 Windows 不会为 DLL 单独创建线程。

16.3.2 动态链接库编程

DLL 是组件的基础，是 Windows 系统的基石。在 DLL 的开发中，需要注意以下情况。

Windows 操作系统内部存在大量的 DLL，这些 DLL 的装载是有序的，如果调用不合适，会出现 DLL 载入死锁的情况，导致系统运行停滞。尤其不能在装载一个 DLL 的同时装载另一个 DLL。

DLL 可由任何一种语言编写，可被任何一种语言调用，所以模块化的工作要做得相当彻底。要做到 DLL 的模块化，就要使 DLL 的数据由 DLL 来处理，进程的数据由进程来处理，两者之间通过提供各种接口函数来进行通信。所以，DLL 除导出函数之外，尽量不要导出数据或 C++类。而且由于导出函数也可能被各种编程语言调用，函数的参数、调用格式、堆栈处理方式也要兼容。

DLL 应该可把内部的异常和错误传递给调用它的模块处理，而不中断调用模块的正常运行，这是 DLL 的强壮性。

DLL 是通过导出函数来实现代码共享的。DLL 中的一部分函数和变量供内部使用，而另外一部分供外部模块调用。后一种情况需要在 DLL 中被导出，被导出的函数和变量要在 DLL 模块文件头的导出表中登记。在较低的 VC 版本中，这个过程在 DLL 工程中是使用 DEF 文件来实现的。在目前的 Visual C++环境中，提倡使用编译器指令 dllexport 导出函数或变量。在需要调用 DLL 的工程中，使用 dllimport 编译器指令来导入 DLL 的函数和变量。

16.3.3 DLL 编程实例

1. 隐式调用 DLL 的实现方法

(1)创建一个名为 DLL 的 Win32 Dynamic-Link Library 工程，如图 16-12 所示。

单击“完成”，DLL 工程的框架就创建完成。

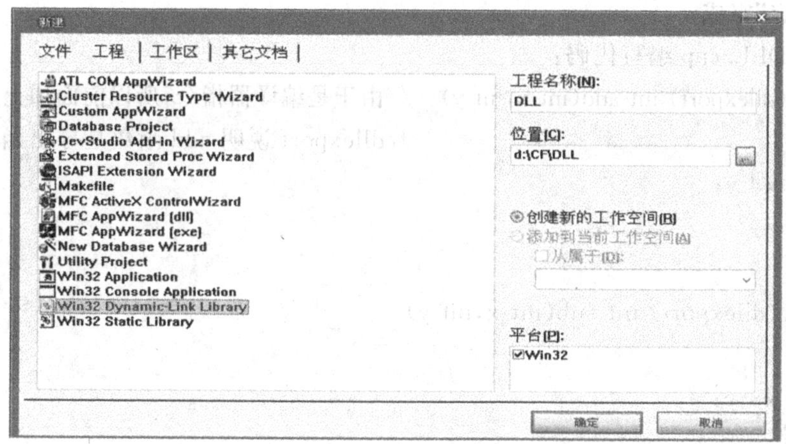

图 16-12　创建 DLL 工程

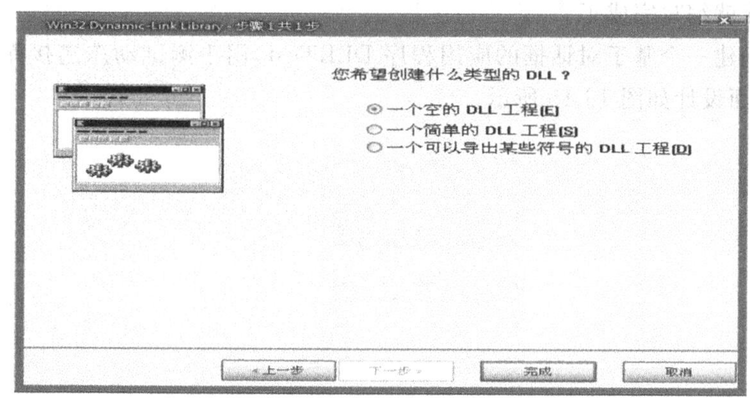

图 16-13　选择一个空的 DLL 工程选项

(2)为工程新建一个源文件。

单击菜单栏的“文件”，选择“新建”菜单项，出现图 16-14 所示界面，选择 C++ Source File，文件名为 DLL。

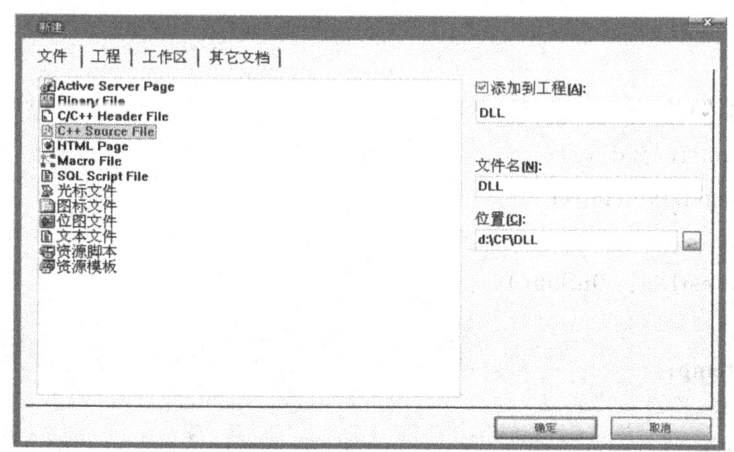

图 16-14　为工程新建一个源文件

单击“确定”完成。

(3)打开 DLL. cpp 编写代码：

```
_declspec(dllexport) int add(int x,int y)    //由于是编译器指令，所以前面加上_declspec
{                                            //dllexport 说明 add 函数是导出函数
  return x+y;
}

_declspec(dllexport) int sub(int x,int y)
{
  return x-y;
}
```

进行链接和编译后，在 D:\CF\DLL\Debug 目录下生成 DLL. dll 和 DLL. lib 文件，这样一个动态链接库就编写完成了。

接着我们创建一个基于对话框的应用程序 DLLTest，用于测试动态链接库 DLL，DLLTest 应用程序界面设计如图 16-15 所示。

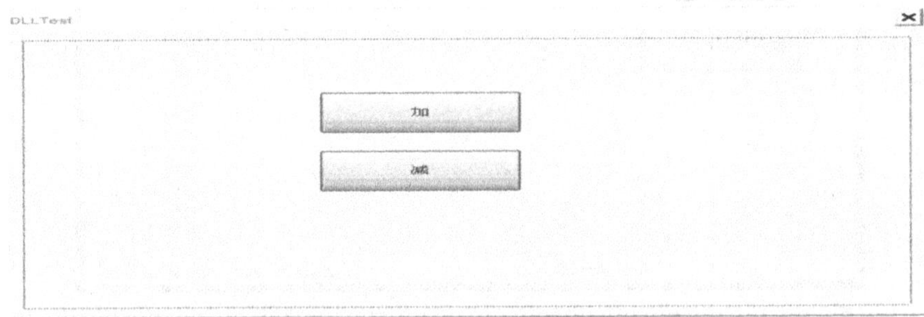

图 16-15　DLLTest 应用程序界面

分别对两个按钮添加代码：

```
void CDLLTestDlg::OnAdd()
{
  CString temp;
  int a;
  a=add(3,5);
  temp.Format("%d",a);
  AfxMessageBox(temp);
}
void CDLLTestDlg::OnSub()
{
  CString temp;
  int a;
  a=sub(3,5);
  temp.Format("%d",a);
```

```
    AfxMessageBox(temp);
}
```

在这两个函数前面输入：

```
_declspec(dllimport) int add(int x,int y);
_declspec(dllimport) int sub(int x,int y);
```

这两句用于声明 add 函数和 sub 函数是从动态链接库中的.lib 文件引入的。

程序编写到此已经完成了。但是至此为止我们并没有给这个应用程序提供.lib 文件，也没有提供.dll 文件以供它加载，所以我们必须把刚才 DLL 工程中生成的 DLL.dll 和 DLL.lib 文件复制到该应用程序的目录下，然后在这个应用程序工程中我们选择菜单栏“工程”，选择菜单项“设置”，弹出图 16-16 所示的对话框。

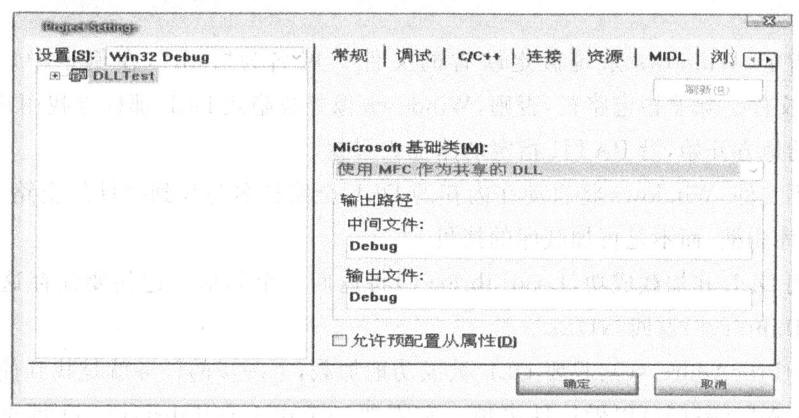

图 16-16 “设置”对话框

选择“连接”，并在“对象/库模块”中填入 DLL.lib，如图 16-17 所示。

图 16-17 “连接”对话框

单击“确定”完成。

运行该程序，分别按加和减按钮，得到结果分别为 8，−2。

2. 显式调用 DLL 的实现方法

有时，应用程序自己加载 DLL 可能更好些，例如，希望指定可以使用哪一个 DLL，或通过用户的选择来使用不同的 DLL，动态加载过程允许使用一个 DLL 来达到不同的目的。比如，开发一个通讯模块，它可以在程序运行时让用户选择是 TCP/IP 还是 NetBIOS，程序由此决定加载哪个 DLL。

(1)::LoadLibrary()：动态加载 DLL 的第一件事情就是把 DLL 模块映射到进程的内存空间。它由::LoadLibrary()来完成，需要一个参数，即模块名。代码如下：

```
HMODULE hMyDLL;
hMyDLL=LoadLibrary("MyLib");
if(hMyDLL==NULL)
        ⋮
```

如果不指定，Windows 系统假定缺省的文件扩展名为".dll"，在例子中，系统将寻找"MyLib.dll"文件。除非指定路径，否则，Windows 像寻找隐式 DLL 那样寻找用户 DLL，从进程加载文件的地方开始，沿 PATH 指定的路径去寻找。

一旦找到文件，Windows 将自动在内存的 DLL 全路径名与找到文件的全路径名比较，如果匹配，返回库句柄，而不是再加载库的拷贝。

如果找到 DLL 并加载成功，LoadLibrary()将返回一个句柄。记住要保存这个句柄。如果失败，LoadLibrary()返回 NULL。

(2)::GetProcAddress()：只要 DLL 被成功地加载，下一步的任务就是找到使用函数的地址。::GetProcAddress()可以做这件事情。它需要一个由 LoadLibrary()返回的句柄和函数名，函数名应该是.dll 中的输出函数名。例如：

```
HMODULE hMyDll;
UINT(*pfnMyFunc)(char *strMyName);
hMyDll=::LoadLibrary("MyLib");
pfnMyFunc=(UINT(*)(char *))::GetProcAddress(hMyDll,"MyFunc");
```

如果没有找到函数，将返回 NULL；如果找到函数，返回函数的类属指针。

(3)FreeLibrary()：使用 DLL 的程序结束，调用 FreeLibrary()从内存中卸载它。

显式调用 DLL 实例：

创建一个基于对话框的应用程序 DLLTest1，用于测试动态链接库 DLL，DLLTest1 应用程序界面设计与图 16-15 一样。

分别给两个按钮添加代码：

```
void CDLLTest1Dlg::OnAdd()
{
   HMODULE hDLL;
   typedef int(*padd)(int x,int y);

   hDLL=LoadLibrary("D:\CF\DLLTest1\DLL.dll");
```

```
    padd addfunc=(padd)GetProcAddress(hDLL,"add");
    if(!addfunc)
    {
      MessageBox("调用失败");
      return;
    }
    int a=addfunc(3,5);
    CString temp;
    temp.Format("%d",a);
    AfxMessageBox("+3=");
    FreeLibrary(hDLL);
}

void CDLLTest1Dlg::OnSub()
{
    HMODULE hDLL;
    typedef int( * psub)(int x,int y);

    hDLL=LoadLibrary("D:\CF\DLLTest1\DLL.dll");
    psub subfunc=(psub)GetProcAddress(hDLL,"sub");
    if(!subfunc)
    {
      MessageBox("调用失败");
      return;
    }
    int a=subfunc(3,5);
    CString temp;
    temp.Format("%d",a);
    AfxMessageBox("-3=");
    FreeLibrary(hDLL);
}
```

本章小结

Visual C++除了用于编写一般的 Windows 应用程序外，还可用于编写一些专业性很强的应用程序。完成这些专业性应用程序的设计，一般需要程序员掌握相关领域的理论知识和较高的编程技巧。本章主要介绍了数据库访问、异常情况处理、动态链接库、多线程等应用领域的基本编程方法，这些编程方法可以应用于实际的软件开发中。

习　题

1. MFC 中 ODBC 数据库类主要有哪几个？它们分别完成什么功能？

2. 简述 ODBC 的基本概念。编写一个 MFC 数据库应用程序一般有哪些步骤？

3. 采用 ODBC 方法编写数据库应用程序，实现对 SQL Server 数据库的访问。

4. 编写一个简单的学生成绩管理程序，要求采用 Access 数据库。

5. 创建一个动态链接库，在该动态链接库中添加一个导出函数用于绘制正弦曲线。编写一个应用程序调用该函数，在屏幕上绘制一条正弦曲线。

6. 编写一个多线程的 SDI 程序，当在客户区单击鼠标左键时启动一个工作线程，用于在客户区不停地显示一个进度条。当单击鼠标右键时关闭显示的进度条。

参考文献

[1]梁普选. Visual C++程序设计与实践. 北京:清华大学出版社/北京交通大学出版社，2005

[2]成岩，周露，杨嘉伟. C++语言与应用基础. 北京:科学出版社，2002

[3]王育坚. Visual C++面向对象编程教程(第二版). 北京:清华大学出版社，2007

[4]陈天华. 面向对象程序设计与 Visual C++6.0 教程. 北京:清华大学出版社，2006

[5]王世同，李强等. Visual C++ 6.0 编程基础. 北京:清华大学出版社，2000

[6][美]阿弗扎尔(Afzal A.)著，吴平译. 纯粹 C++编程教程. 北京:科学出版社，2005

第 17 章 综合应用案例

Visual C++ 6.0 在其强大的 Windows 应用程序开发功能之上，为程序员提供了完备、强大的数据库应用程序开发功能。Visual C++ 6.0 支持各种常用的数据库开发技术，包括 ODBC、DAO、OLEDB 和 ADO 等。

Visual C++ 6.0 力求将所有工作简单化，使用 MFC 应用程序向导，可以快速创建一个数据库应用程序。用 MFC 类向导，可以快速创建访问数据库的记录集类。下面我们就介绍一个利用 MFC 类向导创建的案例。

本案例是用 VC++开发一个界面美观流畅的图书馆管理系统。图书馆管理系统分为借书、还书、图书维护和读者维护四个功能。

程序编写分为两个部分：数据库部分以及 C++程序部分。下面我们将逐一介绍。

17.1 数据库部分

本案例可以通过 MFC 快速创建访问数据库的记录集，先要创建数据库。打开 data.mdb，选择“使用设计器创建表”，分别输入建立表的内容，共建立五张表(表 17-1、表 17-2、表 17-3、表 17-4、表 17-5)。

表 17-1　用户和密码

data : 表

	username	password
▶	610704101	610704101
	610704102	610704102
	610704103	610704103
	610704104	610704104
	610704112	610704112
	610704120	610704120
	610704121	610704121
	610704122	610704122
	610704123	610704123
	610704138	610704138
	1	1
*		

表 17-2 学生信息

data1 : 表

ID	学号	姓名	系别	班级	借书数量
1	610704106	吴天	电信	计算机1班	1
2	610704101	张三	电信	计算机1班	2
3	610704102	王欣	电信	计算机1班	3
4	610704103	李强	电信	计算机1班	3
5	610704104	赵莉娜	电信	计算机1班	3
6	610704105	周兰兰	电信	计算机1班	0
7	610704121	武欣然	电信	计算机1班	2
8	610704112	林丛	电信	计算机1班	3
0	0				0

表 17-3 图书信息

data2 : 表

ID	编号	书名	类别	作者	价格	数量	介绍
1	90001	计算机导论	科技	黄国兴	26	5	本书是介绍计算
2	90002	高等数学	数学	张忠月	13	7	本书是大学数学
3	90003	电工技术	电工	秦曾煌	18	8	本书是介绍对电
4	90004	大学英语	外语	郑树棠	19	9	本书主要介绍了
5	90005	线性代数	数学	张忠月	10	6	本数主要介绍了
6	90006	C++程序教程	计算机	钱能	31	9	本书主要介绍了
0	0				0	0	

表 17-4 图书借阅情况

data3 : 表

序号	名称	编号	时间
610704101	张三	90001	2008-3-14
610704106	吴天	90001	2008-5-8
610704121	武欣然	90002	2008-3-31
610704112	林丛	90003	2008-2-23
610704103	李强	90004	2008-4-2
610704104	赵莉娜	90006	2008-5-12
610704101	张三	90003	2008-5-21
610704102	王欣	90004	2008-2-23
610704102	王欣	90002	2008-4-19
610704103	李强	90003	2008-5-2
610704102	王欣	90005	2008-4-6
610704103	李强	90006	2008-2-29
610704104	赵莉娜	90003	2008-5-6
610704104	赵莉娜	90005	2008-4-9
610704121	武欣然	90006	2008-4-13
610704112	林丛	90006	2008-6-1
610704112	林丛	90004	2008-4-16

表 17-5　学生借阅情况

data4：表

学号	编号	名称	时间
610704106	90001	计算机导论	2008-5-8
610704101	90001	计算机导论	2008-3-14
610704101	90003	电工技术	2008-5-21
610704102	90004	大学英语	2008-2-23
610704102	90002	高等数学	2008-4-19
610704102	90005	线性代数	2008-4-6
610704103	90004	大学英语	2008-4-2
610704103	90003	电工技术	2008-5-2
610704103	90006	C++程序教程	2008-2-29
610704104	90006	C++程序教程	2008-5-12
610704104	90003	电工技术	2008-5-6
610704104	90005	线性代数	2008-4-9
610704105	90005	线性代数	2008-4-13
610704121	90002	高等数学	2008-3-3
610704121	90006	C++程序教程	2008-4-13
610704112	90003	电工技术	2008-2-23
610704112	90006	C++程序教程	2008-6-1
610704112	90004	大学英语	2008-4-16

以上五张表是本案例要用到的数据库文件，要逐一创建。创建完数据库之后，要与程序链接起来，否则程序不会识别数据库中的内容。下面我们来介绍如何将程序与数据库文件联系起来。具体操作步骤如下：

(1)在 Windows 的“开始”菜单中打开“控制面板”，选择“管理工具”，打开“数据源(ODBC)”快捷方式，打开“ODBC 数据源管理器”，如图 17-1 所示。

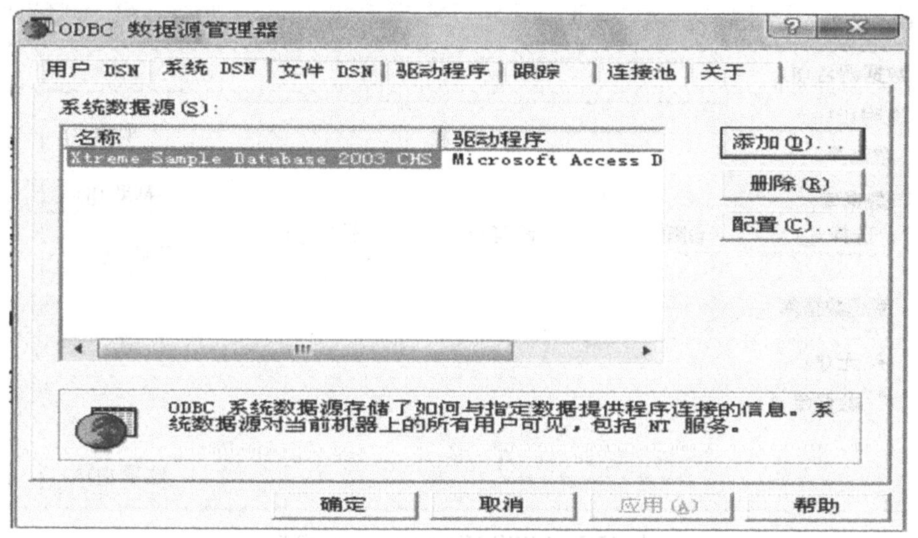

图 17-1　数据源管理器

(2)根据需要创建的数据源类型，打开 ODBC 数据源管理器的对应选项卡。本例中，选择“系统 DNS”，如图 17-1 所示。

(3)点击添加，得到创建新数据源界面，如图 17-2 所示。

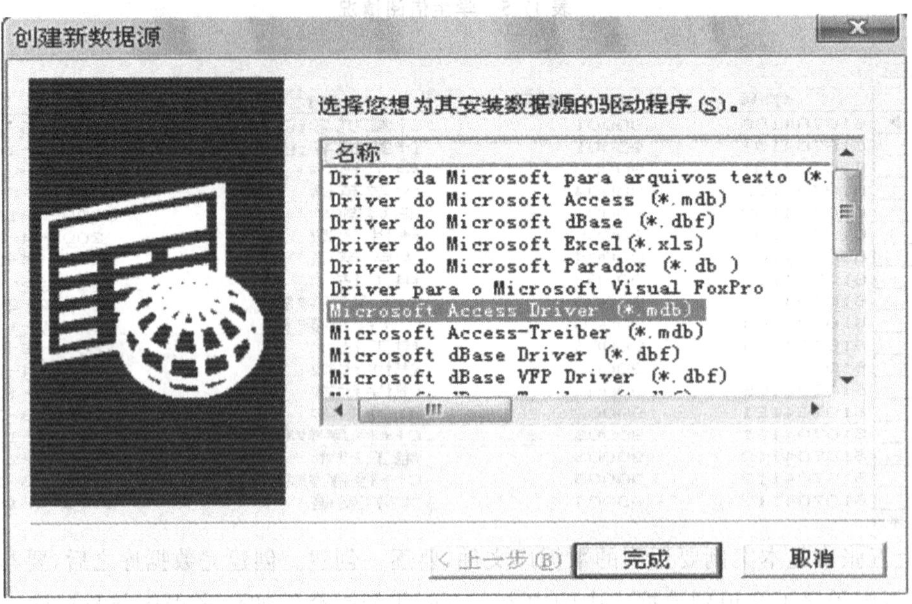

图 17-2 创建新数据源

选择 Microsoft Access Driver (* . mdb),点击“完成”。

(4)得到如图 17-3 所示界面。

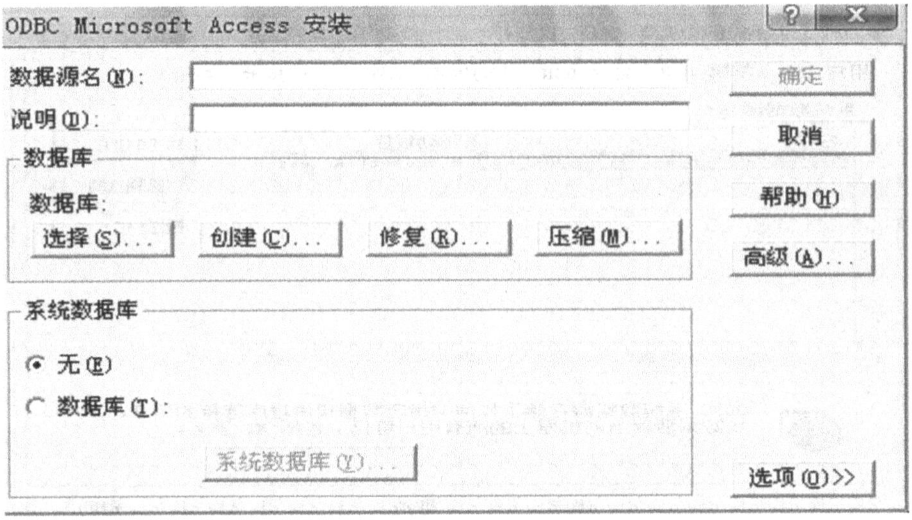

ODBC Microsoft Access 安装

数据源名(N):

说明(D):

数据库

数据库:

选择(S)... 创建(C)... 修复(R)... 压缩(M)...

系统数据库

无(E)

数据库(T):

系统数据库(Y)...

确定 取消 帮助(H) 高级(A)... 选项(O)>>

图 17-3 ODBC Microsoft Access 安装

在“数据源名(N)”框中添加所建立数据库的名称,本案例名称为“data”。点击“选择”按钮,得到如图 17-4 所示的界面。

(5)选择所建立数据库的路径,选中所建立的数据库文件,如图 17-4 所示。点击“确定”按钮,然后点击图 17-3 以及图 17-1 的“确定”按钮,到此数据库的链接已经完成了。

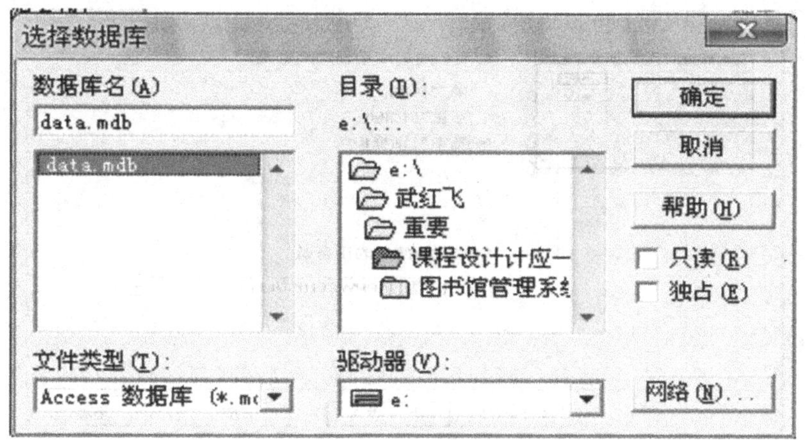

图 17-4　选择数据库

17.2　C++程序部分

本案例是用来描述图书管理系统的,总共有 11 个窗口,包括欢迎界面(IDD_DIALOG_FRIENDLY)、登录界面(IDD_DIALOG_LOGIN)、主菜单界面(IDD_DIALOG_CMY-MENU)、图书管理界面(IDD_DIALOG_MANAGER)、学生信息界面(IDD_DIALOG_INFORMATION)、借阅界面(IDD_DIALOG_BORROW)、归还界面(IDD_DIALOG_BACK)、修改图书界面(IDD_DIALOG_EDITBOOK)、修改学生资料界面(IDD_DIALOG_EDITSTD)、修改密码界面(IDD_DIALOG_EDITCODE)、帮助界面(IDD_DIALOG_HELP)。

每个界面对应一个类,界面中的控件所代表的变量相当于成员变量或成员对象。通过对每个成员函数赋予代码,个别成员变量赋予初值,也就构成了每个界面的初始框架。通过界面上的 DoModal 函数调出相应的窗口,就构成了图书管理系统。下面我们来逐一介绍每个界面以及一些程序代码。

17.2.1　建立 C++运行界面

运行 Microsoft Visual C++ 6.0,执行"文件|新建"程序,选择"MFC AppWizard[exe]"工程。输入"工程名称(N)"为"图书管理系统",并选择存储路径"位置(C)",点击"确定"按钮,出现如图 17-5 所示的界面。

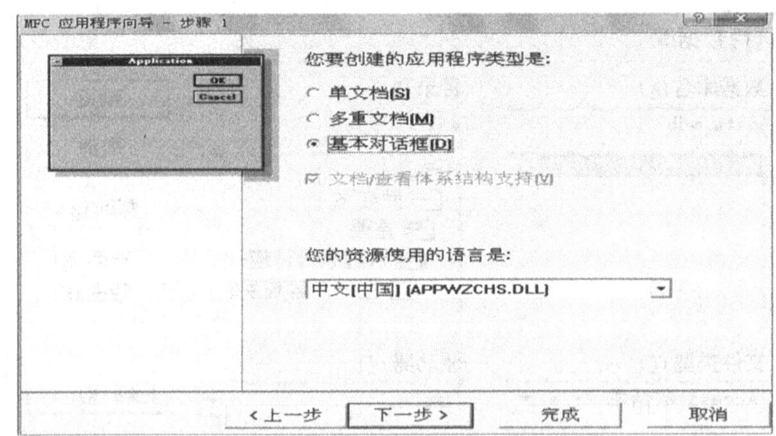

图 17-5 应用程序向导——步骤 1

在应用程序类型中选择基本对话框,点击"完成"按钮,在随后出现的界面中点击"确定"按钮,出现了 MFC 类向导的基本框架。

17.2.2 初始运行程序

选中上述界面中确定按钮,把界面中三个控件(确定按钮、取消按钮、一个静态文本)删除(选中确定按钮,连续按三下 delete 键),建立空白界面,如图 17-6 所示。由于程序都是从工作区"ClassView/CMyApp/InitInstance()"中执行代码,故需对此代码进行添加及修改。

修改后代码如下:

```
    ⋮
#ifdef _AFXDLL
Enable3dControls();          // Call this when using MFC in a shared DLL
#else
Enable3dControlsStatic();  // Call this when linking to MFC statically
#endif

CWelcomeDlg welcomeDlg;                    //创建欢迎界面 CWelcomeDlg 对象
welcomeDlg.DoModal();                      //调用 DoModal 界面转换函数
if(!bLoginPassOk) return FALSE;
CMyWMenu myDlg;                            //定义主菜单 CMyWMenu 函数对象
m_pMainWnd = &myDlg;
int nResponse = myDlg.DoModal();
if (nResponse == IDOK)
{
    // TODO: Place code here to handle when the dialog is
```

```
    // dismissed with OK
}
  ⋮
```

图书馆管理系统 classes
CBack
CBorrow
CEditBook
CEditStd
CHelp
CInformation
CLoginDlg
CManager
CMyApp
CMyApp()
InitInstance()
CMyWMenu
CReCode
CWelcomeDlg
Globals
Class... Reso... FileVi...

图 17-6 工作区

至此，该窗口的可视化部分已经完成，在后面将进行代码添加。

17.2.3 友好界面(FRIENDLY)

在图 17-6 工作区中选择 ResourceView，点击“图书管理系统 resoureces”左边的“+”号将其展开。选择 Dialog，右击，选择“插入 Dialog”。删掉窗口中的所有控件，拖入两个“按钮控件(button)”以及一个“静态文本控件(static)”。拖入控件后的界面如图 17-7 所示。

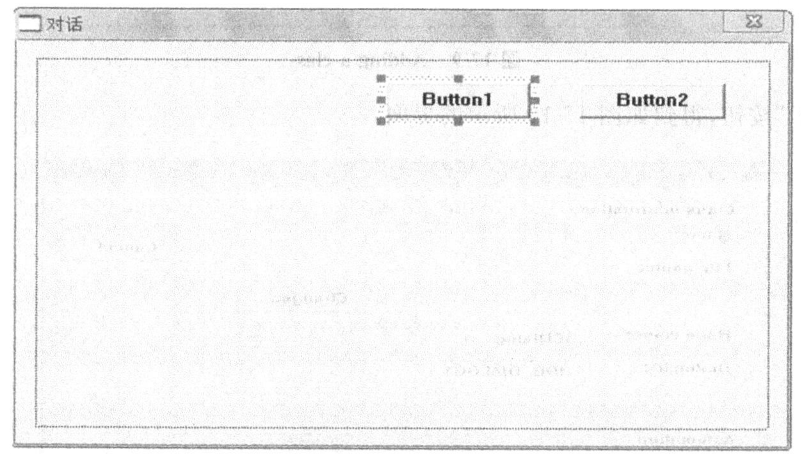

图 17-7 友好界面框架

右击第一个 button 控件，点击“属性”，得到如图 17-8 所示的界面。

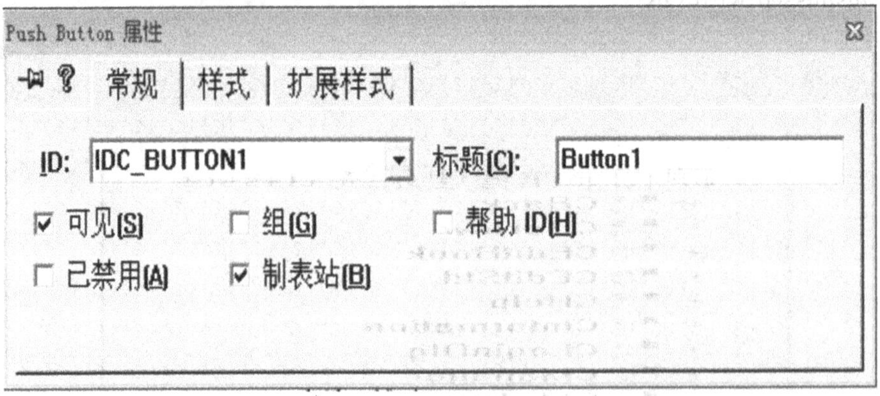

图 17-8 属性界面

将“标题(C)”栏中内容修改为“进入”，将“ID”改为 IDC_ENTER，关闭对话框。

用同样的方法将第二个按钮“标题(C)”改为“取消”，将“ID”改为“IDC_CANCEL”；将“静态文本控件(static)”标题栏内容改为“欢迎使用图书管理系统”。

在界面空白处点击右键选择“建立类向导”，出现如图 17-9 所示的界面。

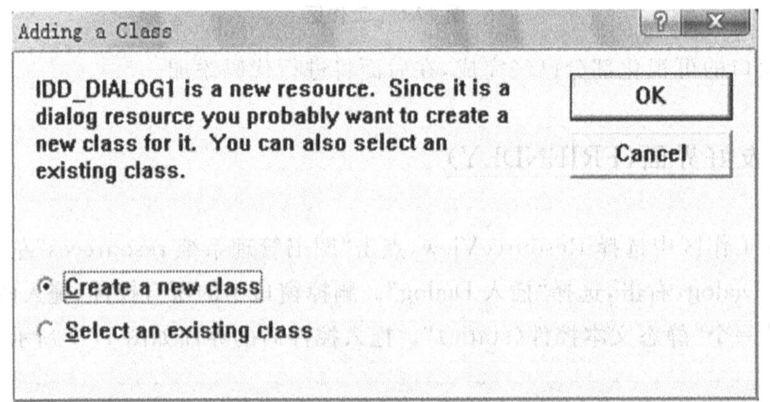

图 17-9 Adding a class

点击“OK”按钮，得到如图 17-10 所示的界面。

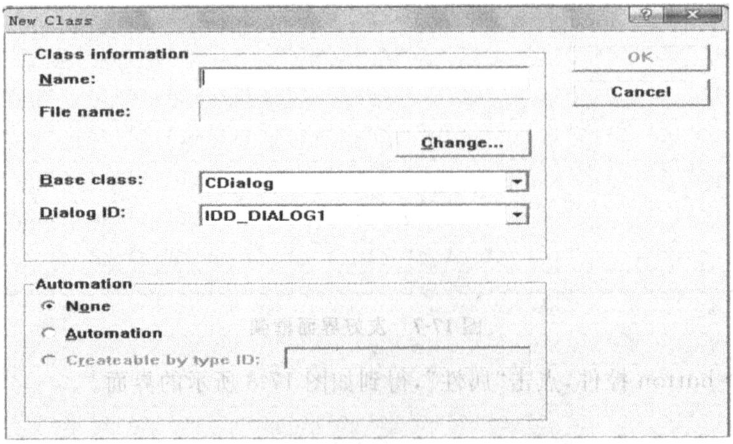

图 17-10 New Class

在图 17-10 中“Name”选中添加新加入的类名，如友好界面的类名为 CFriendly，在输入类名的时候系统同时生成了头文件 Friendly. h 和源文件 Friendly. cpp。在 C++中，一般习惯以 C 开头，则需要改变头文件和源文件名称，以便与类名一致。在输入类名以后，点击“Change…”按钮，出现如图 17-11 所示的界面。

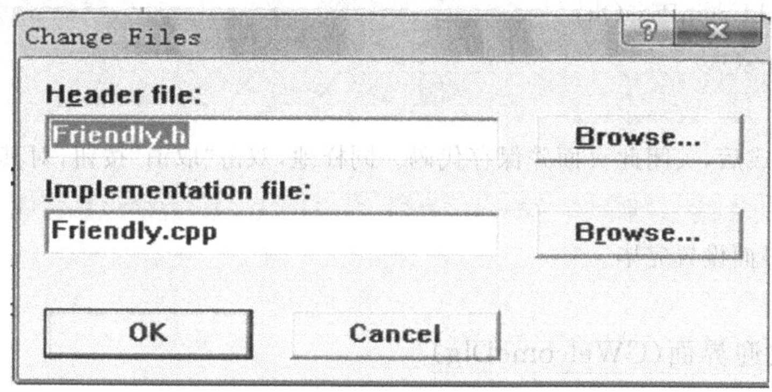

图 17-11　Change file

将“Header file”栏中内容改为“CFriendly. h”，将“Implementation file”栏中内容改为“CFriendly. cpp”。之后出现界面如图 17-12 所示。

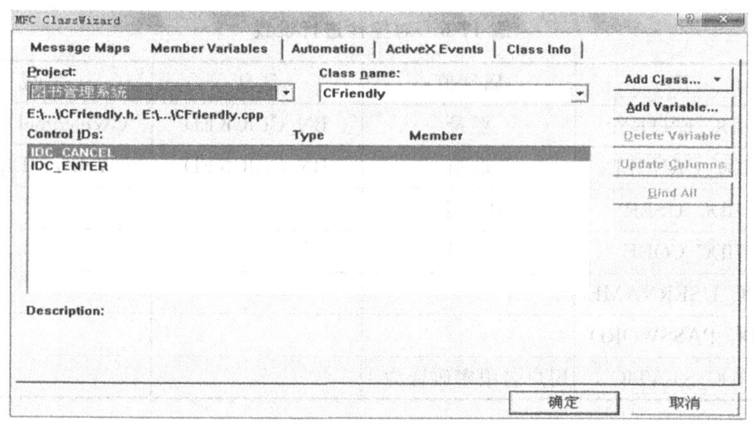

图 17-12　MFC ClassWizard

点击“确定”按钮。在界面设置完后，要对相应的控件赋予代码，赋予其功能。双击“进入”按钮，出现如图 17-13 所示的界面。

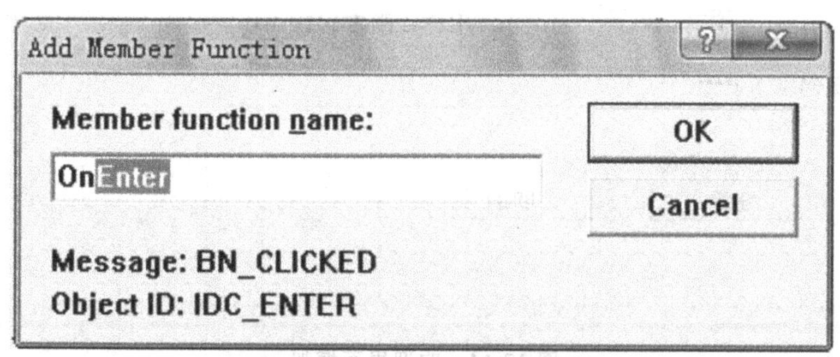

图 17-13　Add Member Function

点击“OK”按钮，对函数 CFriendly::OnEnter()赋予如下代码：

```
OnOK();                          //关闭对话框界面函数
CLoginDlg loginDlg;
loginDlg.DoModal();
extern bool bLoginPassOk;
if(bLoginPassOk)
OnOK();
```

输入代码完成后，关闭此页面并保存代码。同样地，双击“取消”按钮，对其赋予如下代码：

```
OnOK();
```

至此，友好界面设置完毕。

17.2.4 欢迎界面(CWelcomeDlg)

插入空白对话框，拖入相应控件，对界面建立类向导，输入新的类名 CWelcomeDlg、头文件 CWelcomeDlg.h 以及源文件 CWelcomeDlg.cpp。联系以前讲到的知识，对控件进行相应设置，如表 17-6 所示。

表 17-6 对控件进行设置

控件类型	ID	属性值	消息	成员函数
按钮	IDC_ENTRY	登录	BN_CLICKED	CWelcomeDlg::OnEntry()
按钮	IDC_CANCEL	取消	BN_CLICKED	CWelcomeDlg::OnCancel()
静态文本	IDC_USER	用户名		
静态文本	IDC_CODE	密码		
编辑框	IDC_USERNAME			
编辑框	IDC_PASSWORD			
静态文本	IDC_STATIC	用户名跟密码皆为 1		

设置完后的欢迎界面如图 17-14 所示。

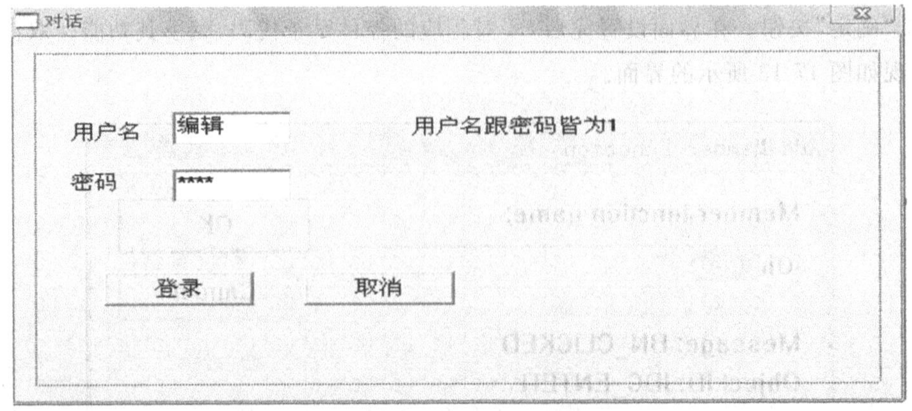

图 17-14 欢迎界面框架

注意:ID 为 IDC_PASSWORD 的编辑框系密码框,需要改变其相应属性,将其变为“ **** ”。改变过程为:右击编辑框,选择属性,然后点击“样式”,如图 17-15 所示。

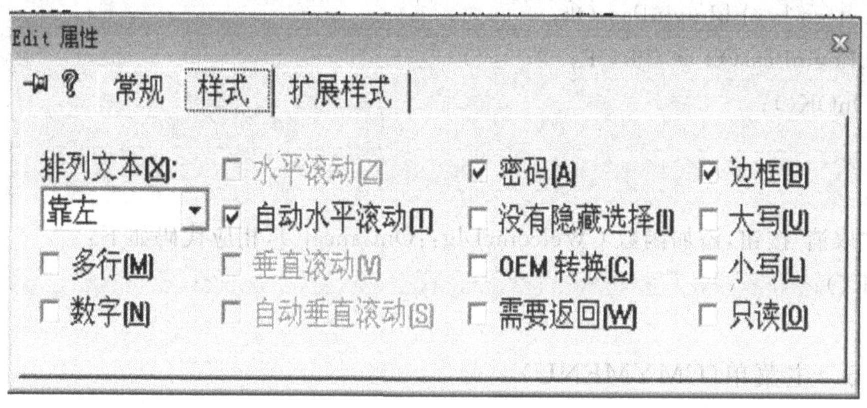

图 17-15 Edit 属性

在“密码(A)”前打钩即可。在对控件设置完之后,要对相应按钮添加代码,双击“登录”按钮,添加函数 CWelcomeDlg::OnEntry(),添加如下代码:

```
CDatabase db;
db.Open(_T("data"),FALSE,FALSE,_T("ODBC;"),FALSE);
CRecordset rs(&db);
CRecordset re(&db);
UpdateData(TRUE);
CString sqlSQL;
sqlSQL.Format("select * from data where username='%s'",m_username);
rs.Open(AFX_DB_USE_DEFAULT_TYPE,sqlSQL);
if(rs.GetRecordCount()==0)
{
  MessageBox("    用户名不存在,请重新输入!","图书馆管理系统",MB_OK);
}
else
{
  sqlSQL.Format("select * from data where password='%s'",m_password);
  re.Open(AFX_DB_USE_DEFAULT_TYPE,sqlSQL);
  if(re.GetRecordCount()==0)
  {
    MessageBox("    密码错误!","图书馆管理系统",MB_OK);
  }
  else
  {
```

```
        db.Close();
        OnOK();
        extern bool bLoginPassOk;
        bLoginPassOk = TRUE;
        OnOK();
    }
}
```

双击“取消”按钮，添加函数 CWelcomeDlg::OnCancel()，相应代码如下：

```
OnOK();
```

17.2.5 主菜单(CMYMENU)

插入空白对话框，拖入相应控件，对界面建立类向导，输入新的类名 CMyWMenu、头文件 CMyWMenu.h 以及源文件 CMyWMenu.cpp，联系以前讲到的知识，对控件进行相应的设置，如表 17-7 所示。

表 17-7 对控件进行设置

控件类型	ID	属性值	消息	成员函数
静态文本	IDC_STATIC	主菜单		
按钮	IDC_MANAGER	图书管理	BN_CLICKED	CMyWMenu::OnManager
按钮	IDC_INFORMATION	学生信息	BN_CLICKED	CMyWMenu::OnInformation
按钮	IDC_EDITBOOK	图书资料修改	BN_CLICKED	CMyWMenu::OnEditbook
按钮	IDC_EDITSTD	学生资料修改	BN_CLICKED	CMyWMenu::OnEditstd
按钮	IDC_BORROW	借阅	BN_CLICKED	CMyWMenu::OnBorrow
按钮	IDC_BACK	归还	BN_CLICKED	CMyWMenu::OnBack
按钮	IDC_RECODE	密码重置	BN_CLICKED	CMyWMenu::OnRecode
按钮	IDC_HELP	帮助	BN_CLICKED	CMyWMenu::OnHelp
按钮	IDC_CANCEL	退出	BN_CLICKED	CMyWMenu::OnCancel

对控件做相应设置后，主菜单界面如图 17-16 所示。

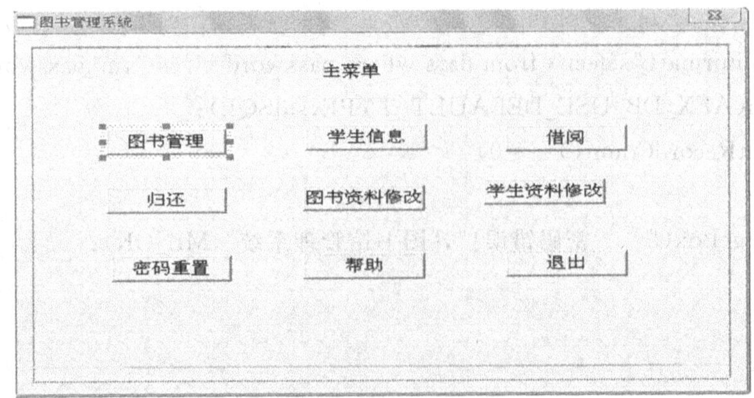

图 17-16 主菜单

对按钮赋予相应代码：

```
void CMyWMenu::OnManager ()
{
    // TODO: Add your control notification handler code here
    CManager manDlg;
    manDlg.DoModal();
    extern bool bLoginPassOk;
    if(bLoginPassOk)
    OnOK();
}
void CMyWMenu::OnInformation()
{
    // TODO: Add your control notification handler code here
    CInformation inDlg;
    inDlg.DoModal();
    extern bool bLoginPassOk;
    if(bLoginPassOk)
    OnOK();
}
void CMyWMenu::OnBorrow()
{
    // TODO: Add your control notification handler code here
    CBorrow borDlg;
    borDlg.DoModal();
    extern bool bLoginPassOk;
    if(bLoginPassOk)
    OnOK();
}
void CMyWMenu::OnBack()
{
    // TODO: Add your control notification handler code here
    CBack backDlg;
    backDlg.DoModal();
    extern bool bLoginPassOk;
    if(bLoginPassOk)
    OnOK();
}
```

```
void CMyWMenu::OnEditbook()
{
  // TODO: Add your control notification handler code here
  CEditBook edboDlg;
  edboDlg.DoModal();
  extern bool bLoginPassOk;
  if(bLoginPassOk)
  OnOK();
}
void CMyWMenu::OnEditstd()
{
  // TODO: Add your control notification handler code here
  CEditStd edstDlg;
  edstDlg.DoModal();
  extern bool bLoginPassOk;
  if(bLoginPassOk)
  OnOK();
}
void CMyWMenu::OnRecode()
{
  // TODO: Add your control notification handler code here
  CReCode reDlg;
  reDlg.DoModal();
  extern bool bLoginPassOk;
  if(bLoginPassOk)
  OnOK();
}
void CMyWMenu::OnHelp()
{
  // TODO: Add your control notification handler code here
  CHelp heDlg;
  heDlg.DoModal();
  extern bool bLoginPassOk;
  if(bLoginPassOk)
  OnOK();
}
void CMyWMenu::OnCancel()
```

```
{
    // TODO: Add your control notification handler code here
    OnOK();
}
```

17.2.6　图书管理界面(MANAGER)

插入对话框，拖入相应控件，对界面建立类向导，输入新的类名 CManager、头文件 CManager.h 以及源文件 CManager.cpp，对控件进行相应设置，如表 17-8 所示。

表 17-8　对控件进行设置

控件类型	ID	属性值	消息	成员函数
静态文本	IDC_STATIC	图书资料		
静态文本	IDC_STATIC	图书介绍		
静态文本	IDC_STATIC	当前日期		
静态文本	IDC_STATIC	编号		
静态文本	IDC_STATIC	名称		
静态文本	IDC_STATIC	类别		
静态文本	IDC_STATIC	作者		
静态文本	IDC_STATIC	价格		
静态文本	IDC_STATIC	数量		
静态文本	IDC_STATIC	介绍		
静态文本	IDC_TIME	Static		
时期时间候选器	IDC_DATETIMEPICKER1			
编辑框	IDC_EDIT1			
编辑框	IDC_EDIT2			
编辑框	IDC_EDIT3			
编辑框	IDC_EDIT4			
编辑框	IDC_EDIT5			
编辑框	IDC_EDIT6			
编辑框	IDC_EDIT7			
按钮	IDC_ADDBOOK	添加图书	BN_CLICKED	CMyWMenu::OnAddbook()
按钮	IDC_DELBOOK	删除图书	BN_CLICKED	CMyWMenu::OnDelbook()
按钮	IDC_RETUTN	返回	BN_CLICKED	CMyWMenu::OnReturn()
按钮	IDC_CANCEL	退出	BN_CLICKED	CMyWMenu::OnCancel()
列表控件	IDC_LIST1		BN_CLICKED	CManager::OnClickList1()
列表控件	IDC_LIST2			
静态文本	IDC_INTRODUCE	Static		

设置完相应控件后，图书管理界面如图 17-17 所示。

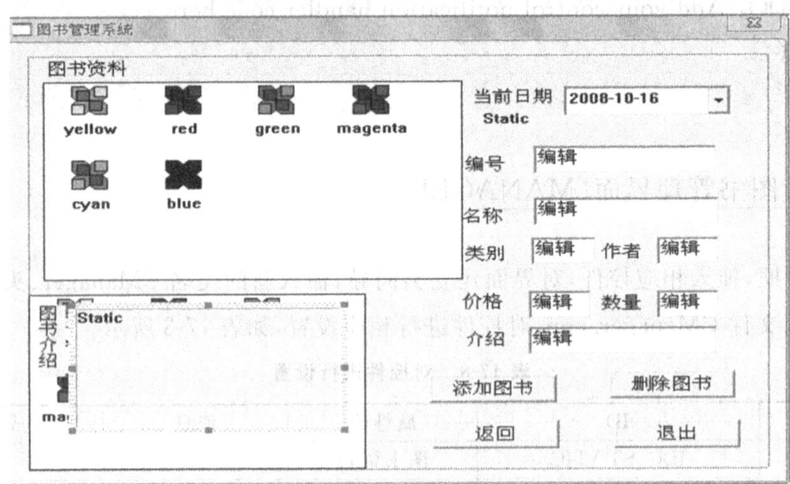

图 17-17　图书管理

对相应的控件设置完后，要对相应的控件赋予代码。由于要对 list 进行初始化，而 list 表初始化要在函数中进行，故需在类 CManager 先定义一个虚初始化函数 OnInitDialog()，相应代码如下：

```
    ⋮
// Overrides
// ClassWizard generated virtual function overrides
//{{AFX_VIRTUAL(CManager)
protected:
virtual void DoDataExchange(CDataExchange * pDX);      // DDX/DDV support
//}}AFX_VIRTUAL

// Implementation
protected:

// Generated message map functions
//{{AFX_MSG(CManager)
virtual BOOL OnInitDialog();
afx_msg void OnButton1();
afx_msg void OnButton4();
afx_msg void OnButton2();
afx_msg void OnButton3();
afx_msg void OnClickList1(NMHDR * pNMHDR, LRESULT * pResult);
```

```
afx_msg void OnClickList2(NMHDR * pNMHDR, LRESULT * pResult);
afx_msg void OnChangeEdit3();
//}}AFX_MSG
DECLARE_MESSAGE_MAP()
private:
  CTime t;
  CString introduce[20],borrowbook[20][5],borrowtime[20][5],tm;
  int borrowbookcount[20];
 ⋮
```

list 表初始化代码如下：

```
BOOL CManager::OnInitDialog()
{
  CDialog::OnInitDialog();
  CDatabase m_database;
  m_database.Open(_T("data"));
  CRecordset m_recordset(&m_database);
  DWORD dwStyle=::GetWindowLong(m_LIST1.m_hWnd,GWL_STYLE);
  SetWindowLong(m_LIST1.m_hWnd,GWL_STYLE,dwStyle | LVS_REPORT);
  DWORD ExStyle=m_LIST1.GetExtendedStyle();

  DWORD dwStyle2=::GetWindowLong(m_LIST1.m_hWnd,GWL_STYLE);
  SetWindowLong(m_LIST2.m_hWnd,GWL_STYLE,dwStyle | LVS_REPORT);
  DWORD ExStyle2=m_LIST2.GetExtendedStyle();
  //设置为整栏选择和网格线

  m_LIST1.SetExtendedStyle(ExStyle|LVS_EX_FULLROWSELECT|
  LVS_EX_GRIDLINES);
  m_LIST2.SetExtendedStyle(ExStyle|LVS_EX_FULLROWSELECT|
  S_EX_GRIDLINES);

  //初始化标题栏
  m_LIST1.InsertColumn(0,"编号",LVCFMT_LEFT,100,-1);
  m_LIST1.InsertColumn(1,"书名",LVCFMT_LEFT,120,-1);
  m_LIST1.InsertColumn(2,"类别",LVCFMT_LEFT,100,-1);
  m_LIST1.InsertColumn(3,"作者",LVCFMT_LEFT,100,-1);
  m_LIST1.InsertColumn(4,"价格",LVCFMT_LEFT,100,-1);
  m_LIST1.InsertColumn(5,"数量",LVCFMT_LEFT,100,-1);
  m_LIST1.InsertColumn(6,"介绍",LVCFMT_LEFT,250,-1);
```

```
    m_LIST1.DeleteAllItems();
    CString strSQL;
    strSQL.Format("select * from data2");
    m_recordset.Open(CRecordset::forwardOnly,strSQL);
    for(int i=0;i<m_recordset.GetRecordCount();i++)
    {
      CString temp;
      m_recordset.GetFieldValue("ID",temp);
      m_LIST1.InsertItem(i,temp);
      m_recordset.GetFieldValue("编号",temp);
      m_LIST1.SetItemText(i,0,temp);
      m_recordset.GetFieldValue("书名",temp);
      m_LIST1.SetItemText(i,1,temp);
      m_recordset.GetFieldValue("类别",temp);
      m_LIST1.SetItemText(i,2,temp);
      m_recordset.GetFieldValue("作者",temp);
      m_LIST1.SetItemText(i,3,temp);
      m_recordset.GetFieldValue("价格",temp);
      m_LIST1.SetItemText(i,4,temp);
      m_recordset.GetFieldValue("数量",temp);
      m_LIST1.SetItemText(i,5,temp);
      m_recordset.GetFieldValue("介绍",temp);
      m_LIST1.SetItemText(i,6,temp);
      m_recordset.MoveNext();
    }
    m_recordset.Close();
    m_EDIT1.Format("%s","");
    m_EDIT2.Format("%s","");
    m_EDIT3.Format("%s","");
    m_EDIT4.Format("%s","");
    m_EDIT5.Format("%s","");
    m_EDIT6.Format("%s","");
    m_EDIT7.Format("%s","");
    GetDlgItem(IDC_LIST2)->ShowWindow(SW_HIDE);
    return TRUE;
}
```

对按钮控件要赋予代码，代码如下：

```
void CManager::OnAddbook()
{// TODO: Add your control notification handler code here
  UpdateData();
  char * num="0123456789";
  char * num1="0123456789.";
  if(m_EDIT1!=""&&m_EDIT2!=""&&m_EDIT3!=""&&m_EDIT4!=""&&
  m_EDIT5!="")
  {
    for(int i=0;i<m_LIST1.GetItemCount();i++)
    {
      if(m_EDIT5==m_LIST1.GetItemText(i,0))
      {
        MessageBox("此编号已存在!");
        return;
      }
      else if(m_EDIT1==m_LIST1.GetItemText(i,1))
      {
        MessageBox("此书已存在!");
        return;
      }
    }
    int pos=m_LIST1.InsertItem(m_LIST1.GetItemCount()+1,m_EDIT5);
    m_LIST1.SetItemText(pos,0,m_EDIT1);
    m_LIST1.SetItemText(pos,1,m_EDIT2);
    m_LIST1.SetItemText(pos,2,m_EDIT3);
    m_LIST1.SetItemText(pos,3,m_EDIT4);
    m_LIST1.SetItemText(pos,4,m_EDIT5);
    m_LIST1.SetItemText(pos,5,m_EDIT6);
    m_LIST1.SetItemText(pos,6,m_EDIT7);
    introduce[pos]=m_EDIT4;
    CDatabase db;
    db.Open(_T("data"),FALSE,FALSE,_T("ODBC;"),FALSE);
    CString temp;
    temp.Format("insert into data2 (编号,书名,价格,数量,介绍,类别,作者) values
    ('%s','%s','%s','%s','%s','%s','%s')",m_EDIT1,m_EDIT2,m_EDIT3,
    m_EDIT4,m_EDIT5,m_EDIT6,m_EDIT7);
```

```
  db.ExecuteSQL(temp);
  MessageBox("添加图书成功!");
  m_EDIT1.Format("%s","");
  m_EDIT2.Format("%s","");
  m_EDIT3.Format("%s","");
  m_EDIT4.Format("%s","");
  m_EDIT5.Format("%s","");
  m_EDIT6.Format("%s","");
  m_EDIT7.Format("%s","");
  UpdateData(FALSE);
  return;
  }
  else
    MessageBox("请填写完整的资料!");
  UpdateData(false);
}

void CManager::OnReturn()
{
  // TODO: Add your control notification handler code here
  OnOK();
  CMyWMenu myDlg;
  myDlg.DoModal();
  extern bool bLoginPassOk;
  if(bLoginPassOk)
  OnOK();
}

void CManager::OnDelbook()
{
  // TODO: Add your control notification handler code here
  CString count,borrow;
  int nItem=m_LIST1.GetNextItem(-1,1);
  int n=nItem;
  if(m_LIST1.GetItemCount()==0)
  {
    MessageBox("图书资料为空!");
```

```
        return;
    }
    if(m_LIST1.GetFirstSelectedItemPosition()!=NULL)
    {
        if(AfxMessageBox("是否删除此图书?",
        MB_ICONQUESTION|MB_YESNO) == IDYES)
        {
            CDatabase db;
            db.Open(_T("data"),FALSE,FALSE,_T("ODBC;"),FALSE);
            CString temp,temp1;
            temp1=m_LIST1.GetItemText(n,0);
            temp.Format("delete * from data2 where 编号=%s",temp1);
            db.ExecuteSQL(temp);
            MessageBox("删除图书成功!");
            m_LIST1.DeleteItem(n);
        }
    }
    else
        MessageBox("请选择要删除的图书!");
}

void CManager::OnCancel()
{
    // TODO: Add your control notification handler code here
    OnOK();
}
```

对 list 表进行相应操作，函数代码如下：

```
void CManager::OnClickList1(NMHDR * pNMHDR, LRESULT * pResult)
{
    // TODO: Add your control notification handler code here
    int pos;
    pos=m_LIST1.GetNextItem(-1,1);
    m_INTRODUCE=m_LIST1.GetItemText(pos,6);
    UpdateData(false);
    * pResult = 0;
}
```

17.2.7 学生信息(INFORMATION)

插入对话框,拖入相应控件,对界面建立类向导,输入新的类名 CInformation、头文件 CInformation.h 以及源文件 CInformation.cpp。对控件进行相应设置,如表 17-9 所示。

表 17-9 对控件进行设置

控件类型	ID	属性值	消息	成员函数
静态文本	IDC_STATIC	学生资料		
静态文本	IDC_STATIC	姓名		
静态文本	IDC_STATIC	系别		
静态文本	IDC_STATIC	班级		
静态文本	IDC_STATIC	数量		
静态文本	IDC_STATIC	已借数量		
编辑框	IDC_EDIT1			
编辑框	IDC_EDIT2			
编辑框	IDC_EDIT3			
编辑框	IDC_EDIT4			
编辑框	IDC_EDIT5			
列表控件	IDC_LIST2			
列表控件	IDC_LIST1			
按钮	IDC ADDSTD	添加学生	BN_CLICKED	CInformation::OnAddstd()
按钮	IDC_DELSTD	删除学生	BN_CLICKED	CInformation::OnDelstd()
按钮	IDC_RETURN	返回	BN_CLICKED	CInformation::OnReturn()
按钮	IDC_CANCEL	退出	BN_CLICKED	CInformation::OnCancel()

对控件设置完,学生信息基本框架如图 17-18 所示。

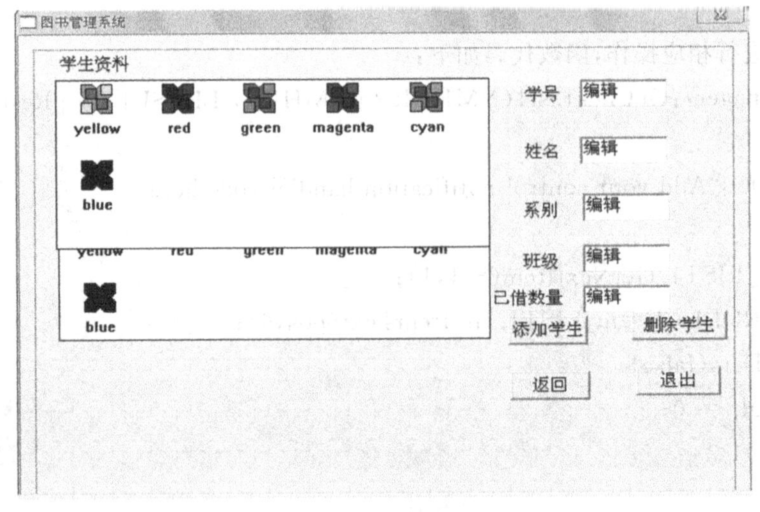

图 17-18 学生信息

另外，要对相应的控件，如按钮控件赋予代码。list 表初始化代码如下：

```
BOOL CInformation::OnInitDialog()
{
  // Set the icon for this dialog. The framework does this automatically
  //when the application's main window is not a dialog
  CDialog::OnInitDialog();
  m_EDIT1.Format("%s","");
  m_EDIT2.Format("%s","");
  m_EDIT3.Format("%s","");
  m_EDIT4.Format("%s","");
  GetDlgItem(IDC_LIST2)->ShowWindow(SW_HIDE);
  CDatabase m_database;
  m_database.Open(_T("data"));
  CRecordset m_recordset(&m_database);
  DWORD dwStyle=::GetWindowLong(m_LIST1.m_hWnd,GWL_STYLE);
  SetWindowLong(m_LIST1.m_hWnd,GWL_STYLE,dwStyle | LVS_REPORT);
  DWORD ExStyle=m_LIST1.GetExtendedStyle();
  //设置为整栏选择和网格线
  m_LIST1.SetExtendedStyle(ExStyle|LVS_EX_FULLROWSELECT|
  LVS_EX_GRIDLINES);
  //初始化标题栏
  m_LIST1.InsertColumn(0,"学号",LVCFMT_LEFT,100,-1);
  m_LIST1.InsertColumn(1,"姓名",LVCFMT_LEFT,100,-1);
  m_LIST1.InsertColumn(2,"系别",LVCFMT_LEFT,100,-1);
  m_LIST1.InsertColumn(3,"班级",LVCFMT_LEFT,100,-1);
  m_LIST1.InsertColumn(4,"图书数量",LVCFMT_LEFT,100,-1);
  m_LIST1.DeleteAllItems();
  CString strSQL1;
  strSQL1.Format("select * from data1");
  m_recordset.Open(CRecordset::forwardOnly,strSQL1);
  for(int j=0;j<m_recordset.GetRecordCount();j++)
  {
    CString temp;
    m_recordset.GetFieldValue("ID",temp);
    m_LIST1.InsertItem(j,temp);
    m_recordset.GetFieldValue("学号",temp);
    m_LIST1.SetItemText(j,0,temp);
```

```
        m_recordset.GetFieldValue("姓名",temp);
        m_LIST1.SetItemText(j,1,temp);
        m_recordset.GetFieldValue("系别",temp);
        m_LIST1.SetItemText(j,2,temp);
        m_recordset.GetFieldValue("班级",temp);
        m_LIST1.SetItemText(j,3,temp);
        m_recordset.GetFieldValue("借书数量",temp);
        m_LIST1.SetItemText(j,4,temp);
        m_recordset.MoveNext();
    }
    return TRUE;
}
```

相应按钮代码如下：

```
void CInformation::OnReturn()
{
    // TODO: Add your control notification handler code here
    OnOK();
    CMyWMenu myDlg;
    myDlg.DoModal();
    extern bool bLoginPassOk;
    if(bLoginPassOk)
    OnOK();
}

void CInformation::OnAddstd()
{
    UpdateData();
    char * num="0123456789";
    if(m_EDIT1!=""&&m_EDIT2!=""&&m_EDIT3!=""&&m_EDIT4!="")
    {
        for(int i=0;i<m_LIST1.GetItemCount();i++)
        {
            if(m_EDIT4==m_LIST1.GetItemText(i,0))
            {
                MessageBox("此学号已存在!");
```

```
            return;
        }
    }
    int pos;
    char *pstr=(LPSTR)(LPCTSTR)m_EDIT4;

    size_t len=strspn(pstr,num);
    pos=m_LIST1.InsertItem(m_LIST1.GetItemCount()+1,m_EDIT4);
    m_LIST1.SetItemText(pos,0,m_EDIT1);
    m_LIST1.SetItemText(pos,1,m_EDIT2);
    m_LIST1.SetItemText(pos,2,m_EDIT3);
    m_LIST1.SetItemText(pos,3,m_EDIT4);
    m_LIST1.SetItemText(pos,4,m_EDIT5);
    CDatabase db;
    db.Open(_T("data"),FALSE,FALSE,_T("ODBC;"),FALSE);
    CString temp;
    temp.Format("insert into data1 (学号,姓名,系别,班级,借书数量) values('%s','%
    s','%s','%s','%s')",m_EDIT1,m_EDIT2,m_EDIT3,m_EDIT4,m_EDIT5);

    db.ExecuteSQL(temp);
    m_EDIT1.Format("%s","");
    m_EDIT2.Format("%s","");
    m_EDIT3.Format("%s","");
    m_EDIT4.Format("%s","");
    m_EDIT5.Format("%s","");
    MessageBox("添加学生成功!");
  }
  else
  {
    MessageBox("请输入完整信息!");
  }
  UpdateData(false);
}

void CInformation::OnDelstd()
{
  // TODO: Add your control notification handler code here
```

```
  if(m_LIST1.GetFirstSelectedItemPosition()==NULL)
  {
    MessageBox("请选择要删除的学生!");
    return;
  }
  else if(m_LIST1.GetFirstSelectedItemPosition()!=NULL)
  {
    if(AfxMessageBox("删除学生记录?", MB_ICONQUESTION|
    MB_YESNO) == IDYES)
    {
      int pos=m_LIST1.GetNextItem(-1,1);
      int nItem=pos;
      CString count;
      CDatabase db;
      db.Open(_T("data"),FALSE,FALSE,_T("ODBC;"),FALSE);
      CString temp,templ;
      templ=m_LIST1.GetItemText(nItem,0);
      temp.Format("delete * from data1 where 学号=%s",templ);
      db.ExecuteSQL(temp);
      m_LIST1.DeleteItem(nItem);
      MessageBox("删除学生成功!");
    }
  }
}

void CInformation::OnCancel()
{
  // TODO: Add your control notification handler code here
  OnOK();
}
```

17.2.8 借阅(BORROW)

插入对话框,拖入相应控件,对界面建立类向导,输入新的类名 CBorrow、头文件 CBorrow.h 以及源文件 CBorrow.cpp。对控件进行相应设置,如表 17-10 所示。

表 17-10　对控件进行设置

控件类型	ID	属性值	消息	成员函数
静态文本	IDC_STATIC	选择借阅者学号		
静态文本	IDC_STATIC	姓名		
静态文本	IDC_STATIC	系别		
静态文本	IDC_STATIC	班级		
静态文本	IDC_STATIC	选择所要借阅的书籍		
静态文本	IDC_SNAME	Static		
静态文本	IDC_DEPART	Static		
静态文本	IDC_CLASS	Static		
组合框	IDC_COMBO1		BN_CLICKED	CBorrow::OnCloseupCombo1()
列表控件	IDC_LIST1		BN_CLICKED	CBorrow::OnClickList1()
列表控件	IDC_LIST2			
按钮	IDC_BORROW	借阅	BN_CLICKED	CBorrow::Borrow()
按钮	IDC_RETURN	返回	BN_CLICKED	CBorrow::Return()
按钮	IDC_CANCEL	退出	BN_CLICKED	CBorrow::Cancel()
列表控件	IDC_LIST3			

对控件设置完成后，借阅界面框架如图 17-19 所示。

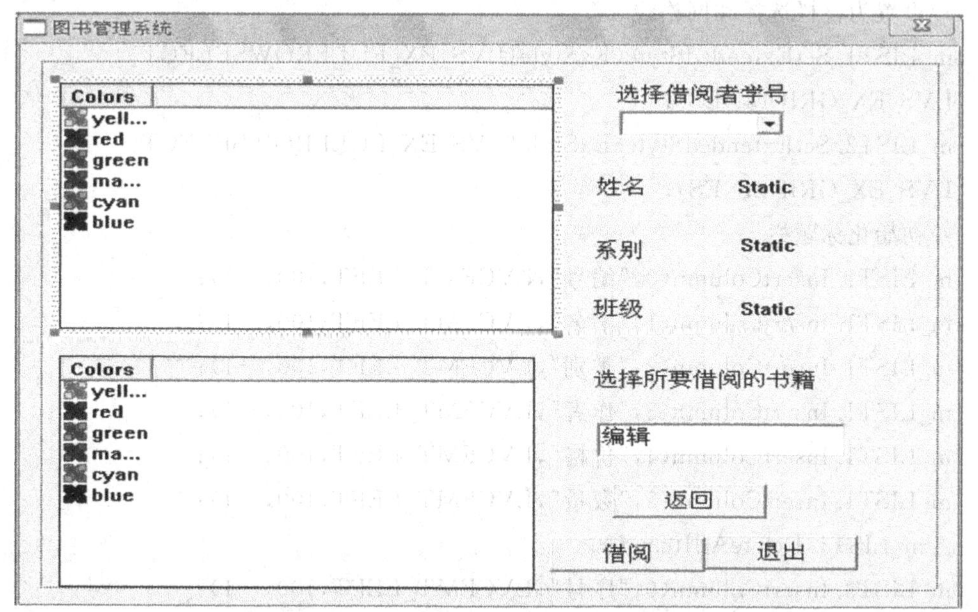

图 17-19　借阅界面

另外，对控件设置完后，要赋予相应的代码。list 表初始化代码如下：

```
BOOL CBorrow::OnInitDialog()
{
  CDialog::OnInitDialog();
  m_COMBO1.SetCurSel(-1);
  m_SNAME.Format("%s","");
  m_PERART.Format("%s","");
  m_CLASS.Format("%s","");
  GetDlgItem(IDC_LIST2)->ShowWindow(SW_HIDE);
  CDatabase m_database;
  m_database.Open(_T("data"));
  CRecordset m_recordset(&m_database);
  //m_TAB.InsertItem(0,"学生资料");
  //m_TAB.InsertItem(1,"图书借阅");
  DWORD dwStyle=::GetWindowLong(m_LIST1.m_hWnd,GWL_STYLE);
  DWORD dwStyle1=::GetWindowLong(m_LIST2.m_hWnd,GWL_STYLE);
  //设置为报表形式
  SetWindowLong(m_LIST1.m_hWnd,GWL_STYLE,dwStyle | LVS_REPORT);
  DWORD ExStyle=m_LIST1.GetExtendedStyle();
  SetWindowLong(m_LIST2.m_hWnd,GWL_STYLE,dwStyle1 | LVS_REPORT);
  DWORD ExStyle2=m_LIST2.GetExtendedStyle();
  //设置为整栏选择和网格线
  m_LIST1.SetExtendedStyle(ExStyle|LVS_EX_FULLROWSELECT|
  LVS_EX_GRIDLINES);
  m_LIST2.SetExtendedStyle(ExStyle|LVS_EX_FULLROWSELECT |
  LVS_EX_GRIDLINES);
  //初始化标题栏
  m_LIST1.InsertColumn(0,"编号",LVCFMT_LEFT,100,-1);
  m_LIST1.InsertColumn(1,"书名",LVCFMT_LEFT,100,-1);
  m_LIST1.InsertColumn(2,"类别",LVCFMT_LEFT,100,-1);
  m_LIST1.InsertColumn(3,"作者",LVCFMT_LEFT,100,-1);
  m_LIST1.InsertColumn(4,"价格",LVCFMT_LEFT,100,-1);
  m_LIST1.InsertColumn(5,"数量",LVCFMT_LEFT,100,-1);
  //m_LIST1.DeleteAllItems();
  m_LIST3.InsertColumn(0,"序号",LVCFMT_LEFT,100,-1);
  m_LIST3.InsertColumn(1,"名称",LVCFMT_LEFT,100,-1);
  m_LIST3.InsertColumn(2,"时间",LVCFMT_LEFT,150,-1);
  CString strSQL;
```

```
strSQL.Format("select * from data2");
m_recordset.Open(CRecordset::forwardOnly,strSQL);
for(int i=0;i<m_recordset.GetRecordCount();i++)
{
   CString temp;
   m_recordset.GetFieldValue("ID",temp);
   m_LIST1.InsertItem(i,temp);
   m_recordset.GetFieldValue("编号",temp);
   m_LIST1.SetItemText(i,0,temp);
   m_recordset.GetFieldValue("书名",temp);
   m_LIST1.SetItemText(i,1,temp);
   m_recordset.GetFieldValue("类别",temp);
   m_LIST1.SetItemText(i,2,temp);
   m_recordset.GetFieldValue("作者",temp);
   m_LIST1.SetItemText(i,3,temp);
   m_recordset.GetFieldValue("价格",temp);
   m_LIST1.SetItemText(i,4,temp);
   m_recordset.GetFieldValue("数量",temp);
   m_LIST1.SetItemText(i,5,temp);
   m_recordset.MoveNext();
}

m_recordset.Close();
m_LIST2.InsertColumn(0,"学号",LVCFMT_LEFT,100,-1);
m_LIST2.InsertColumn(1,"姓名",LVCFMT_LEFT,92,-1);
m_LIST2.InsertColumn(2,"系别",LVCFMT_LEFT,72,-1);
m_LIST2.InsertColumn(3,"班级",LVCFMT_LEFT,70,-1);
m_LIST2.InsertColumn(4,"借书数量",LVCFMT_LEFT,40,-1);

CString strSQL1;
strSQL1.Format("select * from data1");
m_recordset.Open(CRecordset::forwardOnly,strSQL1);
for(int j=0;j<m_recordset.GetRecordCount();j++)
{
   CString temp;
   m_recordset.GetFieldValue("ID",temp);
   m_LIST2.InsertItem(j,temp);
```

```
        m_recordset.GetFieldValue("学号",temp);
        m_LIST2.SetItemText(j,0,temp);
        m_recordset.GetFieldValue("姓名",temp);
        m_LIST2.SetItemText(j,1,temp);
        m_recordset.GetFieldValue("系别",temp);
        m_LIST2.SetItemText(j,2,temp);
        m_recordset.GetFieldValue("班级",temp);
        m_LIST2.SetItemText(j,3,temp);
        m_recordset.GetFieldValue("借书数量",temp);
        m_LIST2.SetItemText(j,4,temp);
        m_recordset.MoveNext();
    }
    m_recordset.Close();
    return TRUE;
}
```

相应按钮代码如下：

```
void CBorrow::OnReturn()
{
    // TODO: Add your control notification handler code here
    OnOK();
    CMyWMenu myDlg;
    myDlg.DoModal();
    extern bool bLoginPassOk;
    if(bLoginPassOk)
    OnOK();
}

void CBorrow::OnBorrow()
{
    // TODO: Add your control notification handler code here
    UpdateData();
    int i,m;
    char s1[15],s2[15];
    CString tm1,str1;
    CTime t1;
    m_COMBO1.GetLBText(m_COMBO1.GetCurSel(),s1);
    t1=CTime::GetCurrentTime();
```

```
tm1.Format("%d-%d-%d",t1.GetYear(),t1.GetMonth(),t1.GetDay());
UpdateData(false);
for(i=0;i<m_LIST2.GetItemCount();i++)
{
  str1=m_LIST2.GetItemText(i,0);
  strncpy(s2,(LPCTSTR)str1,sizeof(s2));
  m=strcmp(s1,s2);
  if(m==0)
  {
    if(m_LIST2.GetItemText(i,4)=="5")
    {
      MessageBox("该学生已借数量为 5 本!");
      return;
    }
    else
    {
      int pos,pos1,pos2;
      CDatabase db;
      db.Open(_T("data"),FALSE,FALSE,_T("ODBC;"),FALSE);
      CString temp,temp1,temp2,temp4,temp5;
      temp.Format("update data2 set 数量=数量-1 where 书名='%s'",
      m_EDIT1);
      db.ExecuteSQL(temp);
      m_COMBO1.GetLBText(m_COMBO1.GetCurSel(),temp2);
      temp1.Format("update data1 set 借书数量=借书数量+1 where 学号=%s",temp2);
      db.ExecuteSQL(temp1);
      pos1=m_LIST1.GetNextItem(-1,1);
      pos2=m_LIST2.GetNextItem(-1,1);
      temp4=m_LIST1.GetItemText(pos1,0);
      CString temp3;
      temp3.Format("insert into data3 (序号,名称,编号,时间) values ('%s','%s',
      '%s','%s')",temp2,m_SNAME,temp4,tm1);
      db.ExecuteSQL(temp3);
      temp5.Format("insert into data4 (学号,编号,名称,时间)
      values ('%s','%s','%s','%s')",temp2,temp4,m_EDIT1,tm1);
      db.ExecuteSQL(temp5);
```

```
            int j=0;
            temp=m_LIST3.GetItemText(pos,0);
            m_LIST3.InsertItem(j,temp2);
            m_LIST3.SetItemText(j,1,m_SNAME);
            m_LIST3.SetItemText(j,2,tm1);
            MessageBox("图书借阅成功!");
            return;
        }
        MessageBox("不存在此书!");
        return;
      }
    }
    MessageBox("不存在此学生!");
    return;
}

void CBorrow::OnCancel()
{
    // TODO: Add your control notification handler code here
    OnOK();
}
```

list1 代码如下:

```
void CBorrow::OnClickList1(NMHDR * pNMHDR, LRESULT * pResult)
{
    m_LIST3.DeleteAllItems();
    int pos;
    long z,i;
    CString temp,temp1;
    pos=m_LIST1.GetNextItem(-1,1);
    m_EDIT1=m_LIST1.GetItemText(pos,1);
    temp=m_LIST1.GetItemText(pos,0);
    CDatabase db;
    db.Open(_T("data"));
    temp1.Format("select * from data3 where 编号='%s'",temp);
    CRecordset rs(&db);
    rs.Open(CRecordset::forwardOnly,temp1);
    z=rs.GetRecordCount();
```

```
    int j=0;
    m_LIST3.DeleteAllItems();
    while(!rs.IsEOF())
    {
      rs.GetFieldValue("序号",temp);
      m_LIST3.InsertItem(j,temp);
      rs.GetFieldValue("名称",temp);
      m_LIST3.SetItemText(j,1,temp);
      rs.GetFieldValue("时间",temp);
      m_LIST3.SetItemText(j,2,temp);
      rs.MoveNext();
      j++;
    }
    UpdateData(FALSE);
    *pResult = 0;
}
```

有关时间日期控件的代码如下：

```
void CBorrow::OnCloseupCombo1()
{
    // TODO: Add your control notification handler code here
    int i,m;
    char str[15],str2[15];
    CString str1;
    m_COMBO1.GetLBText(m_COMBO1.GetCurSel(),str);

    for(i=0;i<m_LIST2.GetItemCount();i++)
    {
      str1=m_LIST2.GetItemText(i,0);
      strncpy(str2,(LPCTSTR)str1,sizeof(str2)); //CString->char []
      m=strcmp(str2,str);
      if(m==0)
      {
        m_SNAME=m_LIST2.GetItemText(i,1);
        m_PERART=m_LIST2.GetItemText(i,2);
        m_CLASS=m_LIST2.GetItemText(i,3);
        UpdateData(false);
        break;
```

```
            }
        }
    }
```

17.2.9 归还(BACK)

插入空白对话框，拖入相应控件，对界面建立类向导，输入新的类名 CBack、头文件 CBack.h 以及源文件 CBack.cpp。对控件进行相应设置，如表 17-11 所示。

表 17-11 对控件进行设置

控件类型	ID	属性值	消息	成员函数
静态文本	IDC_SNUM	Static		
静态文本	IDC_STATIC	请选择要归还书的编号		
静态文本	IDC_STATIC	学号		
静态文本	IDC_STATIC	请在图书资料中选择学生，然后在借阅资料中选择所要归还的书		
列表控件	IDC_LIST1		BN_CLICKED	CBack::OnClickList1()
列表控件	IDC_LIST2			
列表控制	IDC_LIST3			
按钮	IDC_SBACK	归还	BN_CLICKED	CBack::OnSback()
按钮	IDC_RETURN	返回	BN_CLICKED	CBack::OnReturn
按钮	IDC_CANCEL	退出	BN_CLICKED	CBack::OnCancel

控件设置完成后，归还界面如图 17-20 所示。

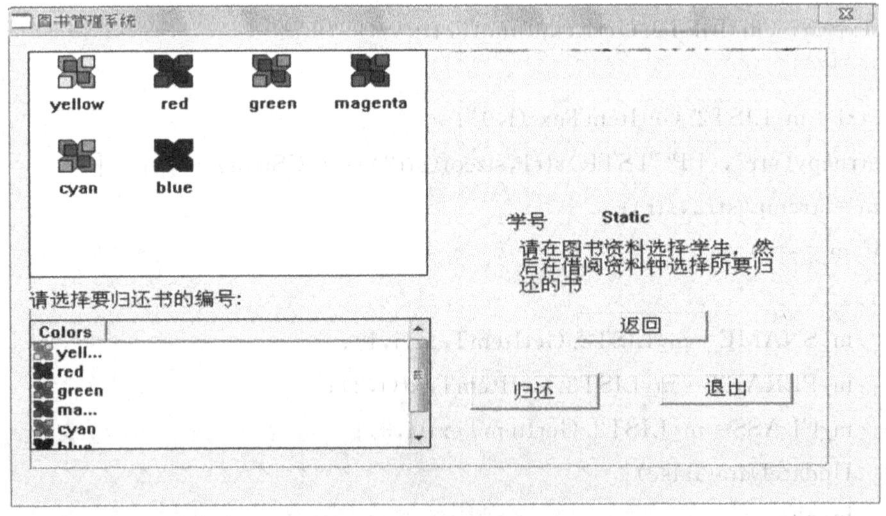

图 17-20 归还图书界面

另外，要对相应的控件赋予代码，如 list 控件初始化代码如下：

```
BOOL CBack::OnInitDialog()
{
  CDialog::OnInitDialog();
  m_SNUM.Format("%s","");
  GetDlgItem(IDC_LIST2)->ShowWindow(SW_HIDE);
  CDatabase m_database;
  m_database.Open(_T("data"));
  CRecordset m_recordset(&m_database);
  DWORD dwStyle=::GetWindowLong(m_LIST1.m_hWnd,GWL_STYLE);
  DWORD dwStyle2=::GetWindowLong(m_LIST2.m_hWnd,GWL_STYLE);
  //设置为报表形式
  SetWindowLong(m_LIST1.m_hWnd,GWL_STYLE,dwStyle | LVS_REPORT);
  DWORD ExStyle=m_LIST1.GetExtendedStyle();
  SetWindowLong(m_LIST2.m_hWnd,GWL_STYLE,dwStyle2 | LVS_REPORT);
  DWORD ExStyle2=m_LIST2.GetExtendedStyle();
  //设置为整栏选择和网格线
  m_LIST1.SetExtendedStyle(ExStyle|LVS_EX_FULLROWSELECT |
  LVS_EX_GRIDLINES);
  m_LIST2.SetExtendedStyle(ExStyle|LVS_EX_FULLROWSELECT |
  LVS_EX_GRIDLINES);
  //初始化标题栏
  m_LIST1.InsertColumn(0,"学号",LVCFMT_LEFT,100,-1);
  m_LIST1.InsertColumn(1,"姓名",LVCFMT_LEFT,100,-1);
  m_LIST1.InsertColumn(2,"系别",LVCFMT_LEFT,100,-1);
  m_LIST1.InsertColumn(3,"班级",LVCFMT_LEFT,100,-1);
  m_LIST1.InsertColumn(4,"借书数量",LVCFMT_LEFT,100,-1);
  m_LIST3.InsertColumn(0,"编号",LVCFMT_LEFT,100,-1);
  m_LIST3.InsertColumn(1,"名称",LVCFMT_LEFT,100,-1);
  m_LIST3.InsertColumn(2,"时间",LVCFMT_LEFT,100,-1);

  CString strSQL;
  strSQL.Format("select * from data1");
  m_recordset.Open(CRecordset::forwardOnly,strSQL);
  for(int i=0;i<m_recordset.GetRecordCount();i++)
  {
    CString temp;
```

```
    m_recordset.GetFieldValue("ID",temp);
    m_LIST1.InsertItem(i,temp);
    m_recordset.GetFieldValue("学号",temp);
    m_LIST1.SetItemText(i,0,temp);
    m_recordset.GetFieldValue("姓名",temp);
    m_LIST1.SetItemText(i,1,temp);
    m_recordset.GetFieldValue("系别",temp);
    m_LIST1.SetItemText(i,2,temp);
    m_recordset.GetFieldValue("班级",temp);
    m_LIST1.SetItemText(i,3,temp);
    m_recordset.GetFieldValue("借书数量",temp);
    m_LIST1.SetItemText(i,4,temp);
    m_recordset.MoveNext();
  }
  m_recordset.Close();
  m_LIST2.InsertColumn(0,"编号",LVCFMT_LEFT,100,-1);
  m_LIST2.InsertColumn(1,"书名",LVCFMT_LEFT,100,-1);
  m_LIST2.InsertColumn(2,"类别",LVCFMT_LEFT,100,-1);
  m_LIST2.InsertColumn(3,"作者",LVCFMT_LEFT,100,-1);
  m_LIST2.InsertColumn(4,"价格",LVCFMT_LEFT,100,-1);
  m_LIST2.InsertColumn(5,"数量",LVCFMT_LEFT,100,-1);
  CString strSQL1;
  strSQL1.Format("select * from data2");
  m_recordset.Open(CRecordset::forwardOnly,strSQL1);
  for(int j=0;j<m_recordset.GetRecordCount();j++)
  {
    CString temp;
    m_recordset.GetFieldValue("ID",temp);
    m_LIST2.InsertItem(j,temp);
    m_recordset.GetFieldValue("编号",temp);
    m_LIST2.SetItemText(j,0,temp);
    m_recordset.GetFieldValue("书名",temp);
    m_LIST2.SetItemText(j,1,temp);
    m_recordset.GetFieldValue("类别",temp);
    m_LIST2.SetItemText(j,2,temp);
    m_recordset.GetFieldValue("作者",temp);
    m_LIST2.SetItemText(j,3,temp);
```

```
        m_recordset.GetFieldValue("价格",temp);
        m_LIST2.SetItemText(j,4,temp);
        m_recordset.GetFieldValue("数量",temp);
        m_LIST2.SetItemText(j,5,temp);
        m_recordset.MoveNext();
    }
    m_recordset.Close();
    return TRUE;
}
```

按钮控件的相应代码如下：

```
void CBack::OnReturn()
{
    // TODO: Add your control notification handler code here
    OnOK();
    CMyWMenu myDlg;
    myDlg.DoModal();
    extern bool bLoginPassOk;
    if(bLoginPassOk)
    OnOK();
}

void CBack::OnSback()
{
    UpdateData(TRUE);
    CDatabase db;
    CString count,temp2,temp6;
    int pos,s;
    int nItem=m_LIST3.GetNextItem(-1,1);
    if(m_LIST3.GetFirstSelectedItemPosition()! =NULL&&m_LIST3.GetItemText(0,0)! ="")
    {
        db.Open(_T("data"),FALSE,FALSE,_T("ODBC;"),FALSE);
        CString temp,temp3,temp4,temp5;
        int temp1;
        temp1=m_LIST1.GetNextItem(-1,1);
        temp2=m_LIST1.GetItemText(temp1,0);
        temp.Format("update data1 set 借书数量=借书数量-1 where 学号=%s",temp2);
        db.ExecuteSQL(temp);
```

```
    pos=m_LIST3.GetNextItem(-1,1);
    temp4=m_LIST3.GetItemText(pos,0);
    temp3.Format("update data2 set 数量=数量+1 where 编号=%s",temp4);
    db.ExecuteSQL(temp3);
    temp5.Format("delete * from data4 where 学号='%s' AND 编号='%s'",
    m_SNUM,temp4);
    db.ExecuteSQL(temp5);
    temp6.Format("delete * from data3 where 序号='%s' AND 编号='%s'",
    m_SNUM,temp4);
    db.ExecuteSQL(temp6);
    MessageBox("归还成功");
    m_LIST3.DeleteItem(nItem);
  }
  else if(m_LIST3.GetFirstSelectedItemPosition()==NULL)
  {
    MessageBox("请选一个学生!");
    return;
  }
  else
    MessageBox("请选择要归还的图书!");
}

void CBack::OnCancel()
{
  // TODO: Add your control notification handler code here
  OnOK();
}
```

list 1 代码如下：

```
void CBack::OnClickList1(NMHDR * pNMHDR, LRESULT * pResult)
{
  // TODO: Add your control notification handler code here
  int pos;
  pos=m_LIST1.GetNextItem(-1,1);
  m_SNUM=m_LIST1.GetItemText(pos,0);
  CDatabase db;
  db.Open(_T("data"),FALSE,FALSE,_T("ODBC;"),FALSE);
```

```
    CString temp,temp2;
    temp.Format("select * from data4 where 学号='%s'",m_SNUM);
    CRecordset rs(&db);
    rs.Open(AFX_DB_USE_DEFAULT_TYPE,temp);
    //rs.MoveFirst();
    int i=0;
    m_LIST3.DeleteAllItems();
    if(!rs.IsEOF())
    {
      while(!rs.IsEOF())
      {
        rs.GetFieldValue("编号",temp2);
        m_LIST3.InsertItem(i,temp2);
        rs.GetFieldValue("名称",temp2);
        m_LIST3.SetItemText(i,1,temp2);
        rs.GetFieldValue("时间",temp2);
        m_LIST3.SetItemText(i,2,temp2);
        rs.MoveNext();
        i++;
      }
    }
    else
    {
      if(m_LIST1.GetFirstSelectedItemPosition()==NULL)
      {
        return;
      }
      else
      {
        MessageBox("该学生未借书");return;
      }
    }
    UpdateData(FALSE);
    *pResult = 0;
}
```

17.2.10 图书资料修改(EDITBOOK)

插入空白对话框，拖入相应控件，对界面建立类向导，输入新的类名 CEditBook、头文件 CEditBook.h 以及源文件 CEditBook.cpp。对控件进行相应设置，如表 17-12 所示。

表 17-12 对控件进行设置

控件类型	ID	属性值	消息	成员函数
静态文本	IDC_NUM	Static		
静态文本	IDC_STATIC	编号		
静态文本	IDC_STATIC	书名		
静态文本	IDC_STATIC	类别		
静态文本	IDC_STATIC	作者		
静态文本	IDC_STATIC	价格		
静态文本	IDC_STATIC	数量		
静态文本	IDC_STATIC	介绍		
静态文本	IDC_INTRODUCE	Static		
列表控件	IDC_LIST1		BN_CLICKED	CEditBook::OnClickList1()
列表控件	IDC_LIST2			
编辑框	IDC_EDIT1			
编辑框	IDC_EDIT2			
编辑框	IDC_EDIT3			
编辑框	IDC_EDIT4			
编辑框	IDC_EDIT5			
编辑框	IDC_EDIT6			
按钮	IDC_SEDITBOOK	修改	BN_CLICKED	CEditBook::OnSeditbook()
按钮	IDC_RETURN	返回	BN_CLICKED	CEditBook::OnReturn()
按钮	IDC_CANCEL	退出	BN_CLICKED	CEditBook::OnCancel()

进行相应的控件设置后，图书资料修改界面如图 17-21 所示。

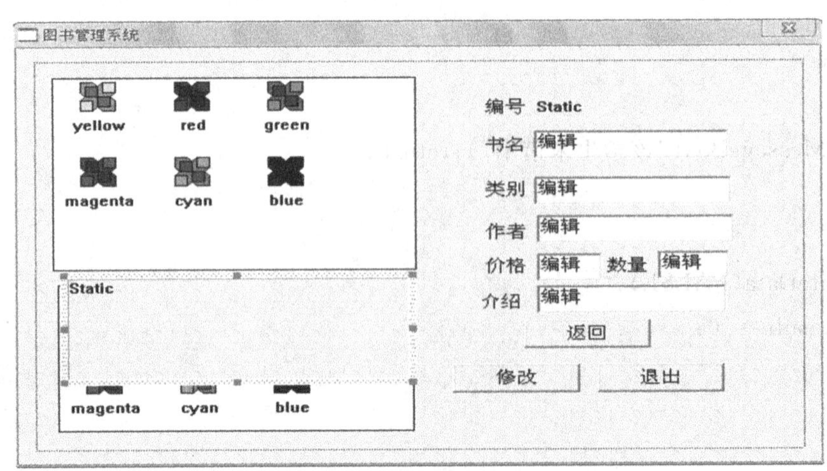

图 17-21 图书资料修改界面

另外，在相应控件设置完毕后，要给相应控件赋予相应代码。list 表初始化代码如下：

```
BOOL CEditBook::OnInitDialog()
{
  CDialog::OnInitDialog();
  m_EDIT2.Format("%s","");
  m_EDIT3.Format("%s","");
  m_EDIT4.Format("%s","");
  m_NUM.Format("%s","");
  m_INTRODUCE.Format("%s","");
  GetDlgItem(IDC_LIST2)->ShowWindow(SW_HIDE);
  CDatabase m_database;
  m_database.Open(_T("data"));
  CRecordset m_recordset(&m_database);
  DWORD dwStyle=::GetWindowLong(m_LIST1.m_hWnd,GWL_STYLE);
  //设置为报表形式
  SetWindowLong(m_LIST1.m_hWnd,GWL_STYLE,dwStyle | LVS_REPORT);
  DWORD ExStyle=m_LIST1.GetExtendedStyle();
  //设置为整栏选择和网格线
  m_LIST1.SetExtendedStyle(ExStyle|LVS_EX_FULLROWSELECT |
  LVS_EX_GRIDLINES);
  //初始化标题栏
  m_LIST1.InsertColumn(0,"编号",LVCFMT_LEFT,100,-1);
  m_LIST1.InsertColumn(1,"书名",LVCFMT_LEFT,100,-1);
  m_LIST1.InsertColumn(2,"类别",LVCFMT_LEFT,100,-1);
  m_LIST1.InsertColumn(3,"作者",LVCFMT_LEFT,100,-1);
  m_LIST1.InsertColumn(4,"价格",LVCFMT_LEFT,100,-1);
  m_LIST1.InsertColumn(5,"数量",LVCFMT_LEFT,100,-1);
  m_LIST1.InsertColumn(6,"介绍",LVCFMT_LEFT,100,-1);
  m_LIST1.DeleteAllItems();
  CString strSQL1;
  strSQL1.Format("select * from data2");
  m_recordset.Open(CRecordset::forwardOnly,strSQL1);
  for(int j=0;j<m_recordset.GetRecordCount();j++)
  {
    CString temp;
    m_recordset.GetFieldValue("ID",temp);
    m_LIST1.InsertItem(j,temp);
```

```
        m_recordset.GetFieldValue("编号",temp);
        m_LIST1.SetItemText(j,0,temp);
        m_recordset.GetFieldValue("书名",temp);
        m_LIST1.SetItemText(j,1,temp);
        m_recordset.GetFieldValue("类别",temp);
        m_LIST1.SetItemText(j,2,temp);
        m_recordset.GetFieldValue("作者",temp);
        m_LIST1.SetItemText(j,3,temp);
        m_recordset.GetFieldValue("价格",temp);
        m_LIST1.SetItemText(j,4,temp);
        m_recordset.GetFieldValue("数量",temp);
        m_LIST1.SetItemText(j,5,temp);
        m_recordset.GetFieldValue("介绍",temp);
        m_LIST1.SetItemText(j,6,temp);
        m_recordset.MoveNext();
    }
    m_recordset.Close();
    return TRUE;
}
```

相应按钮代码如下：

```
void CEditBook::OnReturn()
{
    // TODO: Add your control notification handler code here
    OnOK();
    CMyWMenu myDlg;
    myDlg.DoModal();
    extern bool bLoginPassOk;
    if(bLoginPassOk)
    OnOK();
}
void CEditBook::OnCancel()
{
    // TODO: Add your control notification handler code here
    OnOK();
}

void CEditBook::OnSeditbook()
```

```
{
 // TODO: Add your control notification handler code here
 UpdateData(TRUE);
 char * num1="0123456789.";
 if(m_NUM!="")
 {
   if(m_EDIT2!=""&&m_EDIT3! =""&&m_EDIT4! ="")
   {
     for(int i=0;i<m_LIST1.GetItemCount();i++)
     {
       if(m_EDIT2==m_LIST1.GetItemText(i,1)&&
       m_NUM!=m_LIST1.GetItemText(i,0))
       {
         MessageBox("此书已存在!");
         return;
       }
       if(m_NUM==m_LIST1.GetItemText(i,0))
       {
         char * pstr=(LPSTR)(LPCTSTR)m_EDIT3;
         size_t len1=strspn(pstr,num1);
         if(pstr[len1]=='\0' &&m_EDIT2!=m_LIST1.GetItemText(i,1)||m_
         EDIT3!=m_LIST2.GetItemText(i,2)||m_EDIT4!=introduce[i])
         {
           if(AfxMessageBox("是否修改资料?",
           MB_ICONQUESTION|MB_YESNO)==IDYES)
           {
             m_LIST1.SetItemText(i,1,m_EDIT2);
             m_LIST1.SetItemText(i,2,m_EDIT3);
             introduce[i]=m_EDIT4;
             MessageBox("修改资料成功!");
             int pos;
             CString temp3;
             pos=m_LIST1.GetNextItem(-1,1);
             temp3=m_LIST1.GetItemText(pos,0);
             CDatabase db;
             db.Open(_T("data"),FALSE,FALSE,_T("ODBC;"),FALSE);
             CString temp,temp1,temp2;
```

```
                temp.Format("delete * from data2 where 编号=%s",temp3);
                db.ExecuteSQL(temp);
                temp1.Format("insert into data2(编号,书名,类别,作者,价格,数量,介绍)
                 values('%s','%s','%s','%s','%s','%s','%s')",temp3,m_EDIT2,
                 m_EDIT3,m_EDIT4,m_EDIT1,m_EDIT5,m_EDIT6);
                db.ExecuteSQL(temp1);
                m_EDIT2.Format("%s","");
                m_EDIT3.Format("%s","");
                m_EDIT4.Format("%s","");
                m_NUM.Format("%s","");
                m_INTRODUCE.Format("%s","");
                UpdateData(false);
                return;
              }
            }
            else if(m_EDIT2==m_LIST1.GetItemText(i,1)&&
            m_EDIT3==m_LIST1.GetItem Text(i,2)&&m_EDIT4==introduce[i])
              MessageBox("图书资料无修改!");
            else
              MessageBox("价格只能是数字!");
          }
        }
      }
      else
        MessageBox("请填写完整的资料!");
    }
    else
      MessageBox("请在图书资料中选择你所要修改的图书!");
}
```

list 1 代码如下：

```
void CEditBook::OnClickList1(NMHDR * pNMHDR, LRESULT * pResult)
{
    // TODO: Add your control notification handler code here
    int pos;
    pos=m_LIST1.GetNextItem(-1,1);
    m_NUM=m_LIST1.GetItemText(pos,0);
```

```
    m_EDIT2=m_LIST1.GetItemText(pos,1);
    m_EDIT3=m_LIST1.GetItemText(pos,2);
    m_EDIT4=m_LIST1.GetItemText(pos,3);
    m_EDIT1=m_LIST1.GetItemText(pos,4);
    m_EDIT5=m_LIST1.GetItemText(pos,5);
    m_EDIT6=m_LIST1.GetItemText(pos,6);
    m_INTRODUCE=m_LIST1.GetItemText(pos,6);
    UpdateData(false);
    *pResult = 0;
}
```

17.2.11 学生资料修改(EDITSTD)

插入空白对话框，拖入相应控件，对界面建立类向导，输入新的类名 CEditStd、头文件 CEditStd.h 以及源文件 CEditStd.cpp。对控件进行相应设置，如表 17-13 所示：

表 17-13 对控件进行设置

控件类型	ID	属性值	消息	成员函数
静态文本	IDC_SNUM	Static		
静态文本	IDC_STATIC	学生资料		
静态文本	IDC_STATIC	学号		
静态文本	IDC_STATIC	姓名		
静态文本	IDC_STATIC	系别		
静态文本	IDC_STATIC	班级		
按钮	IDC_SEDITSTD	修改	BN_CLICKED	CEditBStd::OnSeditstd()
按钮	IDC_RETURN	返回	BN_CLICKED	CEditBStd::OnReturn()
按钮	IDC_CANCEL	退出	BN_CLICKED	CEditBStd::OnCancel()
编辑框	IDC_EDIT1			
编辑框	IDC_EDIT2			
编辑框	IDC_EDIT3			
列表控件	IDC_LIST1		BN_CLICKED	CEditStd::OnClickList1()
列表控件	IDC_LIST2			

对相应控件设置完后，学生资料修改界面如图 17-22 所示。

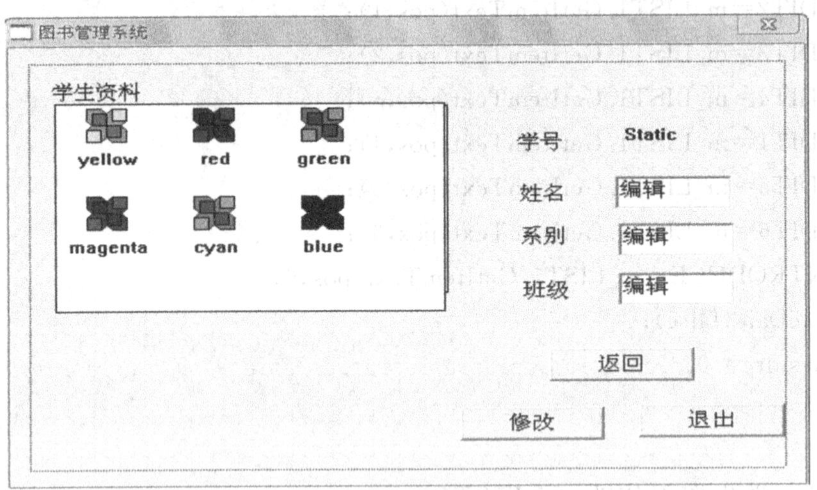

图 17-22　图书资料修改界面

另外，对控件设置完后，则要对相应控件赋予代码方能实现相应的功能。list 表初始化如下：

```
BOOL CEditStd::OnInitDialog()
{
  CDialog::OnInitDialog();
  m_EDIT1.Format("%s","");
  m_EDIT2.Format("%s","");
  m_EDIT3.Format("%s","");
  m_SNUM.Format("%s","");
  GetDlgItem(IDC_LIST2)->ShowWindow(SW_HIDE);
  CDatabase m_database;
  m_database.Open(_T("data"));
  CRecordset m_recordset(&m_database);
  DWORD dwStyle=::GetWindowLong(m_LIST1.m_hWnd,GWL_STYLE);
  //设置为报表形式
  SetWindowLong(m_LIST1.m_hWnd,GWL_STYLE,dwStyle | LVS_REPORT);
  DWORD ExStyle=m_LIST1.GetExtendedStyle();
  //设置为整栏选择和网格线
  m_LIST1.SetExtendedStyle(ExStyle|LVS_EX_FULLROWSELECT|
  LVS_EX_GRIDLINES);
  //初始化标题栏
  m_LIST1.InsertColumn(0,"学号",LVCFMT_LEFT,100,-1);
  m_LIST1.InsertColumn(1,"姓名",LVCFMT_LEFT,100,-1);
  m_LIST1.InsertColumn(2,"系别",LVCFMT_LEFT,100,-1);
```

```
    m_LIST1. InsertColumn(3,"班级",LVCFMT_LEFT,100,-1);
    m_LIST1. InsertColumn(4,"借书数量",LVCFMT_LEFT,100,-1);
    CString strSQL;
    strSQL. Format("select * from data1");
    m_recordset. Open(CRecordset::forwardOnly,strSQL);
    for(int i=0;i<m_recordset. GetRecordCount();i++)
    {
      CString temp;
      m_recordset. GetFieldValue("ID",temp);
      m_LIST1. InsertItem(i,temp);
      m_recordset. GetFieldValue("学号",temp);
      m_LIST1. SetItemText(i,0,temp);
      m_recordset. GetFieldValue("姓名",temp);
      m_LIST1. SetItemText(i,1,temp);
      m_recordset. GetFieldValue("系别",temp);
      m_LIST1. SetItemText(i,2,temp);
      m_recordset. GetFieldValue("班级",temp);
      m_LIST1. SetItemText(i,3,temp);
      m_recordset. GetFieldValue("借书数量",temp);
      m_LIST1. SetItemText(i,4,temp);
      m_recordset. MoveNext();
    }
    m_recordset. Close();
    return TRUE;
}
```

相应按钮代码为：

```
void CEditStd::OnReturn()
{
  // TODO: Add your control notification handler code here
  OnOK();
  CMyWMenu myDlg;
  myDlg. DoModal();
  extern bool bLoginPassOk;
  if(bLoginPassOk)
    OnOK();
}
```

```
void CEditStd::OnSeditstd()
{
	// TODO: Add your control notification handler code here
	UpdateData(TRUE);
	char * num1="0123456789.";
	if(m_SNUM!="")
	{
		if(m_EDIT1!=""&&m_EDIT2! =""&&m_EDIT3! ="")
		{
			for(int i=0;i<m_LIST1.GetItemCount();i++)
			{
				if(m_SNUM==m_LIST1.GetItemText(i,0))
				{
					if(m_EDIT1>=0x80&&m_EDIT2>=0x80&&m_EDIT1!=m_LIST1.
					GetItemText(i,1)|m_EDIT2!=m_LIST1.GetItemText(i,2)||
					m_EDIT3!=m_LIST1.GetItemText(i,3))
					{
						if(AfxMessageBox("是否修改资料?",
						MB_ICONQUESTION|MB_YESNO)==IDYES)
						{
							m_LIST1.SetItemText(i,1,m_EDIT1);
							m_LIST1.SetItemText(i,2,m_EDIT2);
							m_LIST1.SetItemText(i,3,m_EDIT3);
							int pos;
							CString temp3;
							pos=m_LIST1.GetNextItem(-1,1);
							temp3=m_LIST1.GetItemText(pos,0);
							CDatabase db;
							db.Open(_T("data"),FALSE,FALSE,_T("ODBC;"),FALSE);
							CString temp,temp1,temp2,temp4;
							temp1.Format("update data1 set 姓名='%s' where 学号=%s",
							m_EDIT1,temp3);
							temp2.Format("update data1 set 系别='%s' where 学号=%s",
							m_EDIT2,temp3);
							temp4.Format("update data1 set 班级='%s' where 学号=%s",
							m_EDIT3,temp3);
							db.ExecuteSQL(temp1);
```

```
                db.ExecuteSQL(temp2);
                db.ExecuteSQL(temp4);
                m_EDIT1.Format("%s","");
                m_EDIT2.Format("%s","");
                m_EDIT3.Format("%s","");
                m_SNUM.Format("%s","");
                UpdateData(false);
                MessageBox("修改资料成功!");
                return;
            }
        }
        else if(m_EDIT1==m_LIST1.GetItemText(i,1)&&
        m_EDIT2==m_LIST1.GetItemText(i,2)&&
        m_EDIT3==m_LIST1.GetItemText(i,3))
          MessageBox("学生资料无修改!");
      else
        MessageBox("姓名及系别只能为汉字!");
      }
    }
  }
  else
    MessageBox("请填写完整的资料!");
 }
 else
   MessageBox("请在学生资料中选择你所要修改的学生!");
}
void CEditStd::OnCancel()
{
  // TODO: Add your control notification handler code here
  OnOK();
}
```

list 1 对应代码如下：

```
void CEditStd::OnClickList1(NMHDR * pNMHDR, LRESULT * pResult)
{
  // TODO: Add your control notification handler code here
  int pos;
  pos=m_LIST1.GetNextItem(-1,1);
```

```
    m_SNUM=m_LIST1.GetItemText(pos,0);
    m_EDIT1=m_LIST1.GetItemText(pos,1);
    m_EDIT2=m_LIST1.GetItemText(pos,2);
    m_EDIT3=m_LIST1.GetItemText(pos,3);
    UpdateData(false);
    * pResult = 0;
}
```

17.2.12 密码重置

插入空白对话框，拖入相应控件，对界面建立类向导，输入新的类名 CReCode、头文件 CReCode.h 以及源文件 CReCode.cpp。对控件进行相应设置，如表 17-13 所示。

表 17-13 对控件进行设置

控件类型	ID	属性值	消息	成员函数
静态文本	IDC_STATIC	姓名		
静态文本	IDC_STATIC	密码		
静态文本	IDC_STATIC	新密码		
静态文本	IDC_STATIC	再次输入新密码		
列表控件	IDC_LIST1			
列表控件	IDC_LIST2			
编辑框	IDC_EDIT1			
编辑框	IDC_EDIT2	(密码属性)		
编辑框	IDC_EDIT3	(密码属性)		
编辑框	IDC_EDIT4	(密码属性)		
按钮	IDC_SURE	确定	BN_CLICKRED	CReCode::OnSure()
按钮	IDC_RETURN	返回	BN_CLICKRED	CReCode::OnReturn()
按钮	IDC_CANCEL	退出	BN_CLICKRED	CReCode::OnCancel()

相应的控件设置完后，密码重置界面如图 17-23 所示。

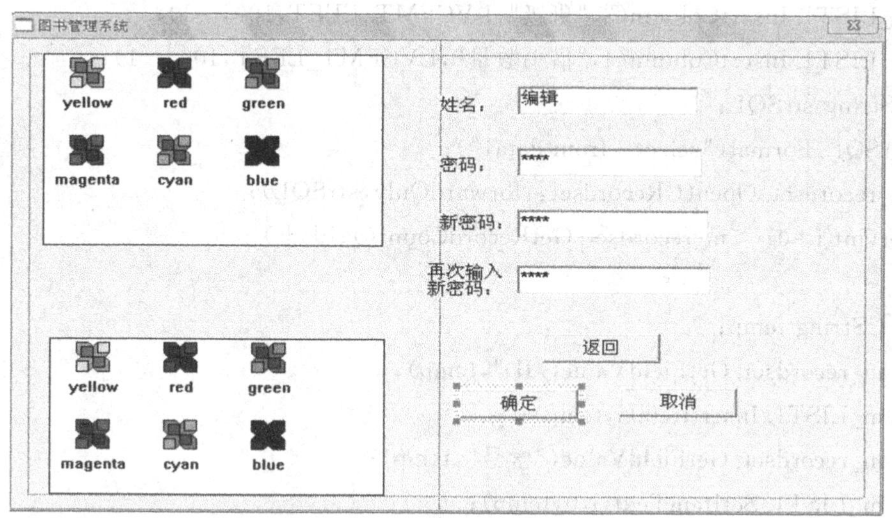

图 17-23　密码重置界面

在控件设置完后，要对相应的控件赋予代码。list 初始化代码如下：

```
BOOL CReCode::OnInitDialog()
{
  CDialog::OnInitDialog();
  CDatabase m_database;
  m_database.Open(_T("data"));
  CRecordset m_recordset(&m_database);
  DWORD dwStyle=::GetWindowLong(m_LIST1.m_hWnd,GWL_STYLE);
  DWORD dwStyle2=::GetWindowLong(m_LIST2.m_hWnd,GWL_STYLE);
  //设置为报表形式
  SetWindowLong(m_LIST1.m_hWnd,GWL_STYLE,dwStyle | LVS_REPORT);
  DWORD ExStyle=m_LIST1.GetExtendedStyle();
  SetWindowLong(m_LIST2.m_hWnd,GWL_STYLE,dwStyle2 | LVS_REPORT);
  DWORD ExStyle2=m_LIST2.GetExtendedStyle();
  //设置为整栏选择和网格线
  m_LIST1.SetExtendedStyle(ExStyle|LVS_EX_FULLROWSELECT |
  LVS_EX_GRIDLINES);
  m_LIST2.SetExtendedStyle(ExStyle|LVS_EX_FULLROWSELECT |
  LVS_EX_GRIDLINES);
  //初始化标题栏
  m_LIST1.InsertColumn(0,"学号",LVCFMT_LEFT,100,-1);
  m_LIST1.InsertColumn(1,"姓名",LVCFMT_LEFT,100,-1);
  m_LIST1.InsertColumn(2,"系别",LVCFMT_LEFT,100,-1);
```

```
m_LIST1.InsertColumn(3,"班级",LVCFMT_LEFT,100,-1);
m_LIST1.InsertColumn(4,"借书数量",LVCFMT_LEFT,100,-1);
CString strSQL;
strSQL.Format("select * from data1");
m_recordset.Open(CRecordset::forwardOnly,strSQL);
for(int i=0;i<m_recordset.GetRecordCount();i++)
{
  CString temp;
  m_recordset.GetFieldValue("ID",temp);
  m_LIST1.InsertItem(i,temp);
  m_recordset.GetFieldValue("学号",temp);
  m_LIST1.SetItemText(i,0,temp);
  m_recordset.GetFieldValue("姓名",temp);
  m_LIST1.SetItemText(i,1,temp);
  m_recordset.GetFieldValue("系别",temp);
  m_LIST1.SetItemText(i,2,temp);
  m_recordset.GetFieldValue("班级",temp);
  m_LIST1.SetItemText(i,3,temp);
  m_recordset.GetFieldValue("借书数量",temp);
  m_LIST1.SetItemText(i,4,temp);
  m_recordset.MoveNext();
}
m_recordset.Close();
m_LIST2.InsertColumn(0,"编号",LVCFMT_LEFT,100,-1);
m_LIST2.InsertColumn(1,"书名",LVCFMT_LEFT,100,-1);
m_LIST2.InsertColumn(2,"类别",LVCFMT_LEFT,100,-1);
m_LIST2.InsertColumn(3,"作者",LVCFMT_LEFT,100,-1);
m_LIST2.InsertColumn(4,"价格",LVCFMT_LEFT,100,-1);
m_LIST2.InsertColumn(5,"数量",LVCFMT_LEFT,100,-1);
CString strSQL1;
strSQL1.Format("select * from data2");
m_recordset.Open(CRecordset::forwardOnly,strSQL1);
for(int j=0;j<m_recordset.GetRecordCount();j++)
{
  CString temp;
  m_recordset.GetFieldValue("ID",temp);
  m_LIST2.InsertItem(j,temp);
```

```
        m_recordset.GetFieldValue("编号",temp);
        m_LIST2.SetItemText(j,0,temp);
        m_recordset.GetFieldValue("书名",temp);
        m_LIST2.SetItemText(j,1,temp);
        m_recordset.GetFieldValue("类别",temp);
        m_LIST2.SetItemText(j,2,temp);
        m_recordset.GetFieldValue("作者",temp);
        m_LIST2.SetItemText(j,3,temp);
        m_recordset.GetFieldValue("价格",temp);
        m_LIST2.SetItemText(j,4,temp);
        m_recordset.GetFieldValue("数量",temp);
        m_LIST2.SetItemText(j,5,temp);
        m_recordset.MoveNext();
    }
    m_recordset.Close();
    return TRUE;
}
```

相应按钮的代码如下：

```
void CReCode::OnReturn()
{
    // TODO: Add your control notification handler code here
    OnOK();
    CMyWMenu myDlg;
    myDlg.DoModal();
    extern bool bLoginPassOk;
    if(bLoginPassOk)
    OnOK();
}

void CReCode::OnSure1()
{
    // TODO: Add your control notification handler code here
    CDatabase db;
    db.Open(_T("data"),FALSE,FALSE,_T("ODBC;"),FALSE);
    CRecordset as(&db);
```

```
  CString sqlSQL,sqlSQL1;
  UpdateData(TRUE);   //读入用户信息
  sqlSQL1.Format("select * from data where username='%s' and password='%s'",
  m_EDIT1,m_EDIT2);
  as.Open(AFX_DB_USE_DEFAULT_TYPE,sqlSQL1);

  if(as.GetRecordCount()==0)
  {
    MessageBox("原密码错误!","图书管理系统",MB_OK);
    UpdateData(FALSE);
  }
  else
  {
    if(m_EDIT3!=m_EDIT4)
    {
      MessageBox("新密码与确认密码不相同!","图书管理系统",MB_OK);
      UpdateData(FALSE);
    }
    else
    {
      sqlSQL.Format("update data set password='%s' where username='%s'",
      m_EDIT3,m_EDIT1);
      db.ExecuteSQL(sqlSQL);
      MessageBox("密码修改成功!","图书管理系统",MB_OK);
      CDialog::OnOK();
    }
  }
}

void CReCode::OnCancel()
{
  // TODO: Add your control notification handler code here
  OnOK();
}
```

17.2.13 帮助(HELP)

插入空白对话框，拖入相应控件，对界面建立类向导，输入新的类名 CHelp、头文件 CHelp.h 以及源文件 CHelp.cpp。对控件进行相应设置，如表 17-15 所示。

表 17-15 对控件进行设置

控件类型	ID	属性值	消息	成员函数
静态文本	IDC_STATIC	查阅书籍方法：首先在查阅图书功能块下进行对书籍的查阅，可得到书的编号，根据编号即可找到您所要的书。		
静态文本	IDC_STATIC	借阅书籍的方法：找到所要借的书，然后拿着借书证与书到柜台登记即可。		
按钮	IDC_RETURN	返回	BN_CLICKED	CHelp::OnReturn()
按钮	IDC_CANCEL	取消	BN_CLICKED	CHelp::OnCancel()

对界面进行相应的控件设置后，界面如图 17-24 所示。

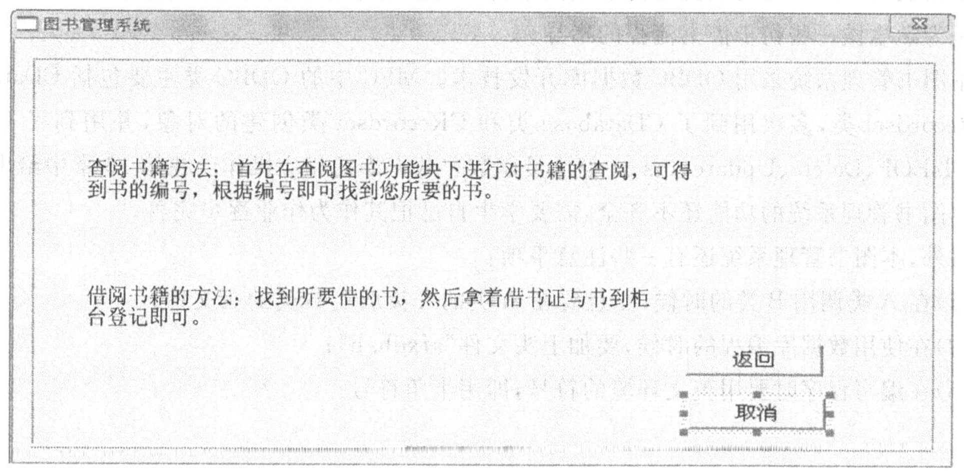

图 17-24 帮助界面

对应的控件设置完成后，要赋予相应的代码来完成相应的功能。相应按钮的代码如下：

```
void CHelp::OnButton1()
{
    // TODO: Add your control notification handler code here
    OnOK();
    CMyWMenu myDlg;
    myDlg.DoModal();
```

```
    extern bool bLoginPassOk;
    if(bLoginPassOk)
        OnOK();
}

void CHelp::OnButton2()
{
    // TODO: Add your control notification handler code here
    OnOK();
}
```

至此，本图书管理系统已基本完成。按照以上步骤，运行程序就可以得到"友好界面"，点击"进入"按钮，即可进入"欢迎界面"，输入用户名和密码（用户名和密码皆为 1）即可进入主菜单。点击主菜单中任一按钮，就会得到相应的功能界面。图书管理模块包括添加图书、删除图书的功能，达到对图书馆中旧书的淘汰、新书的引进，同时旧书删除后可以保存编号以备新书使用的目的。学生信息功能模块有对学生的添加与删除功能，是对毕业学生的离去、新生的到来准备的一个模块。借阅图书、归还图书两个模块实现对可借书学生借阅图书的管理。修改图书与学生资料这两个模块可实现对现有图书进行迁移或对输入错误进行修改，及对现有学生记录错误的修改。密码重置是为了使图书管理员能更好地把握安全性，随时可以修改密码。帮助是为学生做一些初步借书流程的指导。

本图书管理系统采用 ODBC 数据库开发技术。MFC 中的 ODBC 类主要包括 CDatabase 和 CRecordset 类，多次用到了 CDatabase 类和 CRecordset 类创建的对象，并用到了 Opcn、Close、IsEOF、Delete、Update、Insert 等成员函数。数据库的相应操作已在第 16 章中给出。

本图书管理系统的功能还不齐全，需要学生自己把其作为作业逐步完善。

另外，本图书管理系统还有一些注意事项：

(1)在 A 类调用 B 类的时候，注意要在 A 类的开头加上 B 类的头文件；

(2)在使用数据库编程的时候，要加上头文件"afxdb.h"；

(3)在编写程序时要用英文环境的符号，即用半角符号。

图书在版编目(CIP)数据

面向对象程序设计与 Visual C++ 6.0 教程/邹金安主编.—厦门:厦门大学出版社,2009.7
(面向 21 世纪应用型本科计算机规划教材)
ISBN 978-7-5615-3253-9

Ⅰ.面…　Ⅱ.邹…　Ⅲ.C 语言-程序设计-高等学校-教材　Ⅳ.TP312

中国版本图书馆 CIP 数据核字(2009)第 114336 号

厦门大学出版社出版发行
(地址:厦门市软件园二期望海路 39 号　邮编:361008)
http://www.xmupress.com
xmup @ public.xm.fj.cn
厦门市明亮彩印有限公司印刷
2009 年 7 月 1 版　2009 年 7 月第 1 次印刷
开本:787×1092　1/16　印张:23.75
字数:571 千字　印数:1~3000 册
定价:34.00 元